工业清洗工职业技能培训系列教程
编委会

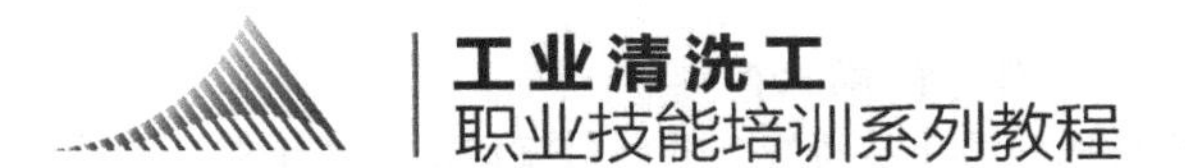

储罐清洗工
职业技能培训教程

CHUGUAN QINGXIGONG
ZHIYE JINENG PEIXUN JIAOCHENG

中国工业清洗协会　组织编写

化学工业出版社
·北京·

内 容 简 介

本书针对化工储罐、原油储罐所遇到的化学清洗、低压射流清洗、高压射流清洗技术相关的储罐基础知识、清洗工作原理、清洗机械装备、清洗安全防护技术、清洗操作技术、清洗操作技能、清洗案例分析和经验、行业操作规范等内容进行了详细论述。在满足初级、中级、高级三个级别清洗操作工培训的同时，尽可能为行业从业者整理了清洗施工方案、作业指导书、作业计划书、现场安全应急预案的制定以及作业现场所需要的各种实用记录表格。

本书可作为清洗操作工和技术人员的培训教材，也是一本储罐使用和管理方面专业性很强的参考书。

图书在版编目（CIP）数据

储罐清洗工职业技能培训教程/中国工业清洗协会组织编写. —北京：化学工业出版社，2023.6

ISBN 978-7-122-43168-4

Ⅰ.①储… Ⅱ.①中… Ⅲ.①储罐-清洗-职业培训-教材 Ⅳ.①TE972

中国国家版本馆CIP数据核字（2023）第054972号

责任编辑：刘心怡　　文字编辑：陈立璞

责任校对：王　静　　装帧设计：王晓宇

出版发行：化学工业出版社（北京市东城区青年湖南街13号　邮政编码100011）

印　　装：北京天宇星印刷厂

710mm×1000mm　1/16　印张17¼　字数335千字　2023年8月北京第1版第1次印刷

购书咨询：010-64518888　　售后服务：010-64518899

网　　址：http://www.cip.com.cn

凡购买本书，如有缺损质量问题，本社销售中心负责调换。

定　　价：56.00元

序

加快技能人才队伍建设，是建设人才强国的重大举措，是解决就业结构性矛盾、稳定就业的必然选择。党的十九大报告指出，要“大规模开展职业技能培训”“建设知识型、技能型、创新型劳动者大军”，为做好新时期的技能人才工作指明了前进方向。

2019 年 1 月 24 日，国务院印发《国家职业教育改革实施方案》，指出要“坚持以习近平新时代中国特色社会主义思想为指导，把职业教育摆在教育改革创新和经济社会发展中更加突出的位置。牢固树立新发展理念，服务建设现代化经济体系和实现更高质量更充分就业需要，对接科技发展趋势和市场需求，完善职业教育和培训体系。”

中国工业清洗协会自成立以来，就非常重视行业职业技能人才队伍的建设，专门设立职能部门从事职业技能教育培训工作，以持续不断地推进行业从业人员的技能提升和知识更新，自 2011 年至今，已培训从业人员上万人。 2015 年，由协会负责申报的“工业清洗工”正式纳入《中华人民共和国职业分类大典》（2015 版，简称《职业大典》），这是中国工业清洗行业从业人员的“职业身份”首次在国家职业分类层面上得以确认。《职业大典》中，“工业清洗工”职业目前包含“化学清洗工”“高压水射流清洗工”“锅炉清洗工”“中央空调清洗工”“清罐操作工”五个子工种。

为做好“工业清洗工”五个工种的职业技能培训工作，协会组建了工业清洗工职业技能培训系列教程编审委员会，计划立足于行业实际，根据多年职业技能培训教育积累的理论知识和实践经验，陆续出版《高压水射流清洗工职业技能培训教程》《化学清洗工职业技能培训教程》《中央空调清洗工职业技能培训教程》《储罐清洗工职业技能培训教程》《管道清洗工职业技能培训教程》等系列职业技能培训教程，并将根据行业发展的需要，进行新工种的培育和拓展。

希望广大行业从业者能够从本系列教程中汲取知识、学以致用。让我们不断创新，开拓进取，为工业清洗行业“知识型、技能型、创新型”技能人才队伍的建设共同努力！

赵智科

2023 年 2 月

前　言

随着中国经济的迅速发展，储罐在工业生产的各行各业中的应用越来越广泛，如在石油化工生产中，常见的原油储罐和成品油储罐几乎占到所有石油化工装置的五分之一以上。此外，在水处理行业、食品行业、饮料行业等也使用了大量的储罐。在储罐使用过程中，为了保证运行的安全，需定期进行检维修，而储罐的安全清洗作业又是检维修作业前必不可缺少的一个环节。

本书主要阐述了石油化工行业中各种储罐的先进清洗技术，共分为 10 章。第 1 章简要介绍了常见储罐的结构形式和常用附件，目的是让读者对储罐有一个直观的认识，以利于理解后续的清洗技术；第 2 章针对各种储罐可能用到的清洗技术做了一个简要说明，便于读者对储罐清洗技术及其应用领域有一个初步的了解；第 3 章和第 4 章主要针对目前市场上应用最广泛、安全技术要求最高的大型储油罐清洗技术进行了详细论述；第 5 章针对常见小型储罐和反应釜等容器的高压水射流清洗技术进行了论述；第 6 章论述了分布广泛的加油站储罐的清洗技术；第 7 章针对储罐常用清洗方法之一的化学清洗技术进行了阐述；第 8 章详细讲解了清洗现场安全策划方法，如制定作业指导书、作业计划书、安全应急预案及演习方法等；第 9 章以大型原油储罐机械清洗为例详细描述了储油罐清洗过程中的关键安全技术；第 10 章列举了储罐清洗中最常用的各种表格，以方便现场操作者参考使用。附录摘录了部分储罐清洗最常用的国家标准和行业标准，供清洗工作者参考，当然如工作中某标准经常使用，购买原版标准更为准确。

本书由多位专家执笔编写，其中第 1 章、附录由王骁编写，第 2、8 章由周新超编写，第 3、4、9 章由徐洪文编写，第 5 章由焦阳编写，第 6 章由郑术槐编写，第 7 章由高波编写，第 10 章由刘奇编写。全本由李德福策划并统稿。

由于编者水平有限，书中难免存在不足之处，敬请批评指正。

编者

2023 年 5 月

目　录

第 1 章

储罐的类型和结构

储罐是指储存油品和各种化学品的专业设备（工业清洗主要服务于液体化学品储罐），也可在工业生产中充当中转站，是石油、化工、粮油、食品、消防、交通、冶金、国防等行业必不可少的重要基础设施。我国的储罐设施多以地上储罐为主，且以金属结构居多。

1.1 储罐的类型

按照不同的分类方式，可将储罐分为多种类型。

（1）按照存储介质温度划分　分为低温储罐（－90～－20℃）、常温储罐（－20～90℃）、高温储罐（>90℃）。

（2）按照存储介质压力划分　分为低压储罐（－490～2000Pa）和高压储罐（2000Pa 以上）。

（3）按照储罐材料划分　分为非金属储罐和金属储罐。目前常用的为金属储罐。

（4）按照储罐所在位置划分　分为地上储罐、地下储罐、半地下储罐、山洞储罐、海中储罐等。

（5）按照储罐几何形状划分　分为圆筒式储罐（立式和卧式）、双曲线储罐、悬链式储罐和球形储罐等。

1.2 储罐的结构

储罐的结构型式有很多，下面重点介绍几种常见的储罐结构。

1.2.1 锥顶储罐

锥顶储罐制造简单，顶部空间小，可有效减少蒸发消耗。锥顶储罐又可分为自支撑锥顶储罐和支撑锥顶储罐。自支撑锥顶储罐不受地基条件限制，但容量较小，一般小于 $1000m^3$；支撑锥顶储罐的容量可大于 $1000m^3$。目前锥顶储罐在国内已经很少采用了。

1.2.2 拱顶储罐

拱顶储罐的罐顶接近于球形形状的一部分，一般是自支撑结构。自支撑拱顶又可分为无加强筋拱顶和有加强筋拱顶两种结构形式。其中无加强筋拱顶储罐的容量一般小于 $1000m^3$，有加强筋拱顶储罐的容量一般在 $1000\sim20000m^3$ 之间。与锥顶储罐相比，拱顶储罐罐顶气体空间较大，制作相对复杂，是国内外广泛采用的一种储罐。拱顶储罐的结构见图 1-1。

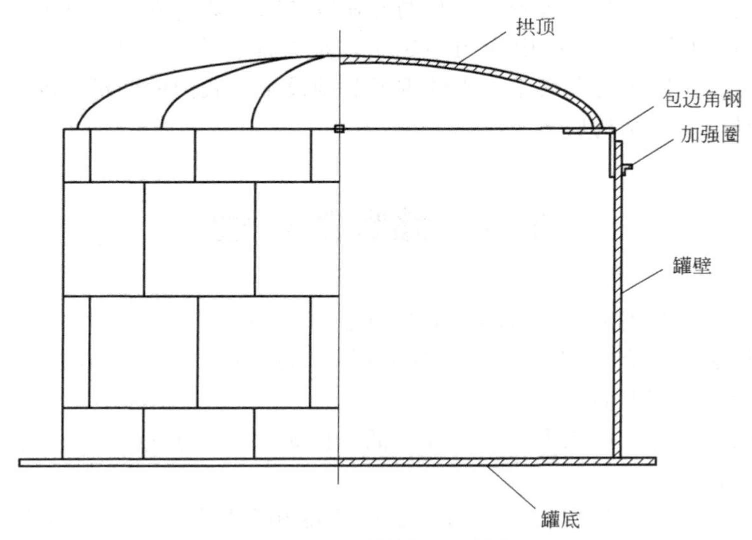

图 1-1　拱顶储罐基本结构

1.2.3 伞形顶储罐

伞形顶储罐是自支撑拱顶储罐的变种，其任何水平截面都具有规则的多边形，罐顶载荷靠伞形板支撑在罐壁上。伞形顶储罐在美国有使用，但在中国很少采用。

1.2.4 网壳顶储罐

网壳结构在大型体育馆屋顶应用广泛，实践证明其具有优秀的刚性和可靠性。网壳顶储罐仅是网壳顶结构的一种，一般为球面网壳。其特点为大跨度、轻型化、标准化、美观化。网壳顶储罐的结构见图 1-2。

1.2.5 浮顶储罐

浮顶储罐由漂浮在介质表面上的浮顶和立式圆柱形罐壁构成。浮顶与罐壁之

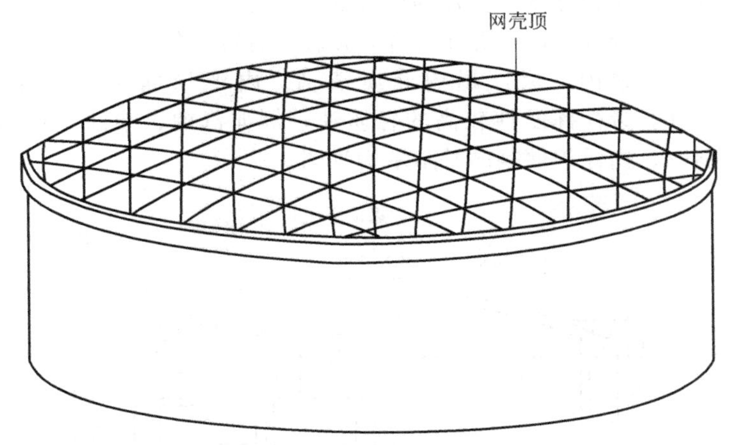

图 1-2　网壳顶储罐结构

间有一个环形空间，其中有密封元件，浮顶与密封元件一起构成了储液面上的覆盖层，随着储液上下浮动，使得罐内的储液与大气完全隔开，减少储液储存过程中的蒸发损耗。

浮顶储罐的一般使用范围包括原油、轻质油、有火灾风险的易挥发液体化学品等。

浮顶储罐按结构形式可分为外浮顶储罐和内浮顶储罐两种。外浮顶储罐的容量一般在 10000m^3 以上，目前国内最大的外浮顶储罐容量可达 150000m^3，常用于储存原油，是石油化工行业应用最为广泛的一类储罐，因此行业内常把外浮顶储罐狭义地称为浮顶储罐。根据浮顶的不同形式，外浮顶储罐又可分为单盘式外浮顶储罐和双盘式外浮顶储罐等两种。外浮顶储罐的基本结构见图 1-3。

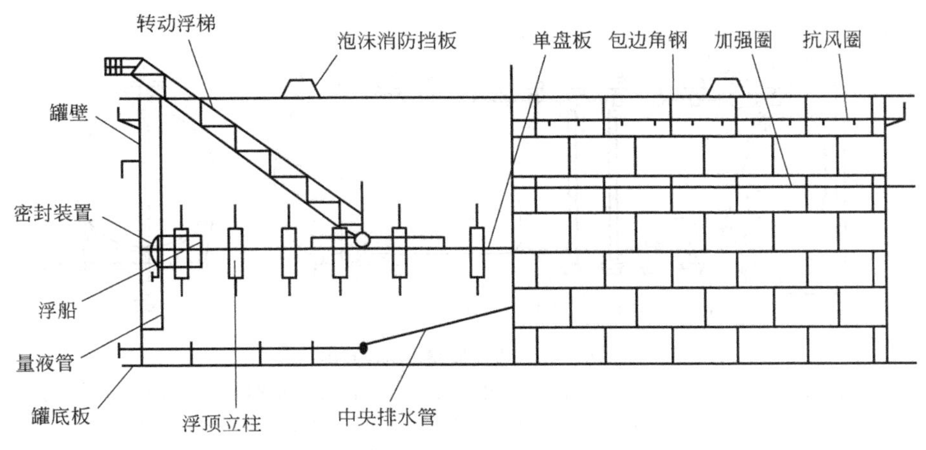

图 1-3　外浮顶储罐基本结构

内浮顶储罐是拱顶储罐与外浮顶储罐的结合体，是在拱顶储罐内部增设浮顶而成的。罐内增设浮顶可减少介质的挥发损耗，外部的拱顶又可以防止雨水、积雪及灰尘等进入罐内，保证罐内介质清洁。内浮顶储罐的容量一般小于 30000m^3，常用于储存挥发性较高的轻质油，例如汽油、柴油、石脑油、凝析油、喷气燃料等。内浮顶储罐的基本结构见图 1-4。

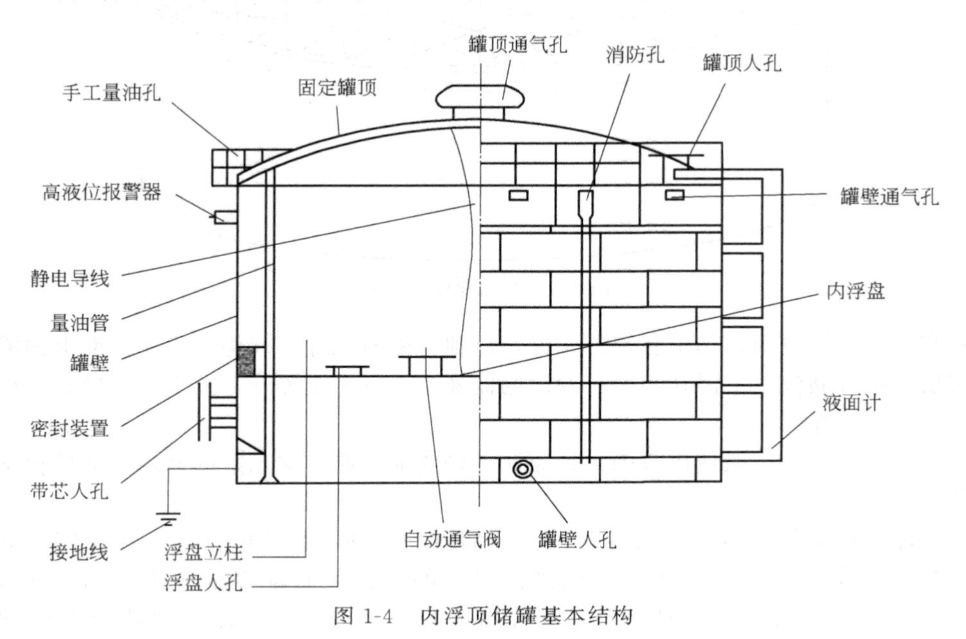

图 1-4　内浮顶储罐基本结构

1.2.6 卧式储罐

卧式储罐常用于储存容量较小且压力较高的液体，其基本结构见图 1-5。

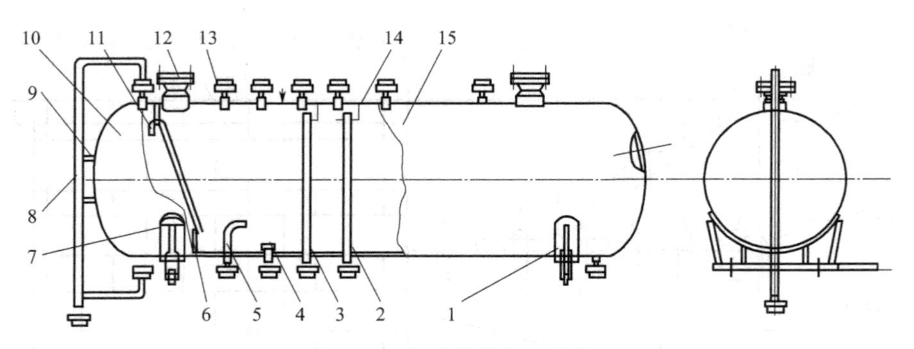

图 1-5　卧式储罐基本结构

1—活动支座；2—气相平衡引入管；3—气相引入管；4—出液口防涡器；5—进液口引入管；6—支撑板；7—固定支座；8—液位计连通管；9—支撑；10—椭圆形封头；11—内梯；12—人孔；13—法兰接管；14—管托架；15—筒体

1.2.7 球形储罐

球形储罐又可简称为球罐，主要用于储存和运输液态或气态物料。其操作温度一般为－50～50℃，操作压力一般在3MPa以下。

球形储罐的特点：表面积小；板壳承载能力比圆筒式储罐强；占地面积小；基础简单；外形美观。

球罐按照介质的存储温度和结构形式又可分为多个种类。

（1）按介质的存储温度分为常温球罐、低温球罐和深冷球罐三种。

常温球罐：如液化石油气、氨气、煤气、氮气、氧气等球罐，设计温度大于－20℃。

低温球罐：设计温度小于或等于－20℃，压力中等。

深冷球罐：设计温度在－100℃以下，往往在介质液化点以下储存；压力不高，有时为常压。

目前国内常用的球罐设计温度在－40～50℃之间。

（2）按结构形式分为橘瓣式球罐、足球瓣式球罐和混合式球罐三种。

橘瓣式球罐：球壳全部按橘瓣片的形状组合而成，为国内普遍采用的一种结构形式，见图1-6。

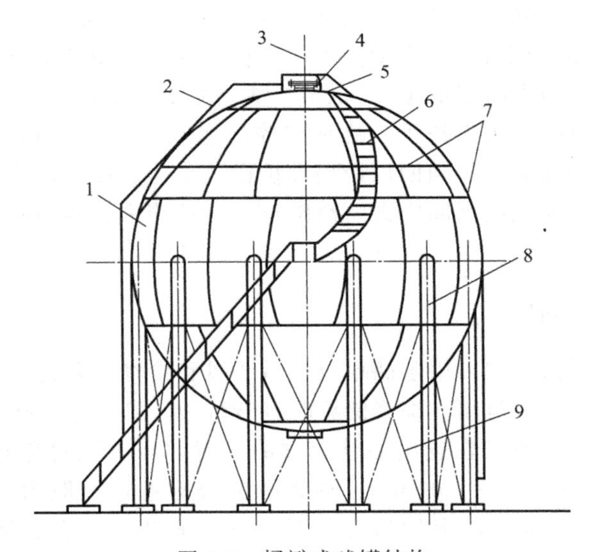

图1-6 橘瓣式球罐结构

1—球壳；2—液位计导管；3—避雷针；4—安全阀；5—操作平台；6—盘梯；7—喷淋水管；8—支柱；9—拉杆

足球瓣式球罐：球壳由四边形和多边形组合而成。

混合式球罐：球壳的极带采用足球瓣式，赤道带和温带采用橘瓣式，是国外普遍采用的一种结构形式。

1.3 储罐的附件

储罐附件是储罐的重要组成部分。按其作用分类，有些是为了完成油品收发作业和便于生产管理而设置的，例如接合管、放水管、加热器、量油孔、梯子、护栏、液位计、排污阀等；有些是为了保障储罐使用安全，防止或消除各类储罐事故而设置的，例如阻火器、呼吸阀、通气孔、安全阀、通风管、胀油管、避雷针及静电接地装置、泡沫发生器、保险活门、起落管、喷淋冷却装置等；有些是为了便于储罐清洗、检修而设置的，例如人孔、透光孔、清扫孔等。其中有些则兼有几种作用，例如呼吸阀，既有防止储罐超压破裂的作用，又有降低油品蒸发损耗，改善生产管理的作用。储罐内储存的油品类别不同时，储罐所配备的附件不尽相同，不同结构型式的储罐所配置的附件也不尽相同，但有些基本附件则是所有储罐都要配置的。本节主要介绍储罐的常用附件。

1.3.1 梯子和护栏

梯子是专供操作人员上罐检尺、测温、取样、巡检而设置的。它有直梯、旋梯和转动扶梯三种。转动扶梯即连接罐壁顶部平台和浮顶，可升降的人行通道。一般来说，小型储罐用直梯，大型储罐用旋梯，浮船上用转动浮梯。梯子的坡度一般为30°～40°，踏步高度不超过25cm，踏板宽度为20cm，梯宽为0.65m。梯子外侧设1m高的护栏作为扶手。罐顶四周一般有0.8～1.0m高的护栏，或至少在量油孔或透光孔旁的罐顶四周设局部护栏以保证工作人员的安全。从梯子平台通向呼吸阀或透光孔的区间应做防滑踏步。拱顶储罐、浮顶储罐都需要安装梯子和护栏。

1.3.2 透光孔

透光孔设在罐顶，主要用于储罐放空后通风和检修时采光。它安装在拱顶储罐顶盖上，平时用盲板封闭。洗修储罐时打开盲板，接通通气孔，罐内便可进行机械通风。透光孔一般设在进出油管上方的位置，与人孔对称布置（方位180°处），其中心距罐壁800～1000mm。透光孔的公称直径一般为DN500，其结构型式见图1-7。如有两个以上的透光孔时，则透光孔与人孔、清扫孔（或排污孔）的位置应尽可能沿圆周均匀布置，以便于通风、采光。为了开闭安全，透光孔附近的罐顶栏杆需局部加高，平台最好用花纹钢板，以便防滑。

1.3.3 人孔

人孔主要用于检修和清除液渣时进入储罐。人孔的公称压力按储液的高度和密度来选择，公称直径一般有DN500、DN600两种，常用DN600的一种。其常

图 1-7　透光孔

用结构型式见图 1-8。人孔安装在浮顶储罐的浮盘上和罐壁下边第一圈壁板上，其中心距罐底约 750mm。人孔的位置应与透光孔、清扫孔相对应，以便于采光通气；应避开罐内附件，并设在操作方便的方位。当储罐只有一个透光孔时，人孔应设在透光孔的 180°位置上。

图 1-8　人孔

图 1-9　量油孔

1.3.4　量油孔

量油孔是用来测量罐内油面高低和调取油样的专门附件，如图 1-9 所示。每个油罐顶上设置一个，大都设在罐梯平台附近。量油孔的直径为 150mm，设有能密闭的孔盖和松紧螺栓。为了防止关闭量油孔时孔盖与铁器撞击产生火花，在孔盖的密封槽内嵌有耐油胶垫或软金属（铜或铝）。由于测量用的钢卷尺接触量油孔出口容易摩擦产生火花，因此在孔管内侧镶有铜（或铝合金）套，或者在固定的测量点外装设不会产生火花的有色金属导向槽（投尺槽）。为了保证量油时每次都沿同一位置下尺，减少测量误差，在量油孔内壁的一侧装有铝制或铜质的导向槽。正对量油孔下方的油罐底板不应有焊缝，必要时可在该处焊接一块计量基准板，以减少各次测量的相对误差。油罐发生火灾往往出现在量油孔部位，主要原因是测量作业时，孔盖打开，罐内油气冲出，如遇静电火花或撞击摩擦火花就会引燃油气着火。

1.3.5 清扫孔

清扫孔主要用于清除罐内的非流质污物，安装在储罐底部，并靠近通道（以便于运送污垢）。其结构型式见图 1-10。

图 1-10 清扫孔

小于 $1000m^3$ 的拱顶储罐通常不设清扫孔，原油及重油储罐常采用清扫孔及固定式放水管。

1.3.6 呼吸阀

呼吸阀工作的原理主要是利用弹簧限位阀板。当罐内压力超过设定正压时，呼吸阀开启，呼出罐内气体，维持罐内压力平衡；当罐内压力低于设定负压时，呼吸阀开启，吸入外界气体。也就是说呼吸阀具有泄放正压和负压两方面的功能，由此可使罐内压力平衡在一定范围内，保证了储罐安全。呼吸阀见图 1-11，其规格见表 1-1。呼吸阀的工作方式分为以下三种情况：

图 1-11 呼吸阀

（1）当罐内介质的压力在呼吸阀的控制操作压力范围之内时，呼吸阀不工作，保持油罐的密闭性。

（2）当往罐内补充介质，使罐内上部气体空间的压力升高，达到呼吸阀的操作正压时，罐内气体从呼吸阀呼出口逸出，使罐内压力不再继续增高。

（3）当往罐外抽出介质，使罐内上部气体空间的压力下降，达到呼吸阀的操作负压时，罐外的大气将呼吸阀负压阀盘顶开，外界气体进入罐内，使罐内的压力不再继续下降。

表 1-1 呼吸阀规格

规格	螺栓		单重/kg
	数量 n	螺纹	
DN50	4	M12	5.6
DN100	4	M16	9.5
DN150	8	M16	12
DN200	8	M16	25
DN250	12	M16	35

1.3.7 阻火器

阻火器又称储罐防火器，是储罐的防火安全设施。它装在机械呼吸阀或液压安全阀的下面，内部装有许多铜、铝或其他高热容金属制成的丝网或皱纹板。当外来火焰或火星通过呼吸阀进入阻火器时，金属网或皱纹板能迅速吸收燃烧物质的热量，使火焰或火星熄灭，从而防止储罐着火。

常用的ZGB-1型波纹石油储罐阻火器可装在汽油、煤油、轻柴油、苯、甲苯、原油等拱顶储罐上与呼吸阀配套使用，也可装在内浮顶储罐或加油站地下储罐的通气管上。阻火器用铝合金壳体，阻火层采用不锈钢材料。在检查阻火层时，不需要拆卸呼吸阀即可取出阻火层。阻火器见图1-12，其规格见表1-2。

图 1-12 阻火器结构

表 1-2 阻火器规格

规格	螺栓		单重/kg
	数量 n	螺纹	
DN50	4	M12	6
DN80	4	M16	12.8
DN100	4	M16	19.5
DN150	8	M16	25
DN200	8	M16	35
DN250	12	M16	46

1.3.8 安全阀

液压式安全阀装于拱顶储罐顶部，与呼吸阀配合使用，在呼吸阀失灵时起安全作用。安全阀的结构见图 1-13，安全阀规格见表 1-3。

安全阀与罐顶接合管之间必须安装阻火器，并应对阻火器进行定期检查（半年检查一次），检查阻火器是否被阻塞。

图 1-13 安全阀结构

表 1-3 安全阀规格

规格	螺栓		单重/kg
	数量 n	螺纹	
GYA-DN80	4	M18	36
GYA-DN100	4	M18	42
GYA-DN150	8	M18	66
GYA-DN200	8	M18	98
GYA-DN250	12	M18	140

1.3.9 排污口

排污口用于储罐正常运行时定期排出罐内的污水。排污口的结构见图 1-14，规格见表 1-4。各类储罐附件选用见表 1-5。

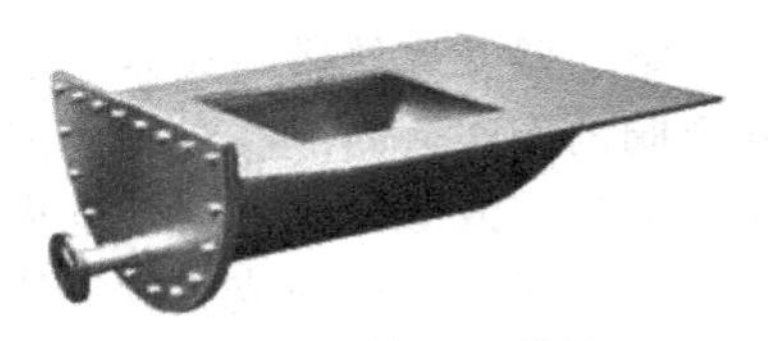

图 1-14 排污口结构

表 1-4 排污口规格

规格型号	螺孔		单重/kg
	数量 n	螺纹	
GSP-DN50A	4	M18	228
GSP-DN80B	8	M18	230
GSP-DN100C	8	M18	231
GSP-DN150D	8	M23	235

表 1-5 人孔、透光孔、量油孔、清扫孔、固定式放水管、带放水管排污口选用表

名称	油品	规格数量	储油罐容量/m^3							
			100～700	1000～2000	3000	5000	10000	20000	50000	1000000
人孔	轻质油	直径/mm	600	600	600	600	600	600	600	600
		数量	1	1	2	3	3	3	4	5
	重质油	直径/mm	600	600	600	600	600	600	600	600
		数量	1	1	1	1	2	2	3	4

续表

名称	油品	规格数量	储油罐容量/m³							
			100～700	1000～2000	3000	5000	10000	20000	50000	1000000
透光孔	轻质油	直径/mm	500	500	500	500	500	500	—	—
		数量	1	2	2	3	3	3	—	—
	重质油	直径/mm	500	500	500	500	500	500	—	—
		数量（重油型）	1	2	2	2	3	3	—	—
量油孔	轻重质油	直径/mm	150	150	150	150	150	150	150	150
		数量	1	1	1	1	1	1	1	1
清扫孔	重质油	直径/mm	700×500	700×500	700×500	700×500	700×500	700×500	700×500	700×500
		数量	1	1	1	1	1	2	3	4
固定式放水管	重质油	直径/mm	50	80	100	100	100	100	100	100
		数量	1	1	1	1	1	1	3	3
带放水管排污口	轻质油	直径/mm	50	80	100	100	100	100	100	100
		数量	1	1	1	1	1（浮顶2）	2	3	3

注：1. 轻质油包括汽油、喷气燃料、灯油、轻柴油、专用柴油、低凝柴油、特种柴油、芳烃；
2. 重质油包括原油、催化原料、农用柴油、燃料油、油浆、蜡油、重污油、沥青；
3. 润滑油类按轻质油选用人孔等。

1.3.10 支柱套管和支柱

支柱主要用于浮顶储罐，其作用是在储罐放空时支撑浮顶，使浮顶与罐底板保持一定高度。大部分浮顶储罐的浮顶有两个控制高度，第一控制高度由支柱套管控制。支柱套管穿过浮盘，并以加强圈和筋板与浮盘焊接。在浮盘加强环板处的支柱套管高出浮盘900mm，其余部位的支柱套管高出浮盘400mm。支柱套管高出浮盘面的一端都设有法兰与盲板，平时用密封垫圈和螺栓、螺母紧固严实。浮盘以下支柱套管的长度均为500mm，这样在平时收发油作业时，浮盘下降的最低高度便控制在500mm。当需对内浮盘或油罐底部进行检修时，一般将浮盘控制在距罐底1800mm左右的高度。其方法是首先选用外径小于支柱套管内径（间隙应稍大些）的无缝钢管作为支柱，每个支柱一端均设置与支柱套管法兰相同型号的法兰，然后向罐内注水使浮盘上升到人孔下缘部位，最后打开人孔进入浮盘上面，取下支柱套管顶端的盲板，将备用支柱插入套管，并将支柱上的法兰与套管上的法兰用螺栓连接紧固。

1.3.11 泡沫发生器

泡沫发生器又称消防泡沫室，是固定在储罐上的灭火装置。泡沫发生器一端和泡沫管线相连，另一端带有法兰，焊在罐壁最上一层圈板上。灭火泡沫在流经泡沫发生器空气吸入口处时，吸入大量空气形成泡沫，并冲破隔离玻璃进入罐内（玻璃厚度不大于 2mm），从而达到灭火的目的。泡沫发生器见图 1-15。

图 1-15 泡沫发生器

1.3.12 接地装置

接地装置是消除储罐静电的装置，也有叫做静电导出装置的。在收发油作业过程中，内浮顶储罐的浮盘上积聚了大量静电荷，由于浮盘和罐壁间多用绝缘物作密封材料，因此浮盘上积聚的静电荷不可能通过罐壁导走。为了导走这部分静电荷，在浮盘和罐顶之间安装了接地装置。接地装置一般为 2 根软铜裸绞线，上端和采光孔相连，下端压在浮盘的盖板压条上。

1.3.13 喷淋冷却装置

在夏天气温高的时候，喷淋冷却装置可对地面油罐不断均匀地进行水喷淋冷却，使水由罐顶经罐壁流下带走油罐所吸收的太阳辐射热，降低油罐气体空间的温度，使昼夜油面温度变化幅度减小，大大减少了油罐小呼吸损耗。喷淋冷却装置如图 1-16 所示。

图 1-16 喷淋冷却装置

1.3.14 液位计

液位计是对大型储罐内液态产品的静态储量进行测量的装置。它可以用于存量测量，即测定储罐内产品的总量，也可以用于介质的输转计量，即作为产品购销和纳税的依据。

第2章

储罐清洗技术概述

储罐运行或闲置一段时间后，随着罐内介质中杂质的沉积、防腐层的脱落、重组分的凝析固化，储罐的有效容量逐渐减小，存储效率下降，罐壁和底板逐渐腐蚀甚至漏油，影响储罐的正常运行，因此石油储罐需要定期进行检查维修和清除罐内淤渣。根据《立式圆筒形钢制焊接油罐操作维护修理规范》（SY/T 5921—2017）的规定，油罐的修理周期一般为6～9年，对于新建油罐第一次修理周期不宜超过10年，修理前必须清洗油罐。储油罐在改储另一类油品时，或者因为使用过程中的意外，储油罐发生渗漏或其他损坏需要进行倒空检查或动火修理时，也必须进行清洗。

2.1 大型储油罐机械清洗技术

2.1.1 储油罐机械清洗技术的出现是必然

大型储油罐一般指容量 $100m^3$ 以上，由罐壁、罐顶、罐底及油罐附件组成的储存原油或其他石油产品的大型容器。大型储油罐是储存油品的容器，它是石油库的主要设备，主要用在炼油厂、油田、油库以及其他工业生产中。

随着我国国民经济的持续快速增长，我国的石油消费量也在逐年增加，2017年我国就已成为继美国之后世界第二大石油消费国。公开资料显示，截至2020年初，中国国家石油储备能力已经提升到8500万吨。随着我国储油罐建设的火热进行，储油罐的清洗和罐底油泥的处理问题成为石油行业必须解决的重要课题，储油罐机械清洗技术的出现也就成了历史的必然。

2.1.2 人工清罐法的出现与缺点

起初，我国原油储罐的清洗方法为人工清罐法，也就是由工人进入储油罐内，将罐内污泥或油渣装袋后，再通过人工的方式背出罐外的清罐方法。

1997年以前，我国原油储罐的清洗工作主要由人工完成。由于储油罐内环境恶劣，氧气含量低、油气含量高且存在一定的有毒有害物质，人工清罐法的缺点和危害暴露得越来越充分，主要表现在：

（1）存在巨大的安全隐患，伤亡事故屡见不鲜。人工清罐需要人员进入罐内进行收油及擦洗等工作，罐内可燃气体浓度高，如作业环境出现意外火源或静电，易发生爆炸和火灾；并且罐内有害气体浓度大，易造成人员的中毒、缺氧事故；尤其是拱顶储罐，需高空作业，易发生人员高空坠落类意外伤害。

（2）对环境造成严重污染和破坏。人工清罐一般都会挖一个污油池放油，此过程极大地污染了库区环境；大量的清淤工作及废弃的淤渣造成罐区和周边地区环境污染，在油泥拉运转移的过程中会污染施工区域。

（3）资源浪费，带来巨大经济损失。由于人工清罐时大量的罐底油无法回收，造成了石油资源的浪费，给国家带来大量的经济损失。

（4）施工周期长，效率低。人工清罐受储罐沉积物量、油罐大小和天气的影响很大，随着淤渣量的增加，清洗时间也较大幅度地增加。以清理一座 $5\times10^4m^3$ 的油罐为例，一般需要 45～50 天。

（5）劳动强度高，不利于员工健康。人工清罐需要用人力将残油转移走并对罐内进行擦洗，作业环境极端恶劣，不符合以人为本的社会发展要求。

（6）清洗效果差。人工清罐由于受客观条件及主观人为因素的限制，清洗效果无法满足生产要求，清洗后的油罐还易发生二次火灾，有爆炸风险。

因此，人工清罐已不符合环境和石油行业发展的客观要求，淘汰人工清罐，采用新的清罐模式是储油罐清洗技术的客观需要。

2.1.3 储油罐机械清洗技术的出现

西方发达国家于 20 世纪 80 年代末期就开始推出储油罐机械清洗技术与设备。相对于传统的人工清洗，机械清洗因具有安全保障性高、环保效果好、施工周期短、清洗效果佳、节约能源且能够取得较好的经济效益和社会效益等优势，在出现后就迅速得到了发展。

据统计，从事储油罐机械清洗成套设备生产销售或提供作业服务的国外公司有 10 余家。具有代表性的储油罐机械清洗系统包括日本大凤工业株式会社（Taiho Industries）的 COW 系统，丹麦 Oreco A/S 公司的 BLABO 系统，英国 NESL 公司的 COS 系统，美国 Hydrochem 公司的 GasTight 系统、KMT 公司的 MegaMacs 系统，荷兰 ARKOIL 公司的热能清洗系统，澳大利亚 OPEC 公司的 P43 系统，德国 S&U 公司和西班牙 STS 公司的清洗系统等。虽然这些清洗系统大都基于水射流技术，但大部分因存在自动化程度低、设备组成和工艺流程复杂等不足而未能得到跨国家或地区的广泛使用。

日本的 COW 系统因具有较高的自动化程度，且清洗效果较好，成为最早引入我国的储油罐机械清洗技术。自 1997 年开始，经大庆石油管理局有限公司、中国石油管道工程局有限公司、北京大凤太好环保工程有限公司、福建省迅达石化工程有限公司等企业的引进、实践和发展，储油罐机械清洗技术在我国得到广泛推广，目前已基本实现了国产化。

2.1.4 储油罐机械清洗技术的特点

储油罐机械清洗技术是利用喷射清洗机在一定的温度、压力和流量下将清洗介质喷射到待清洗油罐的罐顶、侧壁和罐底，除去其表面的凝结物和淤渣，并对清洗后的油泥进行处理和回收的一种依靠机械代替人工的清洗工艺。储油罐机械清洗技术具有如下主要特点。

（1）消除清洗危险，保障安全　机械清罐从浮船和罐内油面距离200mm开始，就向储罐内注入惰性气体来控制罐内氧气和可燃气体的浓度，可确保罐内氧气浓度（体积分数）在8%以下。控制了火灾爆炸三要素之一的“氧气浓度”，就能有效避免因喷嘴高速喷射产生静电可能带来的隐患。清洗结束通风后，检查维修人员即可进罐进行动火维修作业。

储罐内由于长期存放油品，可能挥发出大量可燃气体、硫化氢、甲烷、添加剂等对人有害的气体，人工清罐时作业工人中毒事故也频繁发生。然而机械清罐作业是密闭清洗，储罐水清洗之后罐内有毒有害气体全部清除，从而避免了此项危险。

由于人工清罐是密闭空间作业，通风不好极易引起局部缺氧。而机械清罐人员不直接接触原油，流程全部密闭，避免了此类风险。

传统的人工清罐法有时需要在工人进罐前进行蒸汽“蒸罐”操作。这种方式使得轻质组分流失，破坏了原油的质量，经常出现由于外部气温急剧变化使罐内气体热胀冷缩引发的罐体塌陷事故。而机械清罐通过换热器给原油加热清洗储罐，蒸汽不和油品直接接触，不但保证了原油质量不被破坏，而且避免了上述事故隐患。

（2）环保效果显著　人工清罐一般都会挖一个污油池放油，此过程极大地污染了库区环境。由于机械清洗是密闭施工，整个作业现场能够达到场地无污水、无油污，大部分原油都能够回收至甲方指定的系统，是一项清洁、环保、绿色的技术。

（3）施工周期短，对储运生产影响小　机械清罐周期短，停罐时间短。机械清洗不受储罐沉积物量、油罐大小和天气的影响，因而效率高，施工周期短。而人工清洗容易受以上几个方面的影响，清洗时间也较大幅度地增加。

（4）清洗效果显著　机械清罐工艺方法使用原油和水作为清洗介质清洗，在一定温度、压力和流量的条件下能够有效溶解罐内原油；然后再经过温水的清洗能够把罐内表面的污油和附着物全部清洗干净，达到工业动火条件。

2.1.5 储油罐机械清洗技术的原理

从清洗原理（工艺）方面来看，世界范围内主流的清洗技术是以日本为代表的击碎溶解清洗技术（如COW）和以欧洲（如英国Willacy Oil Services公司）为代表的大流量扰动清洗技术。

（1）COW清洗工艺原理　该机械清洗系统由真空抽吸、升压外送、油泥加热、射流清洗、惰性气体保护、可燃气体检测、油水分离、固液分离设备及工艺管路构成。首先真空抽吸装置将清洗介质抽吸至升压泵的入口；然后清洗介质由升压装置升压后，经换热装置升温，接着通过临时管路进入安装在被清洗罐内的喷射装置；最后喷射装置在被清洗罐内形成射流，直接冲击罐内的罐底污泥和罐内表面的附着物，从而完成油罐清洗。COW 清洗一般包括原油移送、注入惰性气体、油中搅拌、同种油清洗（油洗油）、温水清洗（水洗油）和罐内清扫等工艺环节。经过多年的实践和发展，COW 已经发展到第二代技术，相比第一代技术，在清洗效率、集成化及安全等方面都有了较大提升。

（2）大流量扰动清洗工艺原理　在罐顶或侧壁人孔固定清洗枪，通过管线接到地面的热交换器，完成管线中液流的换热；罐顶大流量清洗枪头在液面以下旋转喷射同种热液流，热液流通过末端特殊结构的喷管后流量能进一步放大，从而在罐内形成较强的扰动，实现罐内淤积逐步溶解；待溶解基本完成后，通过沉淀使固体杂质沉积在罐底，然后通过管路和自动清理装置分别将液体流油和罐内杂质导出罐外，从而实现储罐清洗。大流量扰动储罐清洗技术包括声呐探测、油洗油、油品移送、水洗油罐和罐底泥渣处理等工艺过程。

两种工艺技术相比，大流量扰动清洗系统需要的清洗枪数量远远小于 COW 系统，$10\times10^4m^3$ 以下的储罐只需要 4 条喷枪，有利于降低设备调遣运输成本并提高安装拆卸效率，减小劳动强度和人工成本。COW 主要利用射流的强大冲击力将固体沉积物击碎溶解，击碎溶解系统的液体中存在着原油以及部分悬浮固态物质；待罐内淤积物被全部击碎溶解后，启动排油工艺，将其排至旁接储罐。此种方式不经过沉降过程，所以会将少量沙质以及其他细小颗粒状残渣排至旁接储罐。大流量扰动清洗系统则利用布置在液面以下的喷枪喷射出大流量热流，带动周围已融原油形成旋涡式对流，逐步向水平外围及垂直范围扩大，进而实现整个储罐淤积物的溶解；经过 24h 的沉淀，罐内原油中的悬浮颗粒沉积在罐底，此时通过导油管路将上层纯净原油导出至旁接储罐，罐底沉积的固体物质由自动清理系统或人工导出。此种方式能有效地排出杂质，清洗效果较好。大流量扰动清洗工艺较 COW 工艺增加了淤积物探测系统和自动清理系统，工艺机械化、自动化程度较高，但其受罐内的结构和罐内油泥的分布情况影响较大，常会因难以形成罐内介质的扰动而清洗效果不佳。目前我国大型储罐的机械清洗主要采用的是 COW 技术。

2.2 储罐水射流清洗技术

2.2.1 水射流清洗技术的发展及特点

通过一定的加压装置（离心泵、增压泵、柱塞泵等）使水形成具有一定速度的射流束，利用射流束的动能将污垢击碎、剥离并带走，从而将污垢从被清洗物表面清除的方法，称为水射流清洗技术。

人们认识水射流清洗应该说还是从水的冲刷作用开始的。如大雨能把田地冲出一道水沟，能剥落山岩甚至造成泥石流；河道出口久而久之便冲积成了三角洲。水对大自然的鬼斧神工表现在3个方面：使材料破裂、流动、去除。

水射流的应用起源于采矿业。早期利用水射流冲洗矿石中的泥土，蓄水运送并筛选矿石和直接用水射流冲刷煤层。由冲刷到破碎实际上是水射流的一个质变，前者是低压大流量，后者则是高压小流量。20世纪30年代，人们已开始用水射流采煤，这时是用10MPa以下的水射流冲采中硬以下的煤层；至20世纪70年代发展到用20～30MPa的水射流慢速切割煤体；再后来就是用高压（大于100MPa）、超高压（大于200MPa）的水射流破碎落煤和破岩。

只有提高水射流的工作压力才能使其广泛应用于大工业部门，这已成为人们的共识。在国际上，20世纪70年代高压水射流清洗和超高压水射流切割同步发展。80年代，高压水射流清洗已日趋完善、普及应用。超高压水射流切割工艺一直是水射流行业研究、追踪的热点，尤其是在80年代末、90年代初期这类所谓的“水刀”设备已经批量化、商品化，而且以机械控制切割头为代表的产品迅速达到了全自动、智能化的高水平。20世纪90年代，随着国内工业清洗企业的蓬勃发展，国外的高压水射流清洗技术逐渐引入中国，并得到了广泛应用。

由于水射流的压力不同，一般将水射流分为低压水射流（水射流压力不大于10MPa）、高压水射流（水射流压力在10～100MPa之间）和超高压水射流（水射流压力大于100MPa）。

水加压离开喷嘴后形成射流时，最常见的形式是圆柱射流。这种形式的射流携带射流能量最为有效，但它在靶件表面上的有效打击面积也最小。为了进行大面积清洗，通过改变喷嘴形状有了扇形射流。其特点是射流以一条线的形式冲击在靶件上，随着喷嘴的位移，便出现了一条宽幅的清洗带。近来还出现了一些不同形状的喷嘴，如圆锥形、三角形、矩形等，统称为异形喷嘴。

经过多年发展，射流介质不再局限于水，应严格定义为液体射流。如切割含有糖分的食品时，水容易溶化糖而破坏这些食品。为了避免此缺陷，切割蛋糕和巧克力之类的食品应采用植物油或其他可食用油作介质。某些射流应用场合还要求用乳化液作介质。但是，总的来说，我们泛称这些技术为水射流并不影响其他液体射流的存在。

在实际清洗工作中，得到广泛应用的水射流大致可以分为3种类型：连续射流、脉冲射流、空化射流。目前工业清洗中广泛应用的水射流清洗技术一般属于连续射流清洗。

利用高压水射流进行清洗工作时，由于污垢和被清洗物的阻挡，水射流会改变方向，因此在其原来的喷射方向上就失去了一部分动量。这部分动量将以作用力的形式传递到物体表面上。连续水射流对物体表面的作用力是指射流对物体冲击时的稳定冲击力——总压力。

由于水射流的速度会随着其喷射距离发生变化，因此射流冲击物体的作用力也是随喷嘴至物体表面的距离（通称靶距）不断变化的。

射流对物体的冲击力，在最小靶距时很小；随着靶距增加，冲击力逐渐增大，在某一位置，冲击力达到最大值；之后便开始逐渐减小，直至射流消散。冲击力的最大值与理论值大致相当，达到最大冲击力的靶距一般在喷嘴直径100倍左右的位置处，而喷嘴出口附近的冲击力只有最大值的0.8～0.85，参见图2-1。

由图2-1可以看出，水射流的最大冲击力位置不是在喷嘴出口，而是在离喷嘴一定距离的位置，喷嘴出口附近的冲击力远低于理论值。

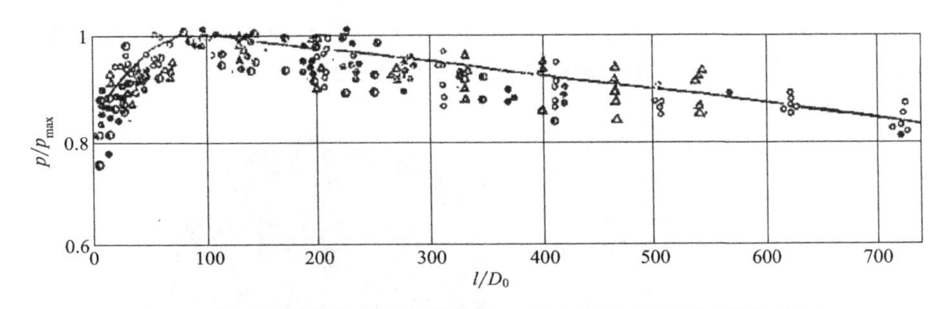

图2-1　射流作用力随靶距变化曲线（图中符号表示不同喷嘴直径）

若要发挥水射流清洗技术的优势，快速地清除污垢，一定要使被清洗物的污垢处于水射流的靶距范围内。

由于需要清洗的储罐种类太多，尺寸、形状、结构、功能千差万别，实际清洗时，储罐表面（常见的为内表面，外表面有时也需要清洗）的污垢很难处于水射流的有效靶距内。因此，利用水射流技术清洗储罐时往往需要搭建特殊装置，或者设计安装喷嘴的特殊执行机构才能实现清洗除垢。

2.2.2　储罐高压水射流清洗技术

高压水射流清洗技术在清除储罐内壁顽固的污垢（有机污垢等）时具有一定的技术优势，但由于需要清洗的储罐规格（尺寸、形状、结构）千差万别，高压水射流喷嘴工作的前进路径很难刚好处于储罐的中心线上。根据实际清洗工作经验，常见的储罐内壁高压水射流清洗技术有三维旋转喷头高压水射流清洗技术、支架型高压水射流清洗技术、爬壁机器人高压水射流清洗技术等。其中，支架型高压水射流清洗技术、爬壁机器人高压水射流清洗技术不仅适用于罐内清洗，而且可以用于储罐外壁污垢的清洗。

2.2.2.1　三维旋转喷头高压水射流清洗技术

三维旋转喷头高压水射流清洗技术一般用于清洗小型的球形储罐和圆柱形储

罐（或反应釜）。这两种装置都具有体积小（一般小于 $100m^3$）、罐开口或人孔小、人工进入困难等特点。

（1）球形储罐清洗　对于球形储罐，可以通过储罐的一端开口将装有三维旋转喷头的执行机构深入到储罐的中心（或近中心处）。三维旋转喷头一般具有两个对称的喷嘴，可根据储罐的尺寸和除垢需要进行设计选型，以使储罐的内壁全部处于喷嘴的有效靶距内。高压清洗机组产生的高压水射流可从三维旋转喷头的喷嘴中喷出。当三维旋转喷头的喷嘴喷射时，两束水射流形成的旋转力矩带动喷嘴在垂直面内旋转，这就实现了高压水射流束在某个纵向平面内的 360°全覆盖。当三维旋转喷头在水平面 360°转动时，就实现了储罐横向的 360°全覆盖。纵向转动和横向转动结合，就实现了储罐全部管壁无死角的清洗。同时，根据储罐的结构不同，也可以由伸缩杆带动三维旋转喷头移动到反应釜内壁或搅拌器表面的某些点位进行重点清洗。其旋转清洗示意图见图 2-2。

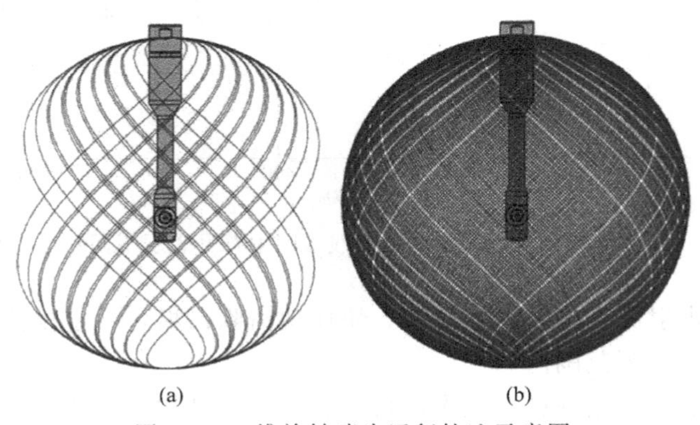

图 2-2　三维旋转喷头运行轨迹示意图

（2）圆柱形储罐清洗　对于圆柱形的小型储罐，其原理与球形储罐清洗类似。以反应釜为例，可以将三维旋转喷头安装在具有伸缩功能的伸缩机构上，然后再将伸缩机构安装在反应釜人孔中（伸缩杆伸进反应釜内）。伸缩机构可采用手动、电动、液压等控制，由于运动的速度较慢，一般采用手动控制，使伸缩杆在反应釜内伸缩，并尽可能沿反应釜内壁周围方向移动。伸缩杆在移动中可以避开反应釜内的障碍物。伸缩杆前端装有三维旋转喷头，三维旋转喷头有两个喷嘴，高压清洗机组产生的高压水射流可从三维旋转喷头的喷嘴中喷出。当三维旋转喷头的喷嘴喷射时，两束水射流形成的旋转力矩带动喷嘴在垂直面内旋转，这就实现了高压水射流束在某个纵向平面内的 360°全覆盖。当三维旋转喷头在水平面内 360°转动时，就实现了储罐横向的 360°全覆盖。纵向转动和横向转动结合，就实现了反应釜类储罐管壁的全面清洗。其清洗示意图见图 2-3。

（3）铁路槽罐车清洗　铁路槽罐车是运输液体物料的重要工具，广泛应用在石油、化工、食用油等运输领域，数量逐年增加。这些槽罐车在段修、厂修及换

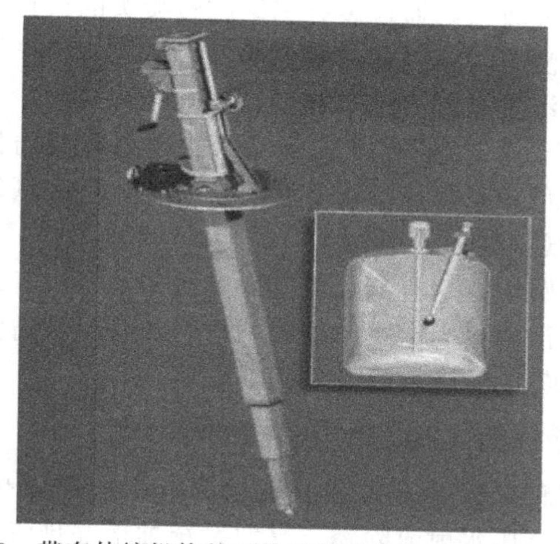

图 2-3　带有伸缩机构的三维旋转喷头清洗反应釜示意图

装物料前都要清洗内部，如果按平均每台每年洗车达 1.5 次计算，清洗的工作量相当大。因此，做好槽罐车洗刷工作是保证油品顺利出厂的重要环节。

随着我国对企业尤其是污染企业的环保问题越来越重视，铁路槽罐车清洗的环保问题也迫在眉睫，既环保又降低工人劳动强度的清洗技术既是国家的需要，也是企业发展的需要。为此，已有企业利用高压水射流技术，设计并制造出一种专用于铁路的全自动铁路槽罐车高压水清洗系统。由于该系统是全自动清洗，免去了人工清洗的不安全性，并且具有清洗效率高、清洗成本低、清洗质量好等特点。

全自动铁路槽罐车高压水清洗系统主要由高压清洗机、三维洗罐器、进给机构、牵引装置、控制操作系统等组成。

三维洗罐器的机座（固定盘）坐落在罐车人孔上，机座上装有转动盘，转动盘由减速电动机驱动，可使清洗机构 180°转动；转动盘上有支架，支架上有 2 条轴，1 条上装滑轮，另 1 条上装导向架，弧形轮在导向架内通过进给电动机、链条与链轮的作用来回移动，导向架上下端有接近开关；弧形轮内装有高压胶管，下端装三维洗罐器。当电动机运作时，通过减速机带动弧形管运动，弧形管上的凸轮带动导向架上的轴摆动，使清洗头做匀速直线运动，达到逐点清洗的效果。

三维洗罐器的进给机构可实现高压清洗机与罐车口的精准对位，由对位机构和内支架、外支架等组成。三维洗罐器的进给机构布置在罐车轨道安全线外，与铁路线平行；外支架上安装有液压绞车，液压绞车通过钢丝带动对位机构上升和下降；对位机构的前端有滑块与高压清洗机连接，滑块可以前后移动，其运动方向始终与罐车轴线垂直。

2.2.2.2　支架型高压水射流清洗技术

对于大型的储罐，当需要清洗的污垢比较坚硬，一般三维旋转喷头无法将污垢清除，或者储罐尺寸较大，通过装有三维旋转喷头的执行机构或伸缩机构难以实现对储罐全覆盖清洗时，可以在储罐内部搭设清洗支架作为清洗操作平台，由工人进入罐内操作清洗枪进行清洗作业。

由于此类操作属于人工有限空间作业，需要配备呼吸防护用具，工人劳动强度大、工作效率低、危险系数高。由于受限空间作业事故频发，这种清洗使用的限制性越来越多，已逐渐被市场淘汰。

此外，在清洗实践中，也有部分清洗研究机构开发出了适合用于罐内清洗的伞形吊架；将高压水清洗枪固定在吊架的两端，使管壁被清洗污垢处于清洗枪的有效靶距内，利用吊架的旋转实现了平面360°清洗。

2.2.2.3 爬壁机器人高压水射流清洗技术

近十年来，采用爬壁机器人搭载高压水清洗枪的执行机构逐渐得以实际应用。这种机构可以将高压水射流除锈、真空系统抽干并排渣、爬壁机器人执行除锈作业三者成套设计于一体，将多个除锈喷嘴安装在一个真空腔内，形成旋转射流。在真空腔内，常温水经高压水射流机组传递至喷嘴产生高压水射流时，水温可以达到80℃，在真空腔内形成高温度场，实现即除即干。同时，真空系统的负压抽吸作用还实现了废水以及废料回收，起到了良好的防止返锈和环保效果。这种应用大型爬壁机器人搭载高压水清洗枪的执行机构在搭配遥控装置后还可以实现遥控操作，大大提高了操作的安全性。

此类技术一般用于储罐外壁的除锈除漆等清洗作业，随着推广应用，目前也出现了储罐内壁清洗的成功案例。

2.2.3 成品油储油罐低压水射流清洗技术

在工业成品油储油罐、饮料类储存罐等领域，由于需清除的污垢主要为油、脂或食物残渣，水射流压力不大（有时仅需要0.6MPa左右）就可以将其从被清洗储罐壁上清除下来。

以加油站油罐机械清洗为例，过去国内加油站埋地油罐的清洗主要采用人工清洗方式，需要人工进罐操作，安全性差、效率低，清洗过程中向周围环境排放了大量油气，严重影响了加油站周边居民的人身安全，同时也违反了国家有关安全及环保法规的相关规定。随着国内运营的各大石油公司对加油站油罐清洗技术的要求不断提高，各企业纷纷制定了各自的油罐清洗安全技术规程，主要表现在用机械清洗方式替代传统的人工清洗方式。

通过对现有的油罐清洗技术进行分析比较，结合加油站埋地油罐的实际情况，选择低压水射流机械清洗技术进行加油站油罐机械清洗，可彻底地清除罐内污油，提高清洗洁净度及清洗效率；能够最大限度地减少操作人员进罐作业时间，确保作业安全、高效、环保。

（1）安全。不需要人工进罐作业，确保了作业人员安全。使用水作为清洗介质，降低了火灾爆炸的风险。同时，低压水射流不会破坏油罐。

(2) 高效。利用低压水射流机械清洗加油站地埋罐，可实现360°无死角覆盖储罐内壁，清洗周期时间是预知可控的（最快10min就可以完成一个清洗周期）。所以，低压水射流机械清罐的时间相比人工清罐时间极大地缩短。同时，水射流产生的清洗力非常均匀、覆盖全面，也明显优于人工清洗中因个人操作随机性导致的清洗不均匀或遗漏。

(3) 环保。清洗产生的污水经过固、油、水三相分离，废物大大减少。分离出的清水可直接循环用于连续地清洗；分离的污油经处理后可回收再利用；少量的废渣按照相关规定进行吸水比处理即可。因此，该方法更加清洁环保。

2.3 储罐化学清洗技术

化学清洗技术是利用化学品或制剂的溶解、乳化、络合、分散、吸附等原理，将污垢从被清洗物上清除下来的方法。

在储罐加工、制作、安装过程中，内外表面不可避免地会有灰尘、焊渣、油脂、铁锈等污染物产生，这些污染物的存在会对储罐盛装的产品造成污染，影响产品的物理或化学性质。

储罐化学清洗是最常用的方法之一。对于容积小的储罐，通常采用将化学清洗液充满储罐，使清洗液与污垢充分接触的方式进行化学清洗。这种清洗工艺称为浸泡式清洗，具有清洗质量高、清洗效率高等特点。

对于容积较大的储罐，如果采用浸泡式清洗工艺，将会出现所需清洗液数量巨大、清洗成本过高的问题。为降低清洗成本，减少清洗液的使用量，采用喷淋清洗技术是一种比较经济高效的选择。

喷淋清洗是一种循环清洗技术，在清洗过程中，通过制作专业的喷淋设备可将化学清洗溶液均匀喷洒到所要清洗的储罐内表面上，而清洗液在自身的重力作用下可以沿器壁汇流到储罐的底部。在此过程中，清洗液会与器壁上的污垢接触发生化学反应，达到清除污垢的目的。同时，在化学清洗液的冲刷和液流向下流淌的共同作用下，可以将部分疏松的污垢冲刷掉并流走，提高了清洗效率。另外，还可以搭建回用管道将流淌到储罐底部的清洗液输送回喷淋设备供再次喷淋使用，提高清洗液的使用效率。

在清洗过程中，也可以通过调整喷淋头的位置使清洗液均匀地喷到罐顶以及罐壁，保证整个内表面清洗的洁净度。

当注意的是，在喷淋清洗中，喷淋器的设计是非常重要的，喷淋器设计或选用不当将导致清洗液分布不均，直接影响清洗效果。常用的喷淋器头为旋转喷头。在被清洗的塔器或容器顶部安装一个旋转喷头，利用水力转矩驱动喷头可达到使喷头旋转的目的。

第 3 章

储油罐机械清洗设备

目前，对大型储油罐的清洗主要采用的是机械清洗技术及相应的设备。储油罐机械清洗设备主要包括泵类设备、电力设备、柴驱设备、液压设备、气压设备、换热设备及其他附属设备。泵类设备主要是为储罐内的介质提供抽吸动力，同时具备对介质进行升压或者输送的功能。储油罐机械清洗现场常见的泵类设备主要有离心泵、真空泵、转子泵、隔膜泵和柱塞泵等。电力、柴驱、液压和气压设备主要是给泵体、清洗枪头、马达等提供动力源。换热设备主要是给介质提供升温功能。本章主要介绍储油罐机械清洗现场常见设备的原理、结构及其功能。

3.1 大型储油罐清洗的目的和要求

一般来说，储油罐的使用寿命相对较长，但运营单位往往会忽视对油罐的定期检查和清洗，这就会导致油罐发生腐蚀和泄漏。如果检查疏忽，不仅使其自身存在极大的安全隐患，对周边的环境和油罐区的安全也会造成威胁，因此保持油罐的安全和清洁，科学管理储油罐至关重要。

3.1.1 大型储油罐清洗的目的

储油罐在长期使用后，罐底总要积存一部分重组分、蜡质、固体杂质和锈渣等沉积物，如不定期对其进行清洗，将影响罐内储存的油品质量，减少油罐有效容积，并降低油罐加热效率，造成能源浪费。按照 SY/T 5921《立式圆筒形钢制焊接油罐操作维护修理规范》，油罐检维修周期为 6～9 年。另外，在油罐改储时或者油罐发生渗漏或其他损坏需要进行倒空检查或动火修理时，也必须进行清洗。油罐清洗施工可释放罐容，同时清洗完成后，罐内可达到动火标准，从而可进行油罐重新标定、油罐检测及维修等工作。

总的来说，对储油罐进行清洗的主要目的可以概括为以下几点：

（1）恢复罐容；

（2）储罐标定；

（3）储罐检维修；

（4）储罐报废；

（5）储罐改储。

3.1.2 大型储油罐清洗的要求

目前，储油罐清洗作业主要有人工清洗和机械清洗两种方式。人工清洗施工对被清洗罐类型及罐内剩余淤积的要求比较高，劳动强度大、安全风险高，而且罐内油品不可回收，造成了资源的极大浪费。近年来，人工清罐更是事故不断。而采用机械清洗方式具有安全可控、油品可回收、环境污染程度低等优点，现在正逐步取代人工清洗方式。

不管采取何种清洗方式，对储油罐清洗完毕后，都是以被清洗罐内干燥、无明显可见的油污且能达到动火检维修的标准为基本要求。

3.2 储油罐机械清洗设备模块组成及其原理

大型原油储罐机械清洗设备相对比较复杂，按功能模块来划分，可分为真空抽吸设备、升压设备、热交换设备、射流/喷射设备、惰性气体置换设备、气体监测设备、油水分离设备、油泥处理设备等几个部分。其中，真空抽吸设备主要抽吸被清洗储罐内可流动的介质，从而为喷射设备提供清洗液；升压设备主要是给喷射设备提供一定的清洗介质压力和流量，从而满足喷射的基本需求；热交换设备是为了使被清洗罐内的油品有更好的流动性而采取的一种加热手段，根本目的也是为了更好地溶解被清洗罐内的油泥；射流设备是整个机械清洗的关键设备，射流设备设置的区域以及射流的角度、压力、流量等都会影响清洗效果；惰性气体置换设备是为了保证机械清洗作业安全而采取的一种措施，配合气体监测设备，可以做到完全避免机械清洗过程中火灾爆炸的发生，具有很高的安全可控性；油水分离设备主要是在后期对被清洗罐内进行水清洗时，用于暂存清洗用水以及进行罐内油水的分离；油泥处理设备主要是为了对清洗过程中和清洗完成后的油泥进行减量化处理，从而达到减少危废总量的目的（该设备并非机械清洗作业必备的设备，属于按照实际要求选配的设备）。下面将详细论述各设备模块的原理、组成和功能。

3.2.1 真空抽吸原理及设备

3.2.1.1 真空的基本含义

真空的含义是指在给定的空间内低于一个大气压的气体状态。人们通常把这种稀薄的气体状态称为真空状况。这种特定的真空状态主要有如下几个基本特点：

（1）真空状态下的气体压力低于一个大气压，因此，处于地球表面上的各种真空容器中，必将受到容器外部大气压力的作用。

（2）真空状态下由于气体稀薄，单位体积内的气体分子数，即气体的分子密度小于大气压力下的气体分子密度。因此，分子之间、分子与其他质子（如电子、离子等）之间以及分子与各种设备设施表面之间的相互碰撞次数相对减少，使气体的分子自由程增大。

（3）真空状态下由于分子密度的减小，作为组成大气组分的氧气、氮气、二氧化碳和水等气体含量也将相对减小。

3.2.1.2 真空泵

真空泵是用各种方法在某一封闭空间中产生、改善或维持真空的装置。随着生产和科学研究领域中对真空应用技术的压强范围要求越来越宽，很多场合都需要由几种真空泵组成真空抽气系统来共同完成抽气。由于真空应用所涉及的工作压力范围很宽，因此任何一种类型的真空泵都不可能完全适用于所有的工作压力范围，只能根据不同的工作压力范围和要求，使用不同类型的真空泵。为了满足各种真空工艺过程的需要，而将各种真空泵按其性能特点组合成机组型式应用已经非常普遍。

凡是利用机械运动（转动或滑动）以获得真空的泵，均称为机械真空泵。机械真空泵是真空应用领域中使用最普遍的一类泵，是真空获得设备的重要组成部分，也是应用在大型储油罐机械清洗设备中的一类泵。

3.2.1.2.1 机械真空泵的分类

（1）变容真空泵　变容真空泵是利用泵腔容积的周期变化来完成吸气和排气，以达到抽气目的的真空泵，气体在排出泵腔前被压缩。变容真空泵主要分为往复式和旋转式两种。

① 往复式真空泵。利用泵腔内活塞的往复运动将气体吸入、压缩并排出。通常也将往复式真空泵简单称为活塞式真空泵。

② 旋转式真空泵。利用泵腔内转子部件的旋转运动将气体吸入、压缩并排出。旋转式真空泵又可分为油封式真空泵、液环真空泵、干式真空泵、罗茨真空泵。

a. 油封式真空泵。它是利用真空泵油密封泵内各运动部件之间的间隙，减少泵内有害空间的一种旋转式变容真空泵。这种泵通常带有气镇装置，主要包括旋片式真空泵、定片式真空泵、滑阀式真空泵和余摆线真空泵等。

b. 液环真空泵。将带有多叶片的转子偏心装在泵壳内，当转子旋转时，工作液体被抛向泵壳形成与泵壳同心的液环，液环同转子叶片之间形成容积周期变化的几个小的旋转变容吸排气腔。其工作液体通常采用水或油，所以有时也可称为水环式真空泵或油环式真空泵。

c. 干式真空泵。它是一种泵内不用油类（或液体）密封的变容真空泵。由于干式真空泵泵腔内不需要工作液体，因此，比较适合用于半导体行业、化学行业、制药行业及食品行业等需要无油清洁真空环境的场合。

d. 罗茨真空泵。泵内装有两个相反方向同步旋转的双叶形或多叶形转子，转子之间、转子同泵壳内壁之间均保持一定的间隙。

(2) 动量传输泵　动量传输泵是利用高速旋转的叶片或者高速射流将动量传输给气体或气体分子，使气体连续不断地从泵的入口传输到出口，从而实现气体输送的目的，主要包括分子真空泵、喷射真空泵、扩散真空泵、扩散喷射真空泵、离子输送真空泵等几种，最常用的为分子真空泵。所谓的分子真空泵，是利用高速旋转的转子把动量传输给气体分子，使之获得定向速度，从而被压缩、被趋向排气口后为前级抽走的一种真空泵，也可称为动量传输泵。按照结构形式，分子真空泵又分为牵引分子泵、涡轮分子泵、复合分子泵等几种形式。

① 牵引分子泵。气体分子与高速运动的转子相碰撞而获得动量，被驱送到泵的出口。

② 涡轮分子泵。靠高速旋转的动叶片和静止的定叶片相互配合来实现抽气的目的。这种泵通常在分子流状态下工作。

③ 复合分子泵。它是由涡轮式和牵引式两种分子泵串联组合起来的一种复合型的分子真空泵。

3.2.1.2.2 真空泵的基本参数

(1) 极限真空（通常称为绝对真空度）　真空泵的极限真空单位是帕斯卡(Pa)。每一台真空泵能达到的极限真空是不一样的。真空泵极限真空的标准测试方法是：将真空泵的入口与标准试验检测容器相连，充入待测的气体后进行长时间连续抽气，当容器内的气体压力不再下降而维持在某一定值时，此压力即为该真空泵的极限真空。该值越小则表明越接近理论真空。

普通真空表测得的真空值（即表压）为相对真空度，用负数表示，是指被测气体压力与大气压的差值。

(2) 抽气速率　真空泵的抽气速率单位是 mL/s 或 L/s，是指在泵的吸气口处安装标准试验罩，并按规定条件工作时，单位时间内从试验罩流过的气体体积，简称抽速。

(3) 抽气量　真空泵的抽气量常用单位有 m^3/h、m^3/min、L/s 等，也即单位时间内流过的一定压力的气体体积，是指泵入口的气体流量。

(4) 启动压强　真空泵的启动压强单位为 Pa，是指泵无损坏启动并有抽气作用时的压强。

(5) 前级压强　真空泵的前级压强单位是 Pa，是指排气压强低于一个大气压的真空泵的出口压强。

(6) 最大前级压强　真空泵的最大前级压强单位是 Pa，是指真空泵出口能够承受的压强最大值。一旦超过了该值，真空泵就容易损坏。

(7) 最大工作压强　真空泵的最大工作压强单位是 Pa，是指对应最大抽气量的入口压强。在此压强下，泵能连续工作而不恶化或损坏。

(8) 压缩比　压缩比是指泵对给定气体的出口压强与入口压强之比。

3.2.1.2.3 常见的真空泵

(1) 水环式真空泵/液环真空泵　水环式真空泵（简称水环泵）是一种粗真空泵，它所能获得的极限真空通常在 2000～4000Pa 之间。水环式真空泵内装有带固定叶片的偏心转子，是将水（液体）抛向定子壁，使水（液体）形成与定子同心的液环，由液环与转子叶片一起构成可变容积的一种旋转变容积式真空泵。

水环式真空泵的工作原理见图 3-1。泵体中须装有适量的水作为工作液，当叶轮按图中顺时针方向旋转时，水被叶轮抛向四周；由于离心力的作用，水形成了一个由泵腔形状决定的近似于等厚度的封闭圆环。水环的下部内表面恰好与叶轮轮毂相切，水环的上部内表面刚好与叶片顶端接触（实际上叶片在水环内有一定的插入深度）。此时叶轮轮毂与水环之间形成一个月牙形空间，而这一空间又被叶轮分成与叶片数目相等的若干个小腔。如果以叶轮的下部 0°为起点，那么叶轮在旋转前 180°时小腔的容积由小变大，且与端面上的吸气口相通，此时气体被吸入；当吸气终了时，小腔则与吸气口隔绝；叶轮继续旋转，小腔由大变小，使气体被压缩；当小腔与排气口相通时，气体便被排出泵外。

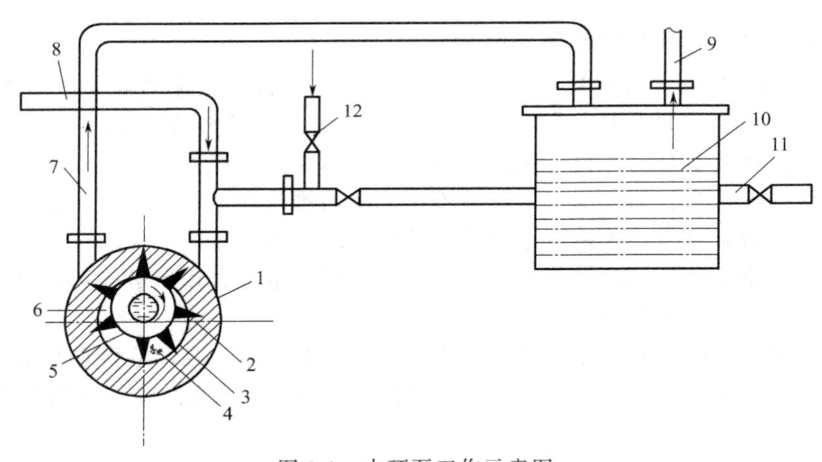

图 3-1　水环泵工作示意图

1—泵体；2—叶轮；3—液体环；4—进气孔；5—工作室；6—排气孔；7,9—排气管；8—进气管；10—水箱；11—管道；12—控制阀

水环式真空泵是靠泵腔容积的变化来实现吸气、压缩和排气的，因此它属于变容真空泵。水环泵最初用作自吸水泵，而后逐渐用于石油、化工、机械、矿山、轻工、医药及食品等领域。在工业生产的许多工艺中，水环泵得到了广泛的应用，如真空过滤、真空引水、真空送料、真空蒸发、真空浓缩、真空回潮和真空脱气等。由于水环泵中气体压缩是等温的，因此可抽除易燃、易爆的气体，除此之外还可抽除含尘、含水的气体。在储油罐机械清洗设备中，水环式真空泵常常被用作使真空罐产生或维持真空的设备，以保证主设备离心泵的不间断输送。

(2) 罗茨真空泵　罗茨真空泵在泵腔内有两个“8”字形的转子，它们相互垂直地安装在一对平行轴上，由传动比为 1 的一对齿轮带动做反向同步旋转。在转子之间、转子与泵壳内壁之间保持有一定的间隙，可以实现高转速运行。由于罗茨真空泵是一种无内压缩的真空泵，通常压缩比很低，因此一般应设置前级泵来配合使用。罗茨真空泵的极限真空除取决于其本身结构和制造精度外，还取决于前级泵的极限真空。为了提高罗茨真空泵的极限真空，也可将罗茨真空泵串联使用。

罗茨真空泵的工作原理如图 3-2 所示。由于转子的不断旋转，被抽气体从进气口进入到转子与泵壳之间的空间 V_0 内，再经排气口排出。由于吸气后 V_0 空间是全封闭状态，因此在泵腔内气体没有压缩和膨胀。但当转子顶部转过排气口边缘，V_0 空间与排气侧相通时，由于排气侧气体压强较高，则有一部分气体返冲到空间 V_0 中去，使气体压强突然增大。当转子继续转动时，气体排出泵外。

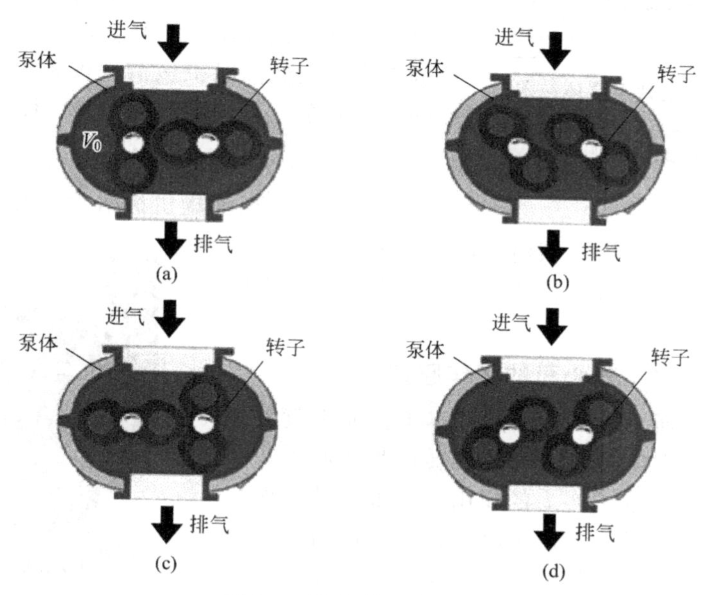

图 3-2　罗茨真空泵原理

(3) 旋片式真空泵　旋片式真空泵（简称旋片泵）是一种油封式机械真空泵，其极限真空度一般小于 0.2bar（1bar=10^5Pa），属于低真空度的真空泵。它通常用作其他高真空泵或超高真空泵的前级泵。

旋片泵主要由泵体、转子、旋片、端盖、弹簧等组成，如图 3-3 所示。在旋片泵的泵腔内偏心地安装了一个转子，转子外圆与泵腔内表面有很小的间隙，转子槽内装有带弹簧的两个旋片。转子旋转时带动旋片沿泵腔内壁滑动，依靠转子的偏心性和旋片的密封性可使得泵内各个腔室的容积不断变化，从而实现气体的连续抽排。

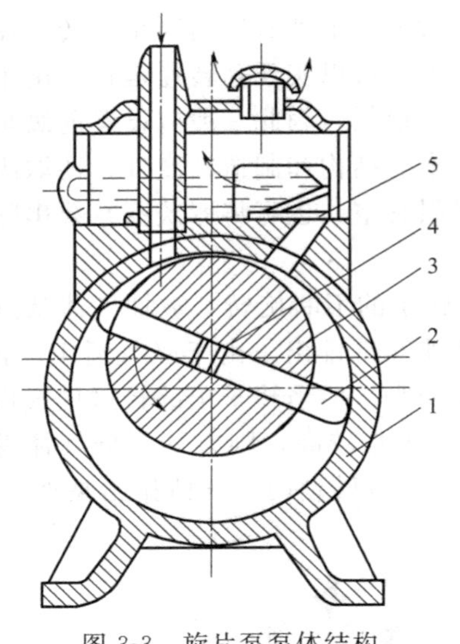

图 3-3　旋片泵泵体结构
1—泵体；2—旋片；3—转子；
4—弹簧；5—排气阀

3.2.1.3　真空抽吸系统在储油罐机械清洗设备中的应用

在储油罐机械清洗设备中，常采用真空抽吸系统来抽吸被清洗罐内的介质。其基本工作原理为：利用真空泵从真空罐内抽吸空气，使真空罐内形成一定的负压，这样在外界大气压的作用下，被清洗罐内的介质即通过抽吸管线自动进入真空罐内，从而完成介质的抽吸功能。

3.2.2　升压原理及设备

升压的原理主要是依靠各种泵类等动设备对流体介质提升压力，从而满足喷射或者转移的需求。在储油罐机械清洗设备中，主要使用的有离心泵、转子泵、隔膜泵、柱塞泵等。

3.2.2.1　离心泵

离心泵在储油罐机械清洗系统中又可以称为化工泵，是储油罐机械清洗设备中最常用的一种升压设备，其性能好坏往往决定着整个清洗效果的优劣。

图 3-4　离心泵结构简图

3.2.2.1.1　离心泵的工作原理

如图 3-4 所示，离心泵的基本工作原理就是在泵内充满液体的情况下，叶轮旋转产生离心力，叶轮槽道小的液体在离心力的作用下被甩向外围而流进泵壳，于是叶轮中心压力降低；这个压力低于进水池液面的压力，液体就在这个压力差的作用下由吸入池进入叶轮，这样泵就可以不断地吸入压出，完成液体的输送。

除了叶轮，泵壳也在离心泵的运行中起着重要作用。液体流出叶轮时具有较大的动能，然后在螺旋形泵壳中将动能大部分变成压力能，并被泵壳平稳地引向压出管。

离心泵的工作过程实际上就是一个能量的传递和转化过程，它把电动机高速旋转的机械能转换为了输送液体的压力能。

3.2.2.1.2　离心泵的分类

离心泵的类型很多，因使用的目的不同而有多种结构。其常用的分类方法主要有以下几种：

(1) 按泵轴位置分　卧式泵和立式泵。卧式泵的泵轴平行于地面安装。立式泵的泵轴垂直于地面安装，立式泵可以减少占地面积。

(2) 按叶轮级数分　单级泵和多级泵。单级泵是在泵轴上只安装一个叶轮，其产生的最大压头为100～120m。多级泵是在同一泵轴上安装有两个或两个以上的叶轮，共用一个泵体，液体一次通过各级叶轮，所产生的总压头为各级叶轮产生的压头之和。

(3) 按叶轮吸液方式分　单吸式泵和双吸式泵。单吸式泵是叶轮只有一个进液口，液体从叶轮的一面进入。这种泵结构简单，易制造，液体在叶轮中的流动情况好，但叶轮两侧所受的压力不同。双吸式泵是叶轮两侧都有进液口，液体从两面进入叶轮，其流量约为单吸式的两倍。这种泵制造复杂，两面液流汇合时稍有冲击，但两侧压力基本平衡。

(4) 按泵壳接缝的型式分　具有水平接缝的中开式泵和具有垂直接缝的分段式泵。具有水平接缝的中开式泵是在通过泵轴中心线的水平面上开有泵壳接合缝的泵。具有垂直接缝的分段式泵的泵壳是按叶轮级数连成一串，接缝与轴垂直，用螺栓紧固在一起。

(5) 按泵壳结构分　蜗壳泵和导叶泵。蜗壳泵具有螺旋线形状的壳体，液体被叶轮甩出后，直接进入泵壳的螺旋形流道，再进入排出管。导叶泵是在叶轮的外边具有固定的导轮，液体自叶轮中流出后，先经过导轮的导流和转能，再流入蜗壳中二次升压。

(6) 按压力分　低压泵、中压泵和高压泵。低压泵：压力低于100m水柱。中压泵：压力在100～650m水柱之间。高压泵：压力高于650m水柱。

(7) 按用途分　井用泵、电站用泵、化工用泵、油泵等。井用泵：如深井泵、深井潜水泵等。电站用泵：如锅炉给水泵、冷凝泵等。化工用泵：如耐腐蚀泵、液态烃泵等。油泵：如冷油泵、热油泵、输油泵、润滑油泵、污油泵等。

3.2.2.1.3　离心泵的基本参数

(1) 流量　泵的流量又称排量，是指泵在单位时间内所能输送的液体数量。有体积（容积）流量和重量（质量）流量两种表示法，一般体积流量用Q来表示，常用的单位有m^3/h或L/s。

(2) 扬程　泵的扬程又称压头，是单位重量（1kg）的液体通过泵后所增加的能量，用英文字母H表示。

(3) 功率　离心泵的功率常指泵的轴功率，即单位时间内由原动机传递到泵轴上的功，以N表示，其单位为kW。

配用功率是指泵选用的原动机的功率，以N_g表示，$N_g=(1.1\sim1.2)N$。在给泵选配电动机时，电动机功率应比泵轴功率稍大一些，从而避免出现电动机过载的情况。但也应避免选配的功率过大，这是因为如果电动机的容量不能得到充分的利用，也会降低电动机的效率。

(4) 泵效　泵效是衡量泵工作时是否经济的指标。由于泵工作时，其运转部件间不可避免地要产生相对摩擦、泄漏及水力摩擦与冲击等损失而消耗一定的功率，因此泵不可能将原动机输入的功率完全传递给液体。这种损失用效率来衡量，以 η 表示。泵的效率为有效功率 N_e 与轴功率 N 之比。

其计算公式见式(3-1)。

$$\eta=\frac{N_e}{N}\times100\% \tag{3-1}$$

(5) 允许吸入高度　允许吸入高度俗称“吸程”，也叫允许吸上真空度，一般用 H_s 表示，即在标准状况下［水温为 20℃，表面压力为 1atm（1atm＝101325Pa)］运行时，泵所允许的最大吸入真空度。吸程是泵的抽吸能力的衡量指标。

泵的安装高度（即泵的叶轮中心线距吸水面的高度）加上吸水管路损失，如果在泵的允许吸入高度之内，就可以保证泵的正常运转和出力；如果超出了该高度，泵的性能下降；如果超出得过多，泵就有可能因抽空而出现甩泵现象。如果吸入的介质是易挥发的液体，则泵的允许吸入高度应再扣除该液体的蒸气压力折合的扬程。

3.2.2.1.4　离心泵的工作特性曲线

(1) 离心泵的实际特性曲线　泵的扬程、流量以及所需的功率等性能是互相影响的，通常用以下三种曲线来表示，见图 3-5。

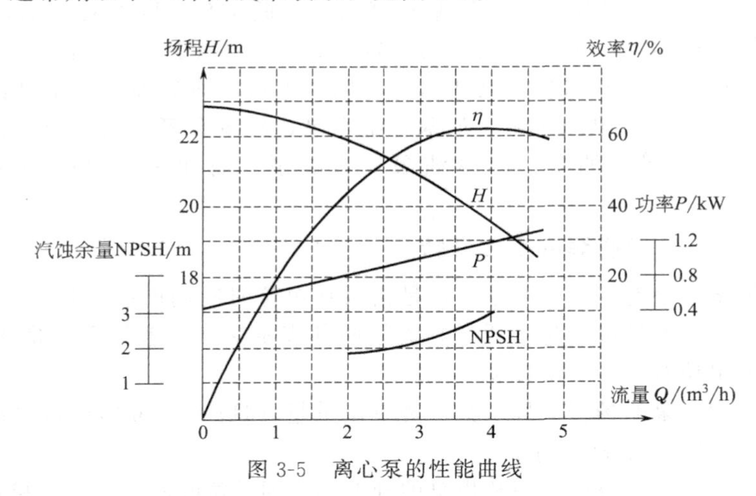

图 3-5　离心泵的性能曲线

① H-Q 曲线。泵的流量与扬程之间的关系：用 $H=f(Q)$ 来表示，记作 H-Q 曲线。

② N-Q 曲线。泵的流量与泵的功率之间的关系：用 $N=f(Q)$ 来表示，记作 N-Q 曲线。

③ η-Q 曲线。泵的流量与设备本身的效率之间的关系：用 $\eta=f(Q)$ 来表

示，记作 η-Q 曲线。

上述三种关系以曲线形式绘在以流量 Q 为横坐标，分别以 H、N、η 为纵坐标的图上来表达，这些曲线叫做泵的性能曲线。

（2）离心泵的扬程与流量特性曲线　离心泵的扬程与流量特性曲线反映了在一定转速下，泵的扬程与流量的关系。如图 3-6 所示，离心泵的 H-Q 特性曲线说明，泵在一定转速下工作时，对于每一个流量 Q，它只能按 H-Q 曲线对应地给出一定的扬程 H。其给出的 H 与泵本身的结构有关，但与管路的阻力大小无关。

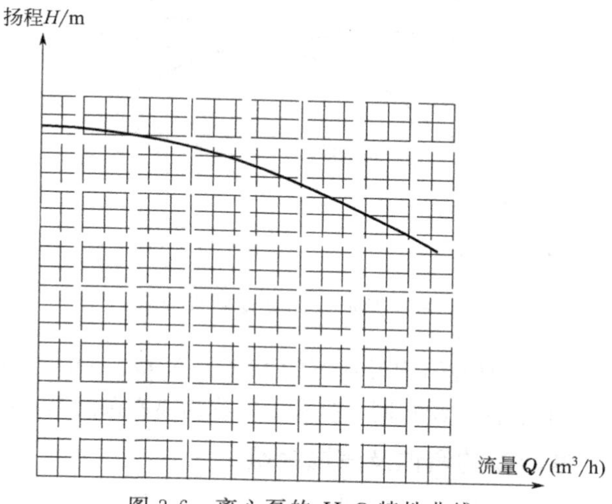

图 3-6　离心泵的 H-Q 特性曲线

（3）离心泵的功率与流量特性曲线　离心泵的功率与流量特性曲线表示单位时间内，原动机传到泵轴上的功与流量间的关系。如图 3-7 所示，曲线 1 是理论功率曲线；曲线 2 是考虑了阻力损失所需功率的曲线；曲线 3 是再计入冲击损失后所需功率的曲线；曲线 4 是再考虑流量损失的功率曲线；若再考虑到机械损失，就得到实际的功率与流量曲线 5，即 N-Q 曲线。

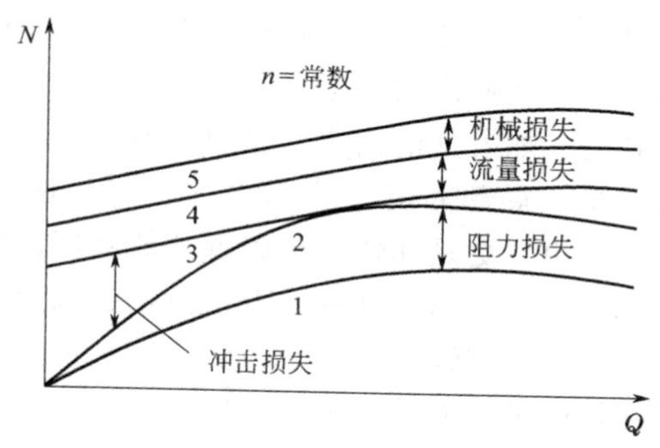

图 3-7　离心泵的 N-Q 特性曲线

(4) 离心泵的效率与流量特性曲线　离心泵的效率与流量特性曲线表示离心泵的总效率与流量间的关系。如图 3-8 所示，曲线 1 是理论曲线，为一水平直线；曲线 2 是计入机械损失后的效率曲线；曲线 3 是再计入流量损失后的效率曲线；曲线 4 则是再计入阻力损失后的效率曲线；最后再计入冲击损失，就得到实际的效率与流量曲线 5，即 η-Q 曲线。

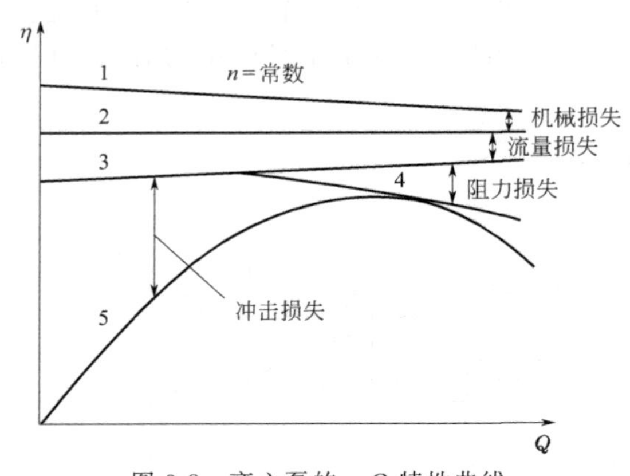

图 3-8　离心泵的 η-Q 特性曲线

在工程实际中，离心泵在恒定转速下的 H-Q、N-Q、η-Q 等特性曲线都是通过实验方法得出的，并将各曲线绘在同一坐标上，称为离心泵的基本特性曲线图。

3.2.2.1.5　离心泵的汽蚀及汽蚀余量

离心泵运转时，液体从泵入口到叶轮入口压力下降，在叶片入口附近的点上，液体的压力最低。此后由于叶轮对液体做功，液体的压力很快上升。当叶轮叶片入口附近的压力小于液体输送温度下的饱和蒸气压力时，液体就汽化。同时，使溶解在液体内的气体逸出（它们形成许多气泡）。当气泡随液体流到叶道内压力较高处时，外面的液体压力高于气泡内的汽化压力，则气泡又重新凝结溃灭形成空穴，瞬间周围的液体以极高的速度向空穴冲来，造成液体互相撞击，使局部的压力骤然增加（有的可达数百大气压）。这样，不仅阻碍液体正常流动，更为严重的是，如果这些气泡在叶轮壁面附近溃灭，则液体就像无数个小弹头一样，连续地打击金属表面。其撞击频率很高（有的可达 2000～3000Hz），于是金属表面因冲击疲劳而剥裂。如若气泡内夹杂某种活性气体（如氧气等），它们借助气泡凝结时放出的热量（局部温度可达 200～300℃）还会形成热电偶，产生电解，造成电化学腐蚀作用，更是加快了金属剥蚀的破坏速度。上述这种液体汽化、凝结、冲击，形成高压、高温、高频冲击负荷，造成金属材料机械剥裂与电化学腐蚀破坏的综合现象称为汽蚀。

泵工作时液体在叶轮的进口处因一定真空压力会产生气体，汽化的气泡在液体质点的撞击运动下会对叶轮等金属表面产生剥蚀，从而破坏叶轮等金属，此时真空压力叫汽化压力。汽蚀余量是指在泵吸入口处单位重量液体所具有的超过汽化压力的富余能量，用 r（NPSH）表示，单位为 m。

离心泵最易发生汽蚀的部位有：

（1）叶轮曲率最大的前盖板处，靠近叶片进口边缘的低压侧。

（2）压出室中蜗壳隔舌和导叶片的靠近进口边缘低压侧。

（3）无前盖板的高比转速叶轮的叶梢外圆与壳体之间的密封间隙以及叶梢的低压侧。

（4）多级泵中第一级叶轮。

3.2.2.2 转子泵

转子泵又称胶体泵、凸轮泵、三叶泵、万用输送泵等，属于容积类泵。它是借助工作腔里的多个固定容积输送单位的周期性变化来达到输送流体的目的。原动机的机械能通过转子泵直接转化为输送流体的压力能。转子泵的流量只取决于工作腔容积变化值以及其在单位时间内的变化频率，而与排出压力无关（理论上）。

转子泵是通过一对同步反向旋转的转子（齿数为 2～4）在旋转过程中于泵的进口处产生真空度，从而吸入所要输送的物料。然后通过一对转子的次序运转可使泵的不同腔体容积发生变化，如此循环往复，介质即被源源不断输送出去。转子泵特别适合卫生级介质和腐蚀性、高黏度介质的输送。转子泵的工作原理见图 3-9。

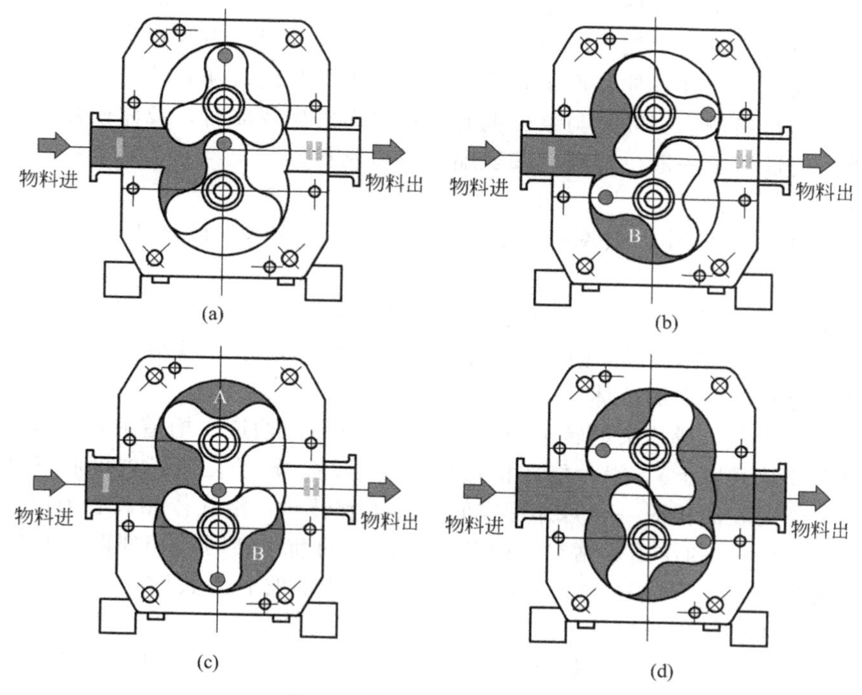

图 3-9　转子泵内流体周期图

3.2.2.2.1 转子泵的分类

转子泵按结构和原理，可分为齿轮泵、螺杆泵、凸轮泵（罗茨泵）、挠性叶轮泵、滑片泵及软管泵等。转子泵具有正排量性质，其流量不随背压变化而变化。

（1）齿轮泵　齿轮泵泵壳中有一对啮合的齿轮，其中一个是主动齿轮，另一个是从动齿轮（由主动齿轮啮合带动旋转）。齿轮与泵壳之间留有较小的间隙。当齿轮旋转时，在轮齿逐渐脱离啮合的左侧吸液腔中，齿间密闭容积增大，形成局部真空，液体在压差作用下被吸入吸液室；随着齿轮旋转，液体分两路在齿轮与泵壳之间被齿轮推动前进，送到右侧排液腔；在排液腔中两齿逐渐啮合，容积减小，齿轮间的液体被挤至排液口。

（2）螺杆泵　螺杆泵属于容积式转子泵。其运转时，螺杆一边旋转一边啮合，液体便被一个或几个螺杆上的螺旋槽带动，沿轴向排出。螺杆泵的主要优点是结构紧凑、流量及压力基本无脉动、运转平稳、寿命长、效率高，适用的液体种类和黏度范围广；缺点是制造加工要求高，工作特性对黏度变化比较敏感。螺杆泵可分为单螺杆泵、双螺杆泵和三螺杆泵。

（3）凸轮泵　凸轮泵也称罗茨真空泵或旋转活塞泵。该泵的两个共轭凸轮通过外部的齿轮传动做反向同步旋转，从而将它们与泵体之间的液体排出。罗茨真空泵可分为双叶罗茨真空泵和多叶罗茨真空泵。

（4）挠性叶轮泵　挠性叶轮泵属于容积式转子泵。其一般形式是叶轮安装在有一偏心段的壳体内，偏心段的两端分别是出口和入口。当叶轮旋转离开泵壳偏心段时，挠性叶轮叶片伸直产生真空，液体被吸入泵内；随着叶轮旋转，液体从吸入侧到达排出侧，当叶片与泵壳偏心段接触而发生弯曲时，液体便被平稳地排至泵外。挠性转子一般由橡胶、聚氨酯等材料制得。

其特点如下：

① 对低黏度液体，效率随转速上升而增大，液体黏度增大，效率将大大下降；

② 流量与转速、叶轮直径成正比，扬程随流量下降而明显增大；

③ 挠性叶轮泵适宜输送酸性液体、碱性液体、墨水、酒精、洗涤剂、海水及砂糖液等较低黏度的液体。

（5）滑片泵　滑片泵的转子为圆柱形，具有径向槽道，槽道中安放滑片（滑片一般为 6 片或以上），滑片能在槽道中自由滑动。转子在泵壳内偏心安装，其表面与泵壳内表面构成一个月牙形空间。转子旋转时，滑片依靠离心力或弹簧力（弹簧放在槽底）的作用紧贴在泵内腔。在转子的前半转时，相邻两滑片所包围的空间逐渐增大，形成真空，吸入液体；而在转子的后半转时，此空间逐渐减小，就将液体挤压到排出管。

（6）软管泵　软管泵也称蠕动泵，主要由泵壳、转子、软管及传动装置四部分组成。转子的转动可将软管内的气体排出，使软管产生真空状态而慢慢被压扁，然后软管依靠自身的弹性恢复原状。在这个过程中，液体就可被吸入管内，从而实现排液的功能。

3.2.2.2.2 转子泵的基本参数

（1）排量　转子泵的排量指转子旋转一周所排出的液体量，单位是 m^3/r。排量仅取决于泵的形状和尺寸。

（2）流量　转子泵常用的流量单位是 m^3/s、m^3/h。流量通常分为额定流量和工作流量。

① 额定流量。转子泵的额定流量是指在额定工况下的流量，也就是泵样本和铭牌上标记的名义流量值。泵的额定流量包括液体及任何溶解在内或夹带的气体。

② 工作流量。工作流量是指在使用过程中，泵输送的流量。

（3）转速　转子泵的额定转速是指为符合操作参数，驱动转子单位时间内所旋转的周数。常用的转速单位是 r/min。额定转速与黏度大小有关。黏度越大，泵的额定转速应越低，以满足泵的汽蚀余量要求。

最高许用转速是指连续操作时，制造厂所允许的最高转速。

最低许用转速是指连续操作时，制造厂所允许的最低转速。

（4）压力　转子泵常用的压力单位是 MPa、bar 等。

① 额定进口压力。指工艺装置生产中，泵进口接管法兰（或螺纹连接处）的压力，也称入口压力。

② 额定出口压力。指工艺装置生产中，泵出口接管法兰（或螺纹连接处）的压力，也称排出压力。

③ 额定压差。即额定出口压力与额定进口压力的差值。

④ 最大许用工作压力。在指定温度、流量下，输送指定液体时，制造厂所允许设备承受的最大连续工作压力。此值与泵体、转子的强度，密封，容积效率等有关。

（5）温度　转子泵常用的温度单位是摄氏度（℃）。

① 输送液体温度。是指输送液体介质的温度，分为最高温度、正常温度和最低温度。

② 最高（最低）允许温度。在指定压力下，转子泵输送液体时允许的液体最高（最低）温度。

（6）黏度　指泵允许使用介质的黏度范围，常用运动黏度表示，单位为 mm^2/s。此外，还有动力黏度、恩氏黏度等。

3.2.2.3 隔膜泵

隔膜泵是容积泵中较为特殊的一种形式，它是依靠一个隔膜片的来回鼓动而改变工作室容积来吸入和排出液体的。气动隔膜泵主要由传动部分和隔膜缸头两大部分组成。传动部分是带动隔膜片来回鼓动的驱动机构，它的传动形式有机械传动、液压传动和气压传动等。其中应用较为广泛的是气压传动。隔膜缸头部分主要是膜片组，是隔膜泵的主要组成部分。气动隔膜泵的密封性能较好，能够较为容易地达到无泄漏运行，可用于输送酸、碱、盐等腐蚀性液体及高黏度液体。

3.2.2.3.1　隔膜泵的分类

隔膜泵一般由执行机构和阀门组成。如果按其所配执行机构使用的动力分类，隔膜泵可以分为气动、电动、液动三种，即以压缩空气为动力源的气动隔膜泵，以电为动力源的电动隔膜泵，以液体介质（如油等）压力为动力的液动隔膜泵。另外，按其功能和特性分，还有电磁阀、电子式、智能式、现场总线型隔膜泵等。隔膜泵的产品类型很多，结构也多种多样，而且还在不断更新和变化。一般来说阀是通用的，既可以与气动执行机构匹配，也可以与电动执行机构或其他执行机构匹配。

3.2.2.3.2　隔膜泵的基本参数

隔膜泵除具有流量、扬程、出口压力、吸程、最大允许通过颗粒等基本参数外，还包括一些其他重要的性能参数。下面仅描述几个常用的性能参数。

（1）隔膜泵的抽气速率　隔膜泵的抽气速率单位是 m^3/s 或 L/s，简称抽速。

（2）隔膜泵的抽气量　隔膜泵的抽气量单位有 m^3/h、m^3/min、L/s 等，是指泵入口的气体流量。

（3）隔膜泵的最大工作压强　隔膜泵的最大工作压强单位是 Pa，是指对应最大抽气量的入口压强。在此压强下，泵能连续工作而不恶化或损坏。

（4）隔膜泵的压缩比　压缩比是指隔膜泵对给定气体的出口压强与入口压强之比。

3.2.2.4　柱塞泵

柱塞泵是依靠柱塞在缸体中的往复运动，使密封工作腔的容积发生变化来实现吸液、压液的。柱塞泵具有额定压力高、结构紧凑、效率高和流量调节方便等优点，被广泛应用于高压以及流量需要调节的场合。

3.2.2.4.1　柱塞泵的工作原理

柱塞泵柱塞的往复运动总行程是不变的，由凸轮的升程决定。柱塞每个循环的供油量大小取决于供油行程，供油行程不受凸轮轴控制，是可变的。供油开始时刻不随供油行程的变化而变化。转动柱塞可改变供油终了时刻，从而改变供油量。柱塞泵工作时，在喷油泵凸轮轴上的凸轮与柱塞弹簧的作用下，迫使柱塞做上、下往复运动，从而完成泵油任务。泵油过程可分为以下两个阶段：

（1）进油过程　当凸轮的凸起部分转过去后，在弹簧力的作用下，柱塞向下运动，柱塞上部空间（称为泵油室）产生真空；当柱塞上端面将柱塞套上的进油孔打开后，充满油泵上体油道的柴油经油孔进入泵油室；柱塞运动到下止点，进油结束。

（2）回油过程　柱塞向上供油，当上行到柱塞上的斜槽与套筒上的回油孔相通时，泵油室的低压油路便与柱塞头部的中孔和径向孔及斜槽沟通，油压骤然下降，出油阀在弹簧力的作用下迅速关闭，停止供油。此后柱塞还要上行，当凸轮的凸起部分转过去后，在弹簧的作用下，柱塞又下行。此时便开始了下一个循环。

一个柱塞泵上有两个单向阀，并且方向相反。柱塞向一个方向运动时缸内出现负压，这时一个单向阀打开，液体被吸入缸内；柱塞向另一个方向运动时，将液体压缩后另一个单向阀被打开，被吸入缸内的液体被排出。这种工作方式连续运动后就形成了连续供油。

3.2.2.4.2 柱塞泵的分类

（1）按动力来源分　机动泵和人力泵。

（2）按缸体与泵轴的相对位置分　轴向柱塞泵和径向柱塞泵。前者的柱塞运动方向与泵轴线平行或相交角不大于45°，后者的柱塞运动方向与泵轴线垂直。

轴向柱塞泵是利用与传动轴平行的柱塞在柱塞孔内往复运动所产生的容积变化来进行工作的。由于柱塞和柱塞孔都是圆形零件，加工时可以达到很高的配合精度，因此轴向柱塞泵具有容积效率高、运转平稳、流量均匀性好、噪声低、工作压力高等优点。但其对液压油的污染较敏感，结构较复杂，造价较高。轴向柱塞泵又分为斜盘式(直轴式)、斜轴式和旋转斜盘式三种。

径向柱塞泵可分为阀配流与轴配流两大类。阀配流径向柱塞泵存在故障率高、效率低等缺点。20世纪70、80年代国际上发展的轴配流径向柱塞泵克服了阀配流径向柱塞泵的不足，得到了快速的发展。

（3）按照配流装置分　带间隙密封型配流副柱塞泵和带座阀配流装置柱塞泵。带间隙密封型配流副柱塞泵又可以分为端面配流、轴配流和滑阀配流三种形式。

（4）按照排量分　定量柱塞泵和变量柱塞泵

3.2.2.4.3 柱塞泵的基本参数

（1）排量　柱塞泵旋转一周所能排出的液体体积，单位为L/r。

（2）理论流量　在额定转速下，用计算方法得到的单位时间内柱塞泵能排出的最大流量，单位为L/min。

（3）额定流量　在正常工作条件下，能保证柱塞泵长时间运转的最大输出流量，单位为L/min。

（4）额定压力　在正常工作条件下，能保证柱塞泵长时间运转的最高压力，单位为MPa。

（5）最高压力　允许柱塞泵在短时间内超过额定压力运转的最高压力，单位为MPa。

(6) 额定转速　在额定压力下，能保证柱塞泵长时间正常运转的最高转速，单位为 r/min。

(7) 最高转速　在额定压力下，允许柱塞泵在短时间内超过额定转速运转的最高转速，单位为 r/min。

(8) 容积效率　柱塞泵的实际输出流量与理论流量的比值。

(9) 总效率　柱塞泵输出的液压功率与输入的机械功率的比值。

(10) 驱动功率　在正常工作条件下能驱动柱塞泵的机械功率，单位为 kW。

3.2.3　换热原理及设备

3.2.3.1　热量的基本概念

热量是一个过程量，生活中比较常见的是热水、天气很热等一些比较直观的概念，常用单位为卡（cal）和焦耳（J）。但是热量是如何计量的呢？规定在 1atm 下，使 1kg 水的温度升高 1℃所需要的热量为 1cal。1cal＝4.186J。

3.2.3.2　锅炉

利用燃料燃烧释放的热能或其他热能加热水或其他工质，以生产规定参数（温度、压力）和品质的蒸汽、热水或其他工质的设备，工业上统称为锅炉。

锅炉是一种能量转换设备，向锅炉输入的能量有燃料中的化学能、电能、高温烟气的热能等形式，而经过锅炉转换，向外输出具有一定热能的蒸汽、高温水或有机热载体。锅的原义指在火上加热的盛水容器，炉指燃烧燃料的场所，锅炉包括锅和炉两大部分。锅炉中产生的热水或蒸汽可直接为工业生产和人民生活提供所需热能，也可通过蒸汽动力装置转换为机械能，或再通过发电机将机械能转换为电能。提供热水的锅炉称为热水锅炉，主要用于生活，工业生产中也有少量应用。产生蒸汽的锅炉称为蒸汽锅炉，常简称为锅炉，多用于火电站、船舶、机车和工矿企业。

锅炉是一种利用燃料燃烧后释放的热能或工业生产中的余热传递给容器内的水，使水达到所需要的温度（热水）或产生一定压力蒸汽的热力设备。它是由“锅”（即锅炉本体水压部分、吸热的部分称为锅）、“炉”（即燃烧设备部分、产生热量的部分称为炉）、附件仪表及附属设备构成的一个完整体。水冷壁、过热器、省煤器等吸热的部分可以看成是锅，而炉膛、燃烧器、燃油泵、引风机可以看成是炉。

3.2.3.2.1　锅炉的工作原理

锅炉运行时，燃料中的可燃物质在适当的温度下，与通风系统输送给炉膛的空气混合燃烧，释放热量；热量通过各受热面传递给锅水，水温不断升高产生汽化，这时为饱和蒸汽，经过汽水分离进入主汽阀输出使用。如果对蒸汽品质要求较高，可将饱和蒸汽送入过热器中再进行加热，使其成为过热蒸汽输出使用。热水锅炉的温度始终在沸点温度以下。

在锅炉中进行着三个主要过程：

(1) 燃料在炉内燃烧，其化学储藏能以热能的形式释放出来，使火焰和燃烧产物（烟气和灰渣）具有高温；

(2) 高温火焰和烟气通过“受热面”向工质传递热量；

(3) 工质被加热，其温度升高或者汽化为饱和蒸汽，或再进一步被加热成为过热蒸汽。

以上三个过程是互相关联并且同时进行的，实现了能量的转换和传递。随着能量的转换和转移，还进行着物质的流动和变化。水-汽系统、煤-灰系统和风-烟系统是锅炉的三大主要系统，这三个系统的工作是同时进行的。通常将燃料和烟气这一侧所进行的过程（包括燃烧、放热、排渣、气体流动等）总称为“炉内过程”，把水、汽这一侧所进行的过程（水和蒸汽流动、吸热、汽化、汽水分离、热化学过程等）总称为“锅内过程”。

3.2.3.2.2 锅炉的分类

(1) 按用途分类　工业锅炉、电站锅炉。

(2) 按锅炉本体结构分类　锅壳锅炉、水管锅炉。

(3) 按锅壳位置分类　立式锅炉、卧式锅炉。

(4) 按燃烧室布置分类　内燃式锅炉、外燃式锅炉。

(5) 按使用燃料分类　燃油锅炉、燃煤锅炉、燃气锅炉、电热锅炉。

(6) 按介质分类　蒸汽锅炉、热水锅炉、汽水两用锅炉、有机热载体锅炉。

(7) 按蒸发量分类　小型锅炉（<20t/h)、中型锅炉（20～75t/h)、大型锅炉（>75t/h)。

(8) 按压力分类　低压锅炉（不大于 2.5MPa)、中压锅炉（3.0～5.0MPa)、高压锅炉（8～11MPa)。

(9) 按汽水在锅炉受热面内的流动分类　自然循环锅炉、强制循环锅炉。

(10) 按安装方式分类　整装锅炉、散装锅炉。

3.2.3.2.3 锅炉的基本参数

(1) 温度　温度用来表示物体冷热的程度，工程上一般用摄氏温标和热力学温标（绝对温标）来度量。摄氏温标的温度用“t”表示，单位为摄氏度（℃)。在标准大气压下，规定纯水的冰点为 0℃，沸点为 100℃。热力学温标又称为开氏温标，用“T”表示，单位为开尔文（K)。在标准大气压下，规定纯水的冰点为 273.15K，沸点为 373.15K。摄氏温标的温度 1℃与热力学温标的温度 1K 在数值上相等，其关系见公式(3-2)。

$$T=t+273.15 \tag{3-2}$$

(2) 压力　压力是指单位面积上受到的垂直作用力，工程上常用的单位有 Pa、MPa，非法定单位有工程大气压（at)、毫米水柱（mmH_2O)、毫米汞柱（mmHg) 等。锅炉设备通用压力表上的指示值为表压力，其换算公式见式(3-3)。

$$绝对压力=表压力+大气压(0.1MPa) \tag{3-3}$$

3.2.3.2.4 锅炉附件与仪表

锅炉附件与仪表是确保锅炉安全和经济运行必不可少的组成部分，它们分布在锅炉和锅炉房各个重要部位，对锅炉的运行状况起着监视和控制的作用。安全附件包括安全阀、压力表、水位表、温度计、排污和放水装置以及自动控制与保护装置等。

(1) 安全阀　安全阀是锅炉必不可少的安全附件之一。它有两个作用：一是当锅炉压力达到预定限度时，安全阀即自动开启，放出蒸汽，发出警报，使司炉人员能及时采取措施；二是安全阀开启后能排出足够的蒸汽，使锅炉压力下降，当压力降至额定工作压力以下时，安全阀即自动关闭。

(2) 压力表　压力表也是锅炉上必不可少的安全附件，它的作用是用来测量和指示锅筒内压力的大小。锅炉上如果没有压力表，或者压力表失灵，锅炉内的压力就无法表示，从而直接危及安全。锅炉上装备灵敏、准确的压力表，司炉人员就能凭此正确地操作锅炉，确保安全、经济地运行。锅炉上安装压力表应注意：

① 压力表与锅筒之间应装设存水弯管，使蒸汽在其中冷凝后再进入弹簧弯管内。存水弯管的作用是产生一个水封，防止蒸汽直接通到弹簧弯管内，使弹簧弯管由于高温受热变形，影响压力表读数的准确性。存水弯管的内径，用铜管时不应小于6mm，用钢管时不应小于10mm。

② 压力表与存水弯管之间应装有三通旋塞，以便冲洗管路和检查、校验、卸换压力表。

(3) 水位表　水位表也是蒸汽锅炉的安全附件之一，用于指示锅炉内水位的高低，协助司炉人员监视锅炉水位的动态，以便控制锅炉水位在正常幅度之内。如果没有水位表，或者水位表损坏或者模糊不清，司炉人员看不见水位而盲目进水，就会发生事故。锅炉上常用的水位表有玻璃管式、平板式、双色和磁翻板式等几种。

(4) 温度计　温度是热力系统的重要状态参数之一。在锅炉和锅炉房热力系统中，给水、蒸汽和烟气等介质的热力状态是否正常，风机和水泵等设备轴承的运行情况是否良好，都依靠对温度测量的仪表来进行监视。

(5) 排污与放水装置　锅炉排污与放水装置主要有排污阀、排污膨胀器和取样冷凝器。常用的排污阀有排污旋塞、齿条闸门式、摆动闸门式、慢开闸门式和慢开斜球形等多种形式。

(6) 自动控制与保护装置　自动控制与保护装置是锅炉的重要组成部分，对锅炉的安全运行起十分重要的作用。它的作用主要有三点：

① 当被控对象的变化超过给定范围之后，具有限制报警作用；

② 当锅炉出现异常情况或操作失误时，具有联锁保护作用；

③ 当锅炉正常工作时，具有控制（或测量、指示）作用。

锅炉的自动控制与保护装置类型有多种分法，而从上述三点作用出发，亦可分为警报、联锁保护和自动控制三个系统。

(7) 主要受压元件　锅炉的受压元件主要有锅筒（锅壳）、管板（封头）、炉胆（炉胆顶）、回燃（烟）室、集箱、汽水管、烟（火）管、拉撑件、门孔及孔盖等。受压元件的主要连接形式是焊接和胀接。

3.2.3.3　换热器

换热器是将热流体的部分热量传递给冷流体的设备，又称热交换器。换热器是许多工业企业广泛应用的通用工艺设备。

3.2.3.3.1　换热器的衡量指标

一台换热器的衡量指标主要包括先进性、合理性和可靠性等几个方面。

(1) 先进性　传热效率高，流体阻力小，材料省。

(2) 合理性　可制造加工，成本可接受。

(3) 可靠性　满足操作条件，强度足够，保证使用寿命。

3.2.3.3.2　机械清洗设备中主要用到的换热器类型

机械清洗设备中用到的换热器类型主要有管壳式换热器和板式换热器两种。

(1) 管壳式换热器　管壳式换热器是由圆柱形壳体和安装在壳体内的许多管子组成的管束构成的，具有结构坚固、操作弹性大、材料范围广、适应性强等独特的优点，目前仍然是化工生产中换热设备的主要形式，特别是在高温、高压和大型换热器中占有绝对优势。根据其结构特点，又可分为固定管板式、浮头式、U形管式、填料函式等四种形式。

a. 固定管板式换热器。固定管板式换热器的管束两端通过焊接或胀接固定在管板上，如图3-10所示。

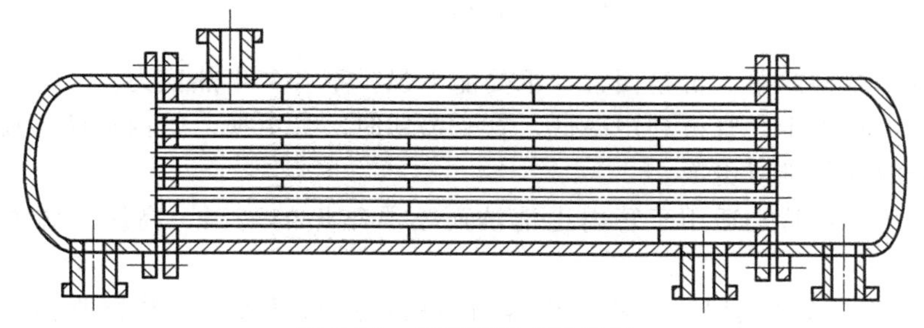

图3-10　固定管板式换热器

优点：结构简单、紧凑，能承受较高的压力，造价低，管程清洗方便，管子损坏时易于更换。

缺点：壳体和管束中可能产生较大的热应力。

适用场合：适用于壳程介质清洁，不易结垢，管程需清洗以及温差不大或温差虽大但是壳程压力不大的场合。为减少热应力，通常在固定管板式换热器中设置柔性元件（如膨胀节、挠性管板等）来吸收热膨胀差。

b. 浮头式换热器。浮头式换热器的结构见图 3-11。

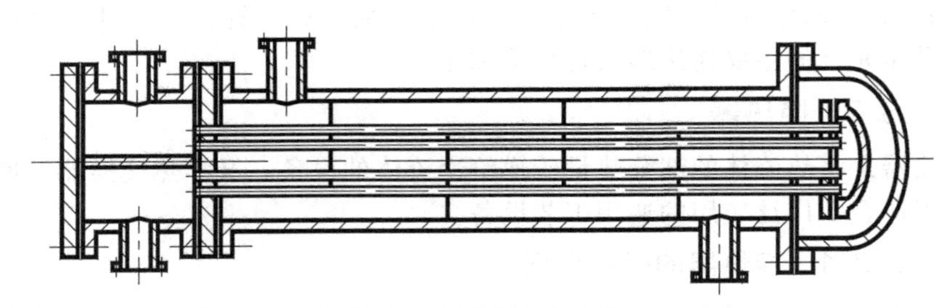

图 3-11 浮头式换热器

优点：管内和管间清洗方便，不会产生热应力。

缺点：结构复杂，设备笨重，造价高，浮头端小盖在操作中无法检查。若浮头密封失效，将导致两种介质的混合，且不易觉察。

适用场合：壳体和管束之间壁温相差较大，或介质易结垢的场合。

c. U 形管式换热器。U 形管式换热器内只有一块管板，管束弯成 U 形，管子两端都固定在一块管板上，如图 3-12 所示。

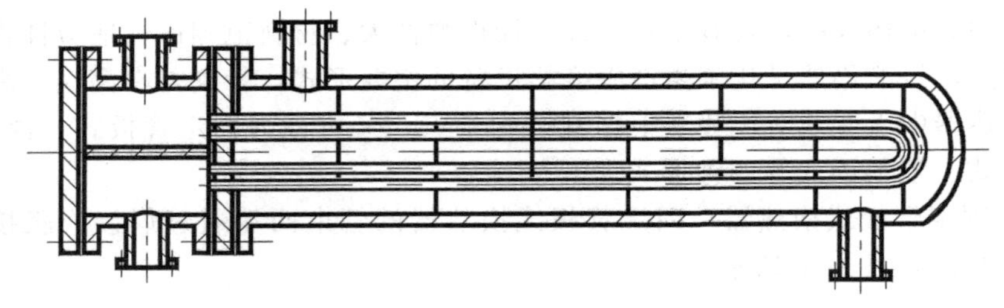

图 3-12 U 形管式换热器

优点：结构简单，价格便宜，承受能力强，不会产生热应力。

缺点：布管少，管板利用率低，管子损坏时不易更换。管内清洗不便，管束中间部分的管子难以更换。

适用场合：特别适用于管内走清洁而不易结垢的高温、高压、腐蚀性大的物料。

d. 填料函式换热器。这种换热器的结构特点与浮头式换热器类似，浮头部分露在壳体以外，在浮头与壳体的滑动接触面处采用填料函式密封结构，如图 3-13 所示。由于采用填料函式密封结构，使得管束在壳体轴向可以自由伸缩，不会产生壳壁与管壁的热变形差别而引起的热应力。其结构较浮头式换热器简单，加工制造方便，节省材料，造价比较低廉，且管束可以从壳体内抽出，管内、管间都能进行清洗，维修方便。

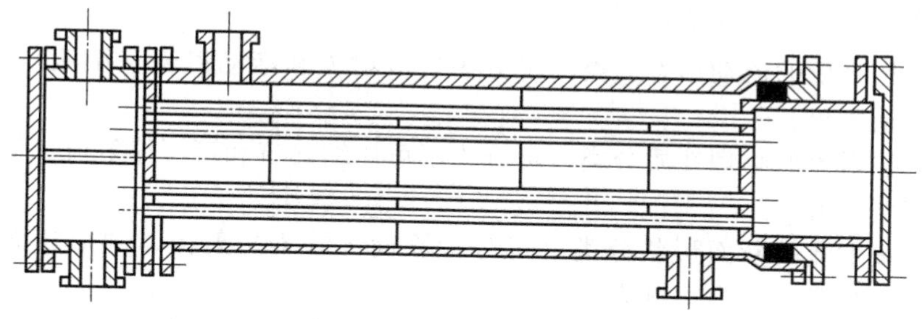

图 3-13　填料函式换热器

优点：结构简单，加工制造方便，造价低，管内和管间清洗方便。

缺点：填料处易泄漏。

适用场合：4MPa 以下，且不适用于易挥发、易燃、易爆、有毒及贵重介质，使用温度受填料的物性限制。

（2）螺旋板式换热器　螺旋板式换热器由螺旋板、顶盖、冷热介质管线接口等组成。螺旋板由两张保持一定间距的平行金属板卷制而成，冷、热流体分别在金属板两侧的螺旋形通道内流动。这种换热器传热系数高（约比管壳式换热器高 1～4 倍）、平均温度差大（因冷、热流体可作完全的逆流流动）、流动阻力小、不易结垢，但维修困难。其使用压力不超过 2MPa。螺旋板式换热器的结构见图 3-14。

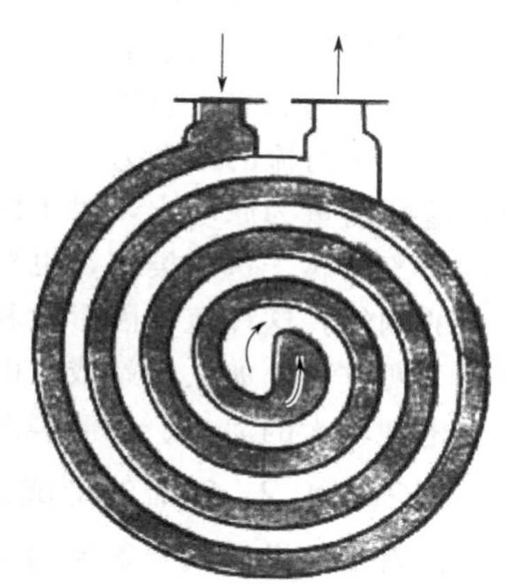

图 3-14　螺旋板式换热器

优点：结构紧凑（单位体积内传热面积是管壳式换热器的 2～3 倍），传热效率高（可达管壳式换热器的 2 倍），有自冲刷作用，不易结垢。

缺点：不能承受高压，适用于黏性流体或含有固体颗粒的悬浮液的换热。

目前，在储罐清洗配套设备中，螺旋板式换热器因为体积小、换热效率高，被越来越多地使用。

3.2.4　射流原理及设备

3.2.4.1　射流原理

射流是指从各种排泄口喷出流入周围另一流体空间内运动的一股流体。射流和管道流或明槽流中流动的不同之处在于：管道流周界全部是固体，明槽流除水面外大部分周界也是固体，而此处所说的射流全部周界几乎都是流体，使得射流具有不受固体边界制约的很大的自由度。射流的这个特点对分析射流运动甚为重要。许多工程技术领域都有大量射流问题，从不同的角度考虑也可以将射流分为多种类型。

3.2.4.1.1 射流的类型

(1) 按介质的流动形态分类　可分为层流射流和紊动射流（湍流），工程中大多为紊动射流。

(2) 按射流的物理性质分类　可分为不可压缩射流和可压缩射流、等密度射流和变密度射流。

(3) 按射流的断面形状分类　可分为平面（二维）射流、圆形断面（轴对称）射流、矩形（三维）射流等。

(4) 按射流周围环境的条件分类　可分为自由射流和非自由射流。若射流进入一个无限空间，完全不受空间固体边界的限制，称为自由射流或无限空间射流；若射流进入一个有限空间，此时的射流或多或少要受到空间固体边界的限制，称为非自由射流或有限空间射流。

(5) 按周围流体的性质分类　可分为淹没射流和非淹没射流。射入同种性质流体之内的称为淹没射流。射入不同性质流体之内的则为非淹没射流，如大气中的水射流即为非淹没射流。

(6) 按射流的原动力分类　可分为动量射流、浮力羽流和浮射流。动量射流以出流的动量为原动力，对于以后的运动这个动量的作用仍是主要的，一般等密度的射流均属于这种类型，也称为纯射流。浮力羽流是以浮力为原动力，如热源产生的烟气，这种流动因形状和羽毛相似而得名。浮射流的原动力包括出流动量和浮力两方面，如火电站或核电站的冷却水排入河流或湖池中的热水射流，污水排入密度较大的河口、港湾等海水中的污水射流等都是浮射流的例子。

3.2.4.1.2 射流的形成过程

以自由淹没湍流圆射流为例进行介绍，如图 3-15 所示。射流进入无限大空间的静止流体中后，由于湍流的脉动作用，卷吸周围静止流体进入射流，两者掺混向前运动。卷吸和掺混的结果使射流的断面不断扩大，流速不断降低，流量则沿流程方向增大。射流边界处的流动是一种复杂运动，所有射流边界实际上是交错组成的不规则面，但在理论分析时，可按照统计平均意义将其视为直线。

在形成未定的流动形态后，整个射流可分为以下几个区域：

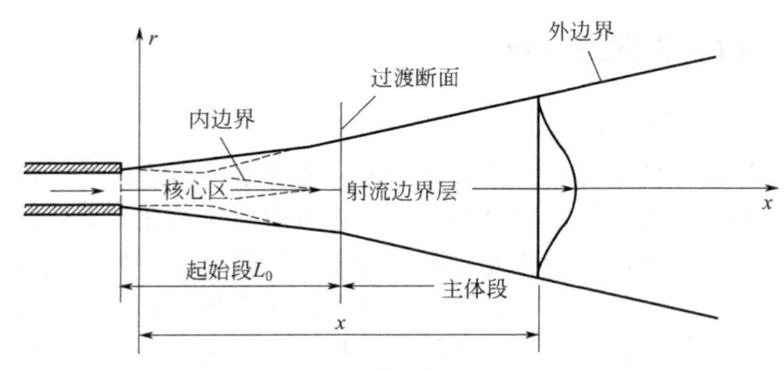

图 3-15　射流的形成理论示意图

（1）射流边界层：由管嘴出口开始，向内、外扩展的掺混区域，称为射流边界层。它的外边界与静止流体相接触，内边界与射流的核心区相接触。

（2）射流核心区：射流的中心部分，未受到掺混的影响，仍保持为原出口速度的区域，称为射流核心区。

（3）射流起始段：从管嘴出口到核心区末端断面（称为转折截面）之间的射流段，称为射流的起始段 L_0。

（4）射流主体段：射流起始段之后的射流段，称为射流的主体段。在主体段中，轴向流速沿流向逐渐减小，直至为零。

3.2.4.1.3 储罐机械清洗过程中的射流过程

按照前述理论，根据储罐机械清洗过程中射流的特点，可将储罐机械清洗过程中使用的射流方式归属于自由射流湍流圆射流。其中既有淹没射流，也有非淹没射流。

当射流喷出管嘴后，由于气体质点的扩散和分子的黏性作用，气体质点通过碰撞将动量传给周围静止的介质，带动介质一起运动。气体刚流出时只有 x 方向的速度，流入空间后由于动量的传输，流股逐渐扩大，成为三维的空间流动。因为被带动的介质质点参加到射流中来，并向射流中心扩散，这样沿运动方向射流截面不断扩张，流量不断加大，速度随之降低。所以自由射流的喷出介质与周围介质同时进行着动量交换和质量交换，也就是两种介质的混合过程。

自由射流沿长度方向的动量不变，这表示喷出介质的质点在与周围介质碰撞以后，虽然造成动量的减小，但被碰撞质点却得到了动量而运动，所以两者动量的总和保持不变。至于动能的损失，则是由于运动快的气体与被带动起来的运动较慢的介质之间的碰撞，这些损失的动能转变成了热量。自由射流运动示意见图 3-16。图中，射流边界层为射流内外边界之间的区域；转折截面为射流中心一点还保持为初始速度 v_0 的射流截面；射流起始段为喷口截面到转折截面之间的区域；射流主体段（基本段）为转折截面以后的区域；射流核心区为具有初始速度 v_0 的区域；射流极点为射流外边界线逆向延长线的交点（射流源）。

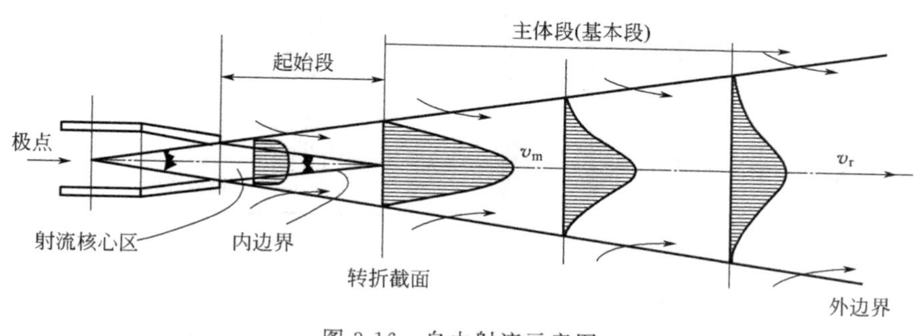

图 3-16 自由射流示意图

（1）自由射流的条件

① 周围的介质为静止介质，且物理性质与喷出的介质完全相同；

② 流股在整个流动过程中不受任何液面或固体壁面的限制。

（2）自由射流的特点

① 喷出的流体与周围介质之间具有很大的速度梯度，流体质点间进行动量交换，喷出流体减速，同时周围流体被卷吸并引向喷出方向而加速，射流边界越来越宽。

② 射流外边界的射流速度几乎为零；射流内边界的射流速度保持为初始速度 v_0；射流起始段射流中心的速度等于 v_0。

3.2.4.2 喷射装置

3.2.4.2.1 AM 型喷射清洗机

AM 型喷射清洗机是目前大型原油储罐机械清洗中使用最多的清洗机，常使用 AM-70 和 AM-76 两种型号，采用气动传动方式，主要由气动马达、喷嘴、齿轮箱、喷嘴角度指示盘等部件组成。清洗机的喷嘴可在水平方向进行 360°旋转，在垂直方向 0°～140°之间上下移动，从而实现对储罐顶板、底板、壁板的全自动清洗。一般每清洗一次，可除掉约 20cm 高的淤积物。顶板清洗时，喷嘴距离顶板 1.5m，清洗机的最大有效清洗半径可达 14m；底板清洗时，清洗机的最大有效清洗半径大约为 19m。

AM 型喷射清洗机通常安装在罐顶支柱套管内。AM 型喷射清洗机的外形结构和旋转角度示意见图 3-17，技术参数见表 3-1。

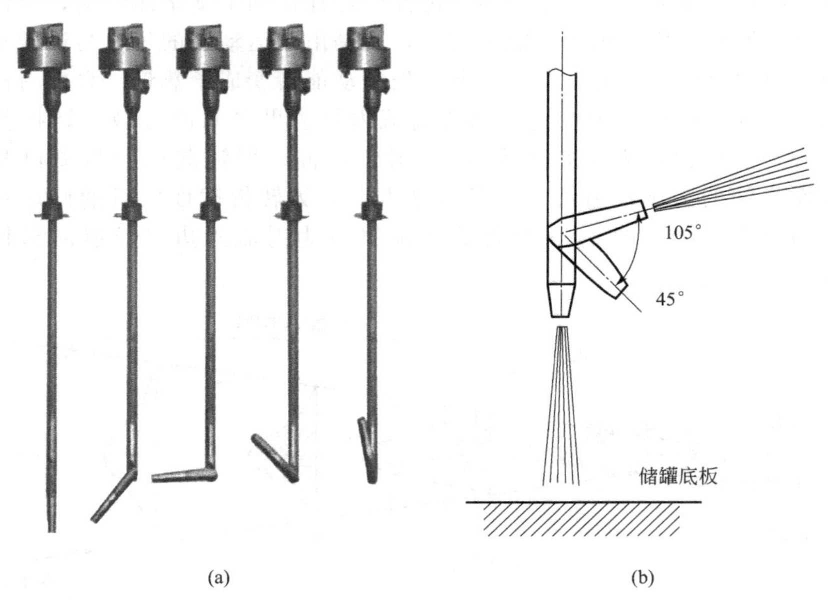

图 3-17 AM 型喷射清洗机外形结构和旋转角度示意图

表 3-1 AM-76 型清洗机技术参数表

全长	3265mm
插入部有效长度	1775mm
插入部最大外径	82mm
清洗液进口口径	80mm
喷射喷嘴口径	30mm
喷嘴驱动角度	水平方向 0°～360°；垂直方向 0°～140°
喷嘴旋转一周	上下移动 2.41°
0°～140°行程喷嘴旋转圈数	116 圈

3.2.4.2.2 分体式清洗机

目前国内出现了分体式的清洗机，通过对清洗机的气动马达齿轮箱与喷射转动杆采取分体连接的方式，从而实现清洗机的动力部分与喷射部分可以方便地分离与结合。这样设计的最大好处是当某一台清洗机的控制部分出现问题后，可以在不用插拔清洗机的条件下便捷更换马达和齿轮箱。一旦某一台清洗机发生故障，可随时更换驱动箱，同时也大大提高了驱动箱维修的效率。分体式清洗机的外观结构见图 3-18。

分体式清洗机与 AM 型清洗机的运行轨迹、角度设置方式基本相同。

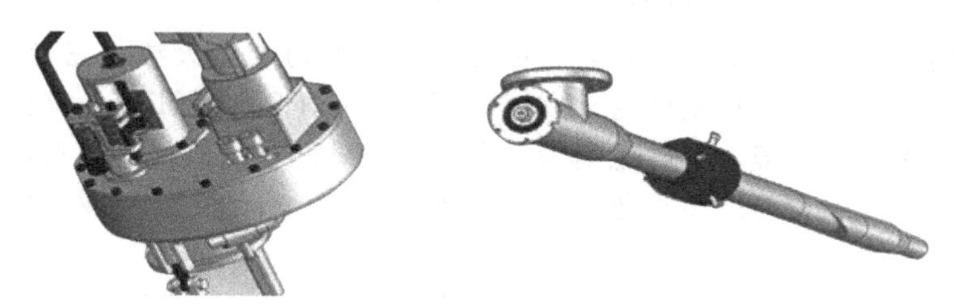

图 3-18 分体式清洗机外观结构

3.2.4.2.3 双马达型清洗机

双马达型清洗机是专用于内浮顶罐清洗，在罐壁安装使用的一种清洗机，由双马达驱动，运行轨迹为菊花状，可在水平方向和竖直方向任意设定角度区间运行，见图 3-19。

双马达型清洗机具有以下特点：

（1）喷嘴及主轴本体的转动由气动马达驱动，在防爆的场所也可以十分安心地运行。

（2）喷嘴的摆动速度和主轴本体的旋转速度可以方便地独立调节，与清洗用油的压力无关。喷嘴与主轴本体使用了各自的气动马达，为双马达式。

（3）尤其适合罐壁安装使用。

（4）通过简单的操作可以进行底板、顶部和角落附着污物的局部反复摆动洗净，也可以进行全面洗净或由手动操作进行定点洗净。

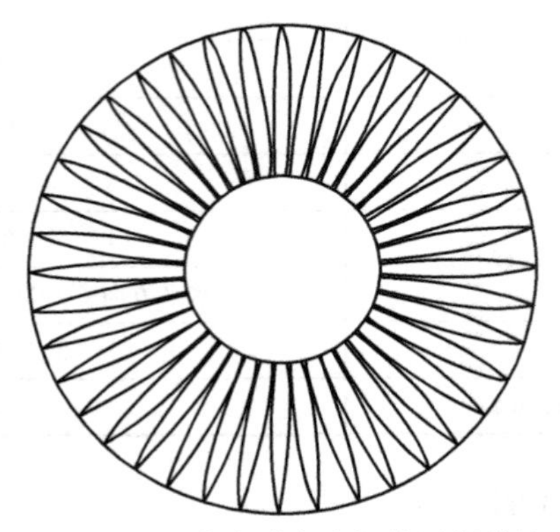

图 3-19　双马达型清洗机的运行轨迹

3.2.5　惰性气体置换原理及设备

火灾爆炸是一种极为迅速的物理化学的能量释放过程。在此过程中，空间内的物质以极快的速度把其内部所含有的能量释放出来，转变成机械能、光和热等能量形态，一旦失控，就会产生巨大的破坏作用。

3.2.5.1　油气火灾爆炸的发生机理

众所周知，火灾爆炸的三要素为可燃物、助燃物和点火源，三者缺一不可，存在可燃物、助燃物的环境即为火灾爆炸环境。对于石油化工行业来说，火灾爆炸环境主要指油气环境，其可燃物为可燃油气，助燃物为氧气。而石油化工行业中所说的点火源即为能产生火花的各种物质或因素。石油化工行业可燃油气火灾爆炸三要素见图 3-20。

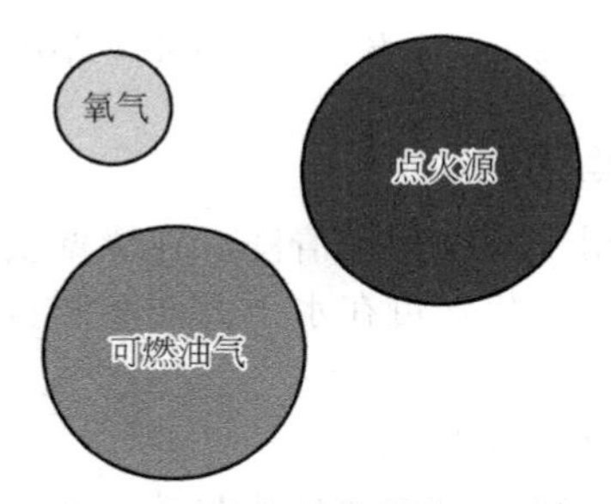

图 3-20　油气火灾爆炸三要素

油品燃烧爆炸并不是只要油气和空气混合遇明火便能发生，而是需要一定的条件。只有油气（可燃物）在空气（助燃物）中达到一定浓度范围并遇到火源（点火源）时，才能发生燃烧或爆炸，浓度过小或过大都不会发生燃烧爆炸。这个浓度范围称为爆炸极限。

在爆炸极限内，油气在空气中的最低体积分数称为爆炸下限（LEL），最高体积分数称为爆炸上限（UEL）。

不同的油品，其爆炸极限也是不同的，而且同一种油品，由于初始温度、系统压力、惰性介质含量、存在空间及器壁材质以及点火能量的大小等不同，其爆炸极限也会发生变化。

可燃物爆炸极限的一般规律是：

（1）原始温度升高，则爆炸极限范围增大，即下限降低、上限升高。因为系统温度升高，分子内能增加，使原来不燃的混合物成为可燃、可爆系统。

（2）系统压力增大，爆炸极限范围也扩大。这是由于系统压力增高，使分子间的距离更为接近，碰撞概率增大，使燃烧反应更易进行。压力降低，则爆炸极限范围缩小；当压力降至一定值时，其上限与下限重合，此时对应的压力称为混合系的临界压力。压力降至临界压力以下，系统便不能爆炸（个别气体存在反常现象）。

（3）所含惰性气体量增加，爆炸极限范围缩小；惰性气体浓度提高到某一数值时，混合系就不能爆炸。

（4）容器、管子直径越小，则爆炸极限范围就越小。当管径（火焰通道）小到一定程度时，单位体积火焰所对应的固体冷却表面散出的热量就会大于产生的热量，火焰便会中断熄灭。火焰不能传播的最大管径称为该混合系的临界直径。

（5）点火能的强度高、热表面的面积大、点火源与可燃物的接触时间长等都会使爆炸极限扩大。

除上述因素外，可燃物接触的封闭外壳的材质、机械杂质、光照、表面活性物质等也可能影响到爆炸极限范围。表 3-2 列举了部分常见石油化工产品的爆炸极限值。

表 3-2 常见石油化工产品爆炸极限（体积分数） 单位：%

物品名称	爆炸极限	物品名称	爆炸极限	物品名称	爆炸极限
汽油	1.3～6.0	戊烷	1.3～8.0	氢气	4.1～8.0
轻柴油	1.5～7.5	乙烯	2.3～3.4	煤气	5.3～32
苯	1.4～6.9	正丁烷	1.5～8.5	天然气	4.5～16
甲苯	1.3～7.8	正戊烷	1.4～7.8	乙炔	2.5～88
二甲苯	1.1～7.6	异丙苯	0.8～5.9	石油气	1.9～11
甲烷	5.0～15.0	异丁烯	1.6～8.8	石油醚	1.4～59
乙烷	3.0～15.5	丁二烯	1.1～11.5	苯乙烯	1.1～6.1
丙烷	2.1～9.5	甲醇	5.5～8.6		
丙烯	2.0～11.7	乙醇	3.3～19.0		
丁烷	1.9～8.5	甲醛	7.0～33.0		
异丁烷	1.8～8.4	硫化氢	4.3～45.5		

3.2.5.2 惰性气体置换的基本原理

在储罐机械清洗过程中，当罐内存在气相空间时，如果罐内的气相空间处于爆炸环境，也即气相空间内存在可燃气体和氧气，同时可燃气体的浓度处在其爆炸限度之内，此时清洗机喷射时产生的静电极易引发火灾爆炸。为了避免发生火灾爆炸事故，需要利用气体保护系统将罐内的气相空间始终维持在非爆炸的环境。可燃气体爆炸范围如图 3-21 所示。图中，横轴为氧气浓度，纵轴为碳氢化合物（可燃气体）浓度。

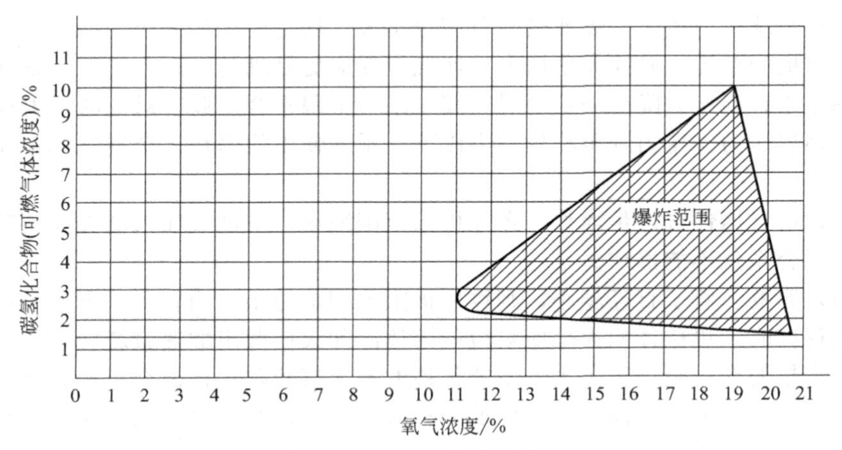

图 3-21　油品爆炸范围理论

由图 3-21 可知，当被清洗罐内氧气浓度（体积分数）低于 11%时，为缺氧环境，不会发生火灾爆炸。但通常为了增加安全系数，在施工中常采用使罐内氧气浓度（体积分数）低于 8%的绝对安全环境。

气体保护系统通常指的就是惰性气体注入系统。储油罐机械清洗过程中，常采用两种方式来供应惰性气体：一种为采用液氮及液氮汽化装置；另外一种为直接使用制氮机产生氮气。偶尔也有采用锅炉等燃烧的尾气作为保护气体来使用。

3.2.5.3 制氮机

工业生产过程中会用到很多种气体，这其中就包括氮气。氮气是空气中成分最多的一种气体，约占 78%，它的来源广泛，遍布整个地球。

制氮机，顾名思义就是制造氮气的机器，是以空气为原料，利用物理的方法，将空气中的氧和氮进行分离而获得氮气的一种设备。一台制氮机通常包括空压机、冷干机、过滤器、制氮主机等。通用的制氮机组成结构见图 3-22。

按照制氮主机制取氮气的原理不同，目前应用最广泛的制氮机主要分为三种，即深冷空分制氮、膜分离制氮和碳分子筛制氮。

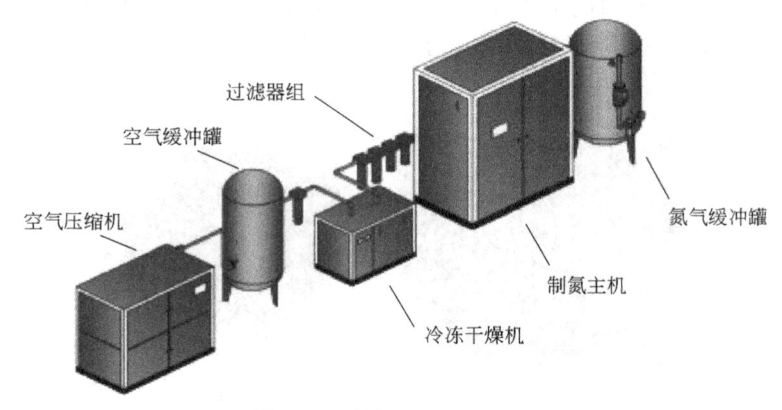

图 3-22　制氮机组成示意图

3.2.5.3.1　深冷空分制氮

深冷空分制氮是一种传统的制氮方法。它是以空气为原料，经过压缩、净化，再利用热交换使空气液化成液空（液空主要是液氧和液氮的混合物）；然后利用液氧和液氮的沸点不同，通过液空的精馏，使它们分离来获得氮气。深冷空分制氮设备复杂、占地面积大，基建费用较高，设备一次性投资较多，运行成本较高，产气慢（12～24h），安装要求高、周期较长。深冷空分制氮装置适宜大规模工业制氮，而中、小规模制氮就显得不经济，在储油罐机械清洗过程中，通常不采用。

3.2.5.3.2　膜分离制氮

膜分离制氮是以空气为原料，在一定压力条件下，利用氧和氮在膜中具有不同的渗透速率来使氧和氮分离。其具有结构简单、体积较小、无切换阀门、维护量较少、产气较快、增容方便等优点，特别适合氮气纯度≤98%的中、小型氮气用户，有最佳功能价格比。而氮气纯度在98%以上时，它与相同规格的碳分子筛（PSA）制氮设备相比价格要高出15%以上。

3.2.5.3.3　碳分子筛制氮

碳分子筛制氮是以空气为原料，以碳分子筛作为吸附剂，运用变压吸附原理，利用碳分子筛对氧和氮的选择性吸附而使氧和氮分离的方法，也称为PSA制氮。依据此原理生产的制氮机也称为变压吸附式制氮机。

碳分子筛的外观形状见图3-23。碳分子筛具有晶体的结构和特征，表面为固体骨架，内部的孔穴可起到吸附分子的作用。孔穴之间有孔道相互连接。由于孔穴的结晶性质，分子筛的孔径分布非常均一。分子筛可依据其晶体内部孔穴的大小对空气中的氮和氧分子进行选择性吸附，因而被形象地称为“分子筛”。

碳分子筛制氮方法具有工艺流程简单、自动化程度高、产气快、能耗低，产品纯度可在较大范围内根据用户需要进行调节，操作维护方便、运行成本较低、装置适应性较强等显著特点，在储油罐机械清洗设备中的应用越来越广泛。

(a) (b)

图 3-23 碳分子筛外观

3.2.6 气体监测原理及设备

在生产生活的各种环境中，总是会存在一些有害气体，如 H_2S、SO_2、CO、NO_2、H_2、CH_4、C_2H_2 和一些有机挥发性物质，如苯、甲醛等。这些有毒有害气体的存在对人体的健康有着一定的影响甚至会发生爆炸，所以就需要有效地检测这些气体的浓度，从而把它们控制在适当的浓度范围之内。

3.2.6.1 气体检测机理

3.2.6.1.1 可燃气体浓度的检测

对可燃气体浓度的检测，现在一般采用催化燃烧检测法。它的基本原理为：传感器的核心为一惠通斯电桥，其中一个桥臂上有催化剂，当与可燃气体接触时，可燃气体在催化剂的电桥上燃烧，该电桥的电阻发生变化，其余电桥的电阻不变化，从而引起整个电路的输出发生变化。而该变化与可燃气体的浓度成比例，从而实现对可燃气体浓度的检测。

3.2.6.1.2 有毒气体浓度的检测

对于有毒气体，尤其是有毒的无机物，一般采用专用的传感器进行定性和定量两种方式的检测。定性是指确定有毒气体的种类，定量是指确定有毒气体的浓度。该类传感器大多为电化学传感器，电化学传感器一般为三电极的形式。其中目标气体在工作电极提供合适的偏值，传感器通过参比电极与工作电极的催化剂实现选择性反应，即定性反应。回路产生的电流与气体的浓度成正比，实现定量反应。

3.2.6.1.3 氧气浓度的检测

一般的氧气传感器为两电极的形式，其检测原理与有毒气体浓度检测的三电极原理大致相同，只是两电极的输出更加稳定、寿命更长。

3.2.6.1.4 有机挥发性气体浓度的检测

以前是采用检测管方法，但由于检测管种类有限、精度不高等原因，其适用性受到影响。目前比较流行的是采用光离子检测方法，其基本原理是：通过一紫外灯将目标气体电离，离子通过一传感器收集形成电流，该电流与目标气体的浓度成反比，从而实现对有机挥发性气体的定量检测。由于是离子级别的检测，因此该方法的分辨率高、响应速度快。

3.2.6.2 储油罐清洗作业中的可燃气体/氧气浓度检测设备

在对储油罐进行清洗作业时，存在两种情况需要进行气体浓度的检测。

一是在机械清洗过程中，由于存在清洗机的喷射过程，因此需时时检测被清洗罐内的各种气体浓度。这种检测实质上也带有监测的意义，通常监测的气体为被清洗罐内的氧气和可燃气体，而氧气浓度的监测更为关键。其监测方法为：常采用在线式氧气-可燃气体浓度监测仪时时监测罐内气体浓度，保证罐内氧气浓度（体积分数）在8%以下。

二是后期人员进罐最终清理以及人员在罐顶作业时，为了防止发生作业人员中毒窒息事故，需要检测除了氧气和可燃气体外的其他有毒气体浓度，如 H_2S、CO 等。此时常采用便携式气体检测仪进行间断性检测。

可燃气体及有毒有害气体的检测主要有催化燃烧法、电化学法、热导法、半导体法和红外吸收法等。其中，可燃气体的检测常用催化燃烧法，而有毒气体的检测常用电化学法。检测仪器自带的传感器对样气进行检测后，通过内部的电路放大、转换、调整，将气体的浓度数值显示在仪器屏幕上。样气采集方式主要有泵吸式和扩散式两种。

泵吸式气体检测仪是仪器配置了一个小型气泵，其工作方式是电源带动气泵对待测区域的气体进行抽气采样，然后将样气送入仪表进行检测。泵吸式气体检测仪的特点是检测速度快，对危险的区域可进行远距离测量。

扩散式气体检测仪是依靠被检测区域内气体自由流动进入检测仪表内，方可进行检测的一种仪器。这种方式受检测环境的影响，如环境温度、风速等。

当便携式气体检测仪显示的可燃气体浓度为100% LEL时，表示已经达到了爆炸下限，此时动火必然会发生爆炸。因此，不能等到100% LEL再报警，一定要有一个较大的安全系数。我国的标准一般为1/4预报警（25% LEL）和1/2主报警（50% LEL），西欧、美国等发达国家/地区的标准一般是10%～20% LEL为预报警，20%～40% LEL为主报警。

为了安全起见，通常将可燃气体的浓度控制在10% LEL以内作为动火检验标准。

3.2.7 油水分离原理及设备

在对储油罐进行机械清洗作业的过程中，特别是后期对储油罐进行热水清洗作业时，为了节约用水量，常常需要将循环水中的浮油分离出来。另外，在热水清洗结束后罐内也会存在一定量的含油污水，这些污水通常达不到排放标准，因此需要进行含油污水分离后按要求排放。

3.2.7.1 油水分离的基本方法

油水分离的方法有很多，可以概括为离心分离法、浮选法、生物氧化法、重力分离法、过滤法、化学法和吸附法等几种。

3.2.7.1.1 离心分离法

离心分离法是使装有含油废水的容器高速旋转，形成离心力场，利用固体颗粒、油珠与废水的密度不同，受到的离心力也不同的原理从废水中去除固体颗粒、油珠。其常用的设备有水力旋流分离器、碟式离心机等。

3.2.7.1.2 浮选法

浮选法又称气浮法，是国内外正在深入研究与不断推广的一种水处理技术。该法是在水中通入空气或其他气体产生微细气泡，使水中的一些细小悬浮油珠及固体颗粒附着在气泡上，随气泡一起上浮到水面形成浮渣（含油泡沫层），然后使用适当的撇油器将油撇去。该法主要用于处理隔油池处理后残留在水中粒径为10～60μm 的分散油、乳化油及细小的悬浮固体物，出水的含油质量浓度可降至20～30mg/L。根据产生气泡的方式不同，气浮法又分为加压气浮、鼓气气浮、电解气浮等。应用最多的是加压溶气气浮法。

3.2.7.1.3 生物氧化法

生物氧化法简称生化法，是利用微生物的生物化学作用使废水得到净化的一种方法。油类是一种烃类有机物，可以利用微生物的新陈代谢等生命活动将其分解为二氧化碳和水。含油废水中的有机物多为溶解态和乳化态，生物需氧量（BOD）较高，有利于生物的氧化作用。对于含油质量浓度在 30～50mg/L 以下，同时还含有其他可生物降解的有害物质的废水，常采用生物氧化法处理，主要用于去除废水中的溶解油。含油废水常见的生物氧化处理法有活性污泥法、生物膜法、生物转盘法等。活性污泥法处理效果好，主要用于处理要求高而水质稳定的废水。生物膜法与活性污泥法相比，因生物膜附着于填料载体表面，使繁殖速度慢的微生物也能存在，从而构成了稳定的生态系统，但是由于附着在载体表面的微生物量较难控制，因而在运转操作上灵活性差，而且容积负荷有限。

3.2.7.1.4 重力分离法

重力分离法是典型的初级处理方法，是利用油和水的密度差及油和水的不相溶性，在静止或流动状态下实现油珠、悬浮物与水的分离。分散在水中的油珠在浮力作用下缓慢上浮、分层。油珠上浮的速度取决于油珠颗粒的大小、油与水的密度差、流动状态及流体的黏度。

重力分离法是目前储油罐机械清洗作业中热水清洗时用到的主要方法，其特点是：

(1) 只能分离粒径较大的浮油，对于粒径较小（100μm 以下）的浮油分离效果不明显，而对于乳化油和溶解油则不能分离；

(2) 分离需在常压下进行，输入和输出均需要动力，且需要液位控制，在实际施工中，操作不便，耗能大；

(3) 为了延长浮油上浮的时间，装置体积较大，运输成本高，后期的洁净工作难度大；

(4) 有对施工环境潜在污染的风险。

3.2.7.1.5 过滤法

过滤法是将废水通过设有孔眼的装置或由某种颗粒介质组成的滤层，利用其截留、筛分、惯性碰撞等作用使废水中的悬浮物和油分等有害物质得以去除的一种分离方法。常用的过滤方法有三种：膜过滤法、分层过滤法和纤维介质过滤法。其中膜过滤法又称为膜分离法，是利用微孔膜的过滤作用将油珠和表面活性剂截留，主要用于除去乳化油和某些溶解油。膜的材料包括有机和无机两种。常见的有机膜有醋酸纤维膜、聚砜膜、聚丙烯膜等，常用的无机膜有陶瓷膜、氧化铝膜、氧化锆膜、氧化钛膜等。

3.2.7.1.6 化学法

化学法又称药剂法，是通过投加药剂产生的化学作用将废水中的污染物成分转化为无害物质，从而使废水得到净化的一种方法。常用的化学方法有中和、沉淀、混凝、氧化还原等。

混凝法是对含油废水进行处理常采用的化学方法。混凝法的基本原理是：先向含油废水中加入一定比例的絮凝剂，然后絮凝剂在含油废水中水解形成带正电荷的胶团，与含油废水中带负电荷的乳化油产生电中和，使油粒聚集、粒径变大，同时生成的含油絮状物也可再次吸附含油废水中细小的油滴，从而实现了含油废水中油和水的分离。常见的絮凝剂有聚合氯化铝（PAC）、三氯化铁、硫酸铝、硫酸亚铁等无机絮凝剂和丙烯酰胺、聚丙烯酰胺（PAM）等有机高分子絮凝剂。不同的絮凝剂投加量和 pH 值适用范围不同。化学法非常适合分离存在乳化状态的油滴和其他细小的悬浮物，单纯依靠重力沉降不能很好地进行分离状况下含油污水的处理。

3.2.7.1.7 吸附法

吸附法是利用亲油性材料，吸附废水中的溶解油及其他溶解性有机物。最常用的吸油材料是活性炭，可吸附废水中的分散油、乳化油和溶解油。由于活性炭吸附容量有限、成本高、再生困难，一般只用作含油废水多级处理的最后一级处理，出水含油质量浓度可降至 0.1～0.2mg/L。

国内外对于新型吸附剂的研制也取得了一些有益的成果。研究发现，片状石墨能吸附海上油轮漏油（重油）并易于与水分离。吸附树脂是近年发展起来的一种新型有机吸附材料，吸附性能好、再生容易，有逐步取代活性炭的趋势。

3.2.7.2 油水分离设备

油水分离系统在储油罐机械清洗行业内有时也称为C设备，主要用于水清洗过程中罐内含油污水的油水分离。分离出来的油可回收，分离出来的水则可继续用于水清洗循环过程。

在油水分离设备上，可设置气浮装置、斜板装置、吸附装置等用于加速油水分离的设备设施。

3.2.8 油泥处理原理及设备

在对储油罐进行清洗的过程中，特别是后期罐内人工最终清理阶段，会产生大量的罐底油泥。其中以油中的重组分，如蜡质、沥青质、胶质等为最多，同时也含有一些固体杂质成分，如泥沙、漆皮、铁锈等。按照环保的要求，需要对这部分罐底油泥进行油/水/泥的分离。

3.2.8.1 油泥离心分离的基本原理

油/水/泥分离也称为液/液/固相分离，首选的分离方法是离心分离法。所谓离心分离，是利用悬浮物中各不同物质之间的密度、形状和大小的差异，依靠离心机高速旋转时产生的强大的离心力场使置于旋转体中的悬浮颗粒发生沉降或漂浮，从而实现对悬浮液中的不同物质进行分离和提取的一种物理分离技术。

3.2.8.2 离心机

离心机是利用离心力分离液体与固体颗粒或液体与液体的混合物中各组分的机械。离心机主要用于将悬浮液中的固体颗粒与液体分开；或将乳浊液中两种密度不同，又互不相溶的液体分开（例如从含油污水中分离出油）；也可用于排除湿固体中的液体。利用不同密度或粒度的固体颗粒在液体中沉降速度不同的特点，有的沉降离心机还可按密度或粒度对固体颗粒进行分级。

从对储油罐机械清洗过程中产生的油泥进行处理的效果来看，卧螺式离心机是目前应用效果最好，也是应用最为广泛的一类离心机。

卧螺式离心机的工作原理为：油泥经进料管进入卧螺式离心机的转鼓后，在转鼓高速旋转产生的离心力作用下，相对密度较大的固相颗粒就会沉积在转鼓的内壁上，而与转鼓做相对运动的螺旋叶片就会不断地将沉积在转鼓内壁上的固相颗粒刮下，并推至固相出口排出。分离后的液体经液层调节板开口溢流出转鼓。螺旋体与转鼓之间的相对运动（即为差速转）是通过差速器来实现的，其大小由辅助电动机来控制，从而实现了离心机对物料的连续分离过程。

3.3 现有成套储油罐机械清洗系统综述

3.3.1 COW储油罐机械清洗设备

日本大凤工业株式会社研制的清洗系统在东南亚、欧洲、中远东等地区的陆上石油储罐清洗方面应用十分广泛，也是目前国内用得最多的一项储油罐机械清洗技术。COW是“crude oil washing”的缩写，意为“原油清洗”。该项技术是利用特殊的液体喷射装置，采用“同种油品、全封闭、机械自动循环”的物理清洗技术，罐底有机沉积物经过喷射、击碎、溶解等步骤后能够完全复原成具有流动性的原油而被回收掉，从而实现清洗的目的。

该技术主要有以下特点：

一是罐底有机沉积物能够最大限度地回收；

二是清洗工期短，一般10万m^3油罐的清洗作业时间为15～30天，仅为人工清罐时间的1/2；

三是机械清洗为全封闭式清洗过程，无需人员进入罐内作业，利用惰性气体控制罐内氧气和可燃气体的浓度，安全有保障；

四是环境污染小；

五是清洗效果好，清洗后罐内表面可见金属本色；

六是98%的沉积物复原成原油，回收率高，综合经济效益十分明显。

但该套系统比较庞大，仅对大型外浮顶储罐有较好的适用性，对于小型拱顶或内浮顶储罐的清洗却存在较多的弊端。首先是其体积过大，不易进入小型罐区；其次是配套的清洗机射程较短；再有就是相对于小型设备消耗的施工成本较大，包括运输成本、吊装成本、人员成本和耗材等。COW储油罐机械清洗设备见图3-24。

图3-24 COW储油罐机械清洗设备

COW 储油罐机械清洗系统主要由四部分组成，即 COW 装置（A 设备、B 设备）、气体保护系统、气体监测系统和油水分离系统。COW 储油罐机械清洗设备的组成见图 3-25。

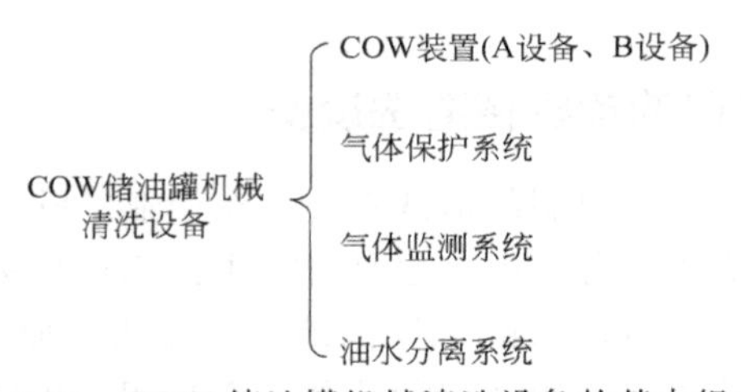

图 3-25　COW 储油罐机械清洗设备的基本组成

3.3.1.1　A 设备

A 设备是 COW 储油罐机械清洗系统中的主要设备，由真空泵、真空罐、回收泵、冷却水泵、冷却水罐、汽水分离罐及辅助管路构成，主要完成三项功能：抽吸功能、升压功能和离心泵的冷却功能。

（1）真空泵的作用　真空泵的作用是使真空罐形成一定程度的负压环境，是实现抽吸清洗介质的动力来源。

（2）真空罐的作用　真空罐与自动控制系统相结合，用来抽吸清洗介质、为回收泵供液、确保回收泵不抽空。目前部分生产厂家将卧式真空罐改为了立式，从而进一步节省空间。

（3）回收泵的作用　回收泵是用来给清洗介质升压的，是小循环清洗和油品移送的动力部分。清洗主泵的排量一般为 $180m^3/h$，扬程为 85m。

（4）冷却水泵的作用　冷却水泵的作用是提高离心泵密封冷却水循环系统中冷却水的工作压力，维持离心泵密封部分冷却水的循环。

（5）其他设备的作用　除了以上设备，目前经国产化以后 A 设备在结构和功能上进行了一些改进，各个公司的设备组成也不尽相同，主要包括加装过滤器、加装换热器、加装空压机等。

3.3.1.2　B 设备

B 设备的作用是在储油罐机械清洗过程中给清洗介质升压换热。此外，在热水清洗阶段，其与 A 设备配合使用，可实现油水分离和热水清洗等工艺过程。

B 设备主要由清洗泵、换热器、空气压缩机和辅助管路构成。

（1）清洗泵的作用　清洗泵的作用是给清洗介质升压，为清洗机提供清洗介质，是实现清洗机在被清洗油罐内形成射流的动力保障。清洗泵的规格一般与回收泵相同。

（2）换热器的作用　换热器是利用系统外的蒸汽或热水通过对流换热来提高清洗介质温度的装置。换热器为管束式或螺旋板式，换热面积一般为 $30\sim60m^2$。

(3) 空气压缩机的作用　空气压缩机是用来为系统的自动控制和清洗机的旋转提供动力的装置。一般其排量为 $2m^3/h$，压力为 0.7MPa。

目前国内很多储油罐机械清洗设备生产厂家对 A 设备和 B 设备做了一些改进，如将 COW A、B 设备进行合体，或者对清洗泵和回收泵的性能进行一些优化等，但从本质上来看，与上述 COW 储油罐机械清洗设备的结构原理是完全一致的。

3.3.2　可视化储油罐机械清洗设备

可视化储油罐机械清洗设备作为众多储罐机械清洗设备中的一种，对中小型成品油储罐清洗的优势非常明显。其机械清洗的工艺原理与其他清洗设备是基本相同的，都是先利用主设备将罐内可流动介质抽吸后升压，供给与其配套的高压清洗机进行喷射，通过喷射对储罐的沉积物进行溶解稀释，然后再对油罐内表面进行清洗。

其主要特点为：

(1) 自带气体监测系统，具备气体超标报警和停机的联锁保护功能；

(2) 自带的高压清洗炮是目前射程最远的清洗机；

(3) 高压清洗炮带有探照灯和摄像功能，清洗过程中可观察清洗效果，有针对地调节清洗范围，大大提高了清洗效率；

(4) 清洗炮的横向、纵向运行角度可任意设定，类同于双马达型清洗机；

(5) 自带发电机，可自供电也可使用外接电源；

(6) 设备自动化程度高，设备安装完成后在控制室可完成监视和所有操作。

可视化储油罐机械清洗设备的主要优势就在于其配备的可视化清洗炮。清洗炮上配备了清洗喷嘴、冷光探照灯和工业高清摄像机，并配有危险气体探测头。探照灯及工业高清摄像机均为低压直流电，壳体防爆，两者镜头前均配有在线辅助旁路清洗喷嘴，用以适应恶劣的罐内作业环境，在射流的同时可通过显示器观察清洗效果，见图 3-26。

图 3-26　可视化清洗系统的可视清洗炮

可视清洗炮具有以下技术特点：

(1) 单台可视清洗炮的额定工作压力可达 40bar，额定流量可达 $55m^3/h$，实际操作作业压力可便捷地进行无级调节。可视清洗炮的控制模式有预编程自动运行和手动远程控制两种，可自由切换。

(2) 可视清洗炮可以在水平和垂直两个方向上 180°旋转，作业过程中能够实现全程在线可视化，方便有重点地清洗罐内油泥沉积严重、难以清洗的区域，达到了节能降耗，节省清罐作业时间的目的。

(3) 可视清洗炮为液压驱动，符合防爆安全标准。

3.3.3 大流量储油罐机械清洗设备

大流量清洗设备在欧美等地有着广泛的应用，国内于 2012 年最早引进并使用。该系统与 COW 系统在设备组成和施工方法上有着明显的不同，主要就在于它采用的是扰动原理，而不是击碎原理。

其整套设备主要由大流量泵、大流量喷头、液压站、液压推泥机和液压吸泥机等组成。

3.3.3.1 大流量泵

大流量泵的排量可达 $600m^3/h$ 以上，是 COW 型清洗设备离心泵排量的 3 倍以上，因此在进行油中搅拌及原油移送工艺时效率极高，对于沉积物量较大的储罐，该系统消减沉积物的效果非常好。

3.3.3.2 大流量喷头

大流量喷头是与大流量泵配套使用的清洗机。该清洗机由于外形尺寸较大，因此只能安装在罐顶的人孔处。大流量喷头由液压驱动，竖直插入罐内后垂直角度只能旋转到 90°方向，水平方向上同 AM 型清洗机一致，可以 360°旋转。

大流量喷头最大的特点就是喷头部分的独特设计。喷头出口安装了束流筒，束流筒的后部靠喷头喷射形成的负压可以进液，从而增加喷射的流量。但大流量喷头不具备清洗油罐内表面的能力，要想达到内表面清洁，需与其他类型的清洗机配合使用。

3.3.3.3 液压推泥机和液压吸泥机

液压推泥机和液压吸泥机可共用一个底盘，由液压驱动，采用橡胶履带行走，拆解后可通过罐壁人孔移至罐内，并在罐内完成快速组装。液压推泥机的结构见图 3-27。

液压推泥机将罐内油泥聚集在一起后，通过液压吸泥机能够将其快速排出罐外，从而达到清洗的目的。从本质上来看，这些方式类似于辅助人工作业，可用于某些不方便采用机械清洗方式的储罐开展清洗作业。

图 3-27 液压推泥机结构

1—推铲；2—推铲起重杆；3—履带；4—操作手柄；
5—驾驶座；6—液压马达；7—液压油进出口

本章对储油罐机械清洗设备进行了详细的介绍，重点介绍了储油罐机械清洗设备模块组成及其原理，同时也对国内现有的成套设备进行了阐述。

第 4 章

大型储油罐机械清洗工艺

目前世界上流行的储油罐机械清洗工艺方法主要有日本大凤 COW 击碎溶解清洗技术、英美大流量清洗技术、德国可视清洗技术以及丹麦 BLABO 自动清洗和分离技术等。

COW 主要应用于大型浮顶储罐机械清洗，也可用于小型拱顶储罐、浮顶储罐、内浮顶储罐的机械清洗施工，是目前国内应用最广泛的清洗系统。

该工艺采用了“相似相溶原理”和“击碎溶解技术”，能够对各种结构类型、各种储存介质的储罐进行有效的清洗。该系统配套的 AM 型清洗机通常安装在罐顶。其基本工艺过程为：清洗设备首先将被清洗储罐内的油品从罐底部的排污口抽吸出来，然后经过离心泵的加压、换热器的加热再由罐顶的清洗机将油品喷射回罐内，从而形成了一个机械清洗的循环。在机械循环清洗过程中，罐底积存的沉积物就会和罐内本身存在的性质较好的油品进行充分的混合，通过不断的循环清洗实现了将被清洗罐内流动性差，甚至失去流动性的沉积物还原成可流动的分散相或混合油。循环清洗结束后，将罐内油品移送至回收罐内。油品清洗完毕后，对储油罐进行热水清洗，实现储油罐全面清洗。清洗机运行过程中，需要向罐内注入惰性气体进行气体保护，以实现作业安全。

COW 施工工艺主要包括淤积探测、同质油清洗、热水清洗、罐内后期处理和污油污水处理等过程，具有安全、经济、环保的特点。本章重点介绍常见的大型原油外浮顶储罐 COW 机械清洗施工工艺。

4.1 施工前准备

4.1.1 现场勘查

现场勘查指的是在施工前对施工现场进行的调研工作，是清洗设备选择的重要途径，也是方案编制、合同签订的前提。

现场勘查应尽可能全面、详细，内容包含但不限于：

（1）被清洗罐结构；

（2）罐内油品、淤积情况及甲方提供同质油情况；

(3) 确定旁接罐;
(4) 确定水、电、蒸汽的接口;
(5) 确定食宿地点;
(6) 确定污油污水排放场所;
(7) 确定甲乙双方工作界面;
(8) 其他内容。

4.1.2 文件编制

根据现场调研的结果,及时编写施工组织设计/施工方案。其内容主要包括施工方法、项目组织机构、甲乙双方职责、人/机/料资源需求计划、施工工艺流程图、现场临时设置平面图、施工进度表、质量安全计划、安全保证措施、文明施工措施、应急预案等。

施工组织设计/施工方案编制完成后,应按程序进行审批。

4.1.3 清洗器材准备

按照审批完毕的施工方案准备清洗器材(包括设备、工具及物资)。准备清洗器材时的要点主要包括:

(1) 确认器材一览表中的器材有无库存,缺少的器材须紧急筹措;
(2) 确认管线内部是否混进异物;
(3) 确认阀门是否能够关严;
(4) 罐顶与地面器材应分别整理;
(5) 离心泵应进行外观检查和手动转动检查,外观检查主要是检查离心泵的润滑油是否足够、密封部位有无泄漏等;
(6) 手动转动检查电动机,测量绝缘阻抗;
(7) 检查电动控制盘、配电盘,测量绝缘阻抗;
(8) 检查真空罐等装置,敲打固定螺栓,确认是否紧固;
(9) 检查灭火器,确认是否有效;
(10) 检查清洗机的转动是否正常,固定螺栓、止动螺栓有无松动;
(11) 检查氧气、可燃气体检测仪,压力表,压差计是否有效;
(12) 检查氧气救生器、供氧呼吸装置、空气呼吸器是否有效;
(13) 检查钢丝绳吊钩、尼龙吊带、挂钩有无损伤,规格型号是否满足要求。

4.1.4 清洗器材装运

搬运器材时的振动、冲击是导致器材损伤、故障的主要原因,故装卸、运送器材时必须慎重。应按以下要点装运清洗器材:

(1) 需严格遵守载货汽车的最大载重量和高度限制;

（2）吊带、挂钩、捆绑钢索等必须在允许荷重范围内；

（3）在卸器材时，须堆放成便于二次搬运或起吊作业的状态；

（4）在运送器材时，为了保持器材稳定，管类装入钢管筐内，清洗机装入专用箱内，阀类、短管装入钢丝网箱内搬运，这样也较为容易管理；

（5）电动机、泵等驱动设备，计量装置类器材装车时注意不要堆放；

（6）软管类的装卸使用尼龙吊带，注意不要将软管损伤；

（7）载货汽车须严守时间（器材的装车时刻、卸车时刻）；

（8）记录每辆车的牌号、器材的防护要求、装车清单、起止时间地点，记录表要有司机、车主的签名；

（9）吊装作业需按照作业规范。

4.2 临时安装作业

4.2.1 清洗器材进入现场

清洗器材运至施工现场后，需要卸车，并按设备摆放布置图将器材布置到指定位置。清洗器材进入现场，卸车就位的施工要点主要包括：

（1）按业主规定的路线、时间和车速进入施工现场。

（2）清洗器材都比较重，为防止再次搬运，须事先确认正确的设置位置。对于需要二次搬运的器材，须摆放成能够使用特殊工具移动的状态。

（3）对于容易造成原油飞溅污染的过滤器和真空罐周围，需事先采取在地面加垫层或其他措施。

（4）放置在罐顶上的设备材料须注意分散放置，不要把重物集中在一处。

（5）对于电气设备，为了防止被水浸泡，须使用方木置放在高出地面的位置。

（6）捆包物品、装箱物品须集中放到器材临时库区，但应注意留出出入空间。

（7）对于怕雨淋的器材要采取防雨措施，妥善放置保管。

4.2.2 清洗设备及管线的配置与组装

清洗器材就位完毕后，下一步要进行其配置和组装工作，即清洗设备和管线的临时安装作业。储油罐机械清洗现场临时安装的管线主要有抽吸管线、移送管线和清洗管线三类。应按以下要点进行清洗设备及管线的临时安装作业：

（1）地面、罐顶均尽量使用平板小推车高效率地配置器材。

（2）敷设管道须选择最短距离，尤其是回收用的抽吸管线，其长度、距离、弯曲等都会直接影响抽吸能力。

抽吸管线组装的基本要求主要有：

① 管线内径不应小于被清洗油罐的排污口；

② 管线长度应尽可能短；

③ 由于抽吸管线正压和负压均有可能存在，因此在整个抽吸管线上应使用能耐正、负压的管线，不能采用内衬橡胶等类似材料的软管；

④ 整个管线应尽量避免架高；

⑤ 整个管线拐弯处应尽量避免使用90°弯头，可用135°弯头或金属软管。

（3）各种设备、管线类在布局上，须注意留出操作和检查作业用的足够空间。

（4）须事先确认与原有管线的连接部位及周围状况。

（5）与原有管线的连接，不论有没有原设阀门，都必须安装暂设阀门。

（6）移送管线末端应安装止回阀，以防止逆流。

（7）管线须安装在架座上，避免直接接触地面或罐顶。架座的间隔为6～7m。

（8）器材的配置，从离器材放置场远处开始，由远而近，依次进行，须注意所配置的器材不应妨碍下一次器材搬运。

（9）阀类的配置为了以后作业容易，要充分注意高度、方向。

（10）进行组装时，须专人检查管内有无异物，法兰盘面要用钢丝刷清扫。

（11）固定法兰盘时，须对角拧螺母，以防因单向固定而导致结合面受力不均，产生漏泄。

（12）与原有管线的连接应使用挠性软管。

4.2.3 浮顶储罐罐顶支柱的拔除作业

罐顶上的作业属于受限空间作业，须经过气体浓度检测，确认安全后再进行，且所有的作业都须使用防爆工具。罐顶支柱拔除作业的要点主要有：

（1）按照临时设置图，在安装清洗机处及检测用位置的罐顶支柱套管上标上标志。

（2）用拔支柱用的三脚架将标上标志的支柱从支柱套管中拔出。

（3）拔出支柱时，应及时擦拭支柱外壁上的油污；在横倒在罐顶上之前，用乙烯塑料袋等包住其端部，以防弄脏或损伤周围环境。

（4）拔下来的支柱与支柱套管各标上同一标记，以免复原时弄错。

4.2.4 清洗机的设置

清洗机是储油罐机械清洗的关键设备，其旋转部件属于精密设备，极易损伤，因此安装时应时刻注意防止碰伤。清洗机设置作业的要点如下：

（1）根据储油罐支柱套管的长度来设置清洗机插入的高度。当罐内有加热管线时，清洗机安装应避开加热管线。

(2) 在插入清洗机之前，确认喷嘴角度与喷嘴指示刻度是否确实为零。

(3) 确认清洗机的离合器是否确实为空挡。

(4) 在安装清洗机后，为了不使气体逸出，用乙烯塑料等密封支柱套管与固定件的间隙。

(5) 为了使清洗机能够上下移动，安装在清洗机上的挠性软管须在长度上留有余地。

(6) 应给清洗机编上号码，以方便制定运行计划。

(7) 在人孔上装设清洗机时，须确认喷嘴没有接触罐顶人孔下面的梯子。

(8) 根据清洗机的喷射范围，在罐顶合理均布清洗机。对于 AM-76 型清洗机，浮顶储罐清洗时布置的数量可参考表 4-1。

表 4-1 浮顶储罐清洗时清洗机的安装数量参考表

罐容/m^3	直径/m	安装的清洗机数量/台
10000	28.5	1～2
20000	40	5～6
50000	60	12～15
100000	80	21～25

4.2.5 竖管的设置

竖管必须使用钢管，且应按下述操作要点组装：

(1) 为了使油罐内侧管端部能够适应罐顶浮船升降的变动，须安装足够长度的挠性软管。油罐外侧（地面侧）管端部注意固定牢固。在罐内侧竖管下部，应安装压力表。管道固定架上的水平方向管长为 1.5m 左右。

(2) 由于竖管在设置到油罐上以后不能够进行漏泄检查，因此在组装时法兰应紧固严密，8 个螺栓全部上满。

(3) 根据储罐内外侧高度来合理组装竖管。

(4) 确定固定位置，在该位置的罐顶平台上牢固固定竖管固定支架。

(5) 该设置作业使用吊车进行。

(6) 罐顶平台上将内外竖管连接在一起的 1.5m 管线，在进行严密性实验时须重点检查。

竖管安装示意图见图 4-1。

4.2.6 罐顶密封作业

罐顶密封作业是指在浮顶储罐罐顶上，对预料有可能漏气的局部部位进行密封，从而提高惰性气体注入效率。密封作业部位及密封方法如下：

(1) 罐顶支柱、清洗机安装部位、气体取样软管的插入口、检测口、呼吸阀

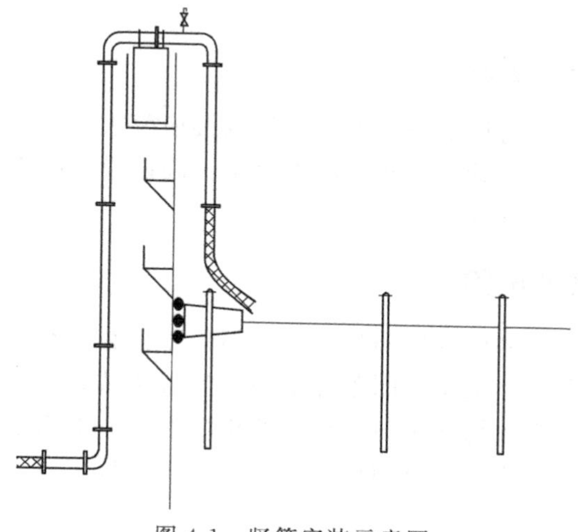

图 4-1 竖管安装示意图

等，用乙烯塑料、乙烯树脂进行密封。

（2）管状密封垫的密封（在罐顶刚着底后进行）。

① 在管状密封垫状态良好时，将旧毛毯卷成圆卷用绳子捆住，塞到管状密封垫外周部；

② 在管状密封垫与侧壁间有较大的缝隙时，通过在管状密封垫外周缝隙里放置 DN50 的硬质橡胶软管来密封。

③ 导向柱的密封有下列所述方法。但不论采用哪种方法，导向柱与罐顶贯通部的密封都须在罐顶支柱刚着底后进行。

a. 方法 1：在比罐顶高出 1～2m 处的侧孔中插入乙烯树脂袋，充入空气使其膨胀、固定。用乙烯树脂袋密封处靠下的侧孔，用布带封闭。

b. 方法 2：在比罐顶高出 1～2m 的高度上，插入气球充气，使其膨胀、固定。用乙烯树脂袋密封部位靠下的侧孔，用布带封闭。

c. 方法 3：在罐顶上部时（油罐中油量较多时），用橡胶栓密封较高位置上的侧孔。随着罐顶下降，依次用橡胶栓密封侧孔。最上部，用乙烯树脂袋密封。

4.2.7 在线式气体浓度监测装置的设置

为了对罐内的气体浓度进行检测，首先需安装气体取样管线。被清洗罐的直径不同，原则上气体监测取样点的数量也不一样，10 万立方米的储罐通常需安装 6 个取样点。气体取样管线及在线式气体浓度监测装置的设置要点如下：

（1）为了缩短吸气时间（从吸气到得出测定值的时间差），在线式气体浓度监测装置宜设置在离被清洗油罐较近处；

（2）从罐顶插入到各开口部的气体取样软管，其端部不可接触油面；

（3）非爆炸、非防湿型测量装置须设置在防火堤外的暂设工棚内，用气体取样装置与专用电缆连接。

4.2.8 设备试运转

按照电缆铺设规范与用电设备电气连接及接地要求，由专业电工进行电气连接测试。测试完成后，点动试运转各清洗设备，确认设备的正反转及完好性。如有问题，应及时检查和维修。

4.2.9 严密性试验

为了防止在施工过程中发生漏油事故，不论业主有无要求，对临时连接完毕的管线都必须进行严密性试验。因条件不同，严密性试验可采用空气、氮气、水压之一来进行，但大多数场合用简便易行的压缩空气。不论采用哪种严密性试验方式，试验前都应将装置上相应的仪表，如压力表、真空表、液位计等和安全阀隔离开来，以防损坏。

4.3 同质油清洗作业

4.3.1 同质油清洗的原理及目的

同质油清洗也可称为同种油清洗或陪洗油清洗。如果清洗时，被清洗罐内不存在气相空间，这个时候的同质油清洗也称为“油中搅拌”。

同质油清洗是依据相似相溶原理，利用与被清洗罐内油品相同性质的油品，通过临时安装的机械清洗系统，使清洗机对罐内进行喷射，从而打碎、溶解周围的淤渣，并通过搅拌使其分散，从而降低罐内淤积的高度，达到机械清洗的目的。如被清洗罐内流动性油品较少，可向罐内注入一定量的同质油，达到可循环清洗的目的。

同质油清洗过程中使用的清洗介质最好与被清洗罐中的油相同，或优于被清洗罐内油品的物理性质。其主要比较指标有：

（1）黏度　清洗介质需选择与被清洗罐的油黏度相同或较低的油。其流动点须比外部温度低出10℃以上，或50℃时，黏度须在200cSt（$1cSt=10^{-6}m^2/s$）以下。

（2）流动性　清洗介质的流动性需与被清洗罐中的油品相同，或者较好的。

（3）沉积物含有率　清洗介质含有的沉积物原则上越低越好，至少应保证在10%以下。

4.3.2 同质油清洗施工工艺

根据被清洗罐内油泥的情况以及甲方可提供的资源情况，可采取循环式和对流式两种不同的同质油清洗施工工艺。

4.3.2.1 循环式

循环式同质油清洗也称小循环清洗，是利用被清洗罐内自有的介质进行循环清洗。其一边使被清洗罐本身的油循环，一边用清洗机喷射，溶解、搅拌淤积，适用于被清洗罐内淤积总量不多，但局部堆积很高的情况。

循环式同质油清洗的工艺流程为：被清洗罐—过滤器—机械清洗系统—换热器—竖管—清洗机—被清洗罐，如图 4-2 所示。

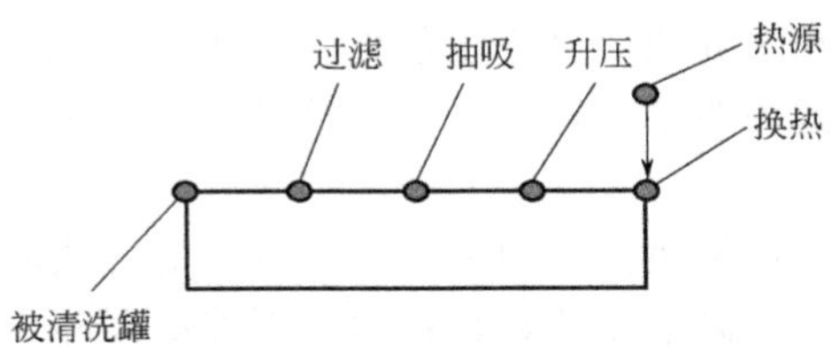

图 4-2 循环式同质油清洗工艺流程

4.3.2.2 对流式

对流式同质油清洗也称大循环清洗，是利用供油罐提供的清洗介质进行循环清洗。其一边接受供油罐供给的清洗油，一边用清洗机喷射出去，从而使被清洗罐内的沉积物溶解、分散、流动化；之后又将沉积物移送到供油罐，逐步减少被清洗罐内的沉积物量，达到清洗的目的。从本质上来看，对流式同质油清洗实现了被清洗罐和旁接罐内油品的互换，适用于被清洗罐内沉积物量非常多、沉积物高度非常大的情况。与循环式相比，对流式的效果更好，但由于储油罐生产运行要求的限制，实际上在现场很少能够采用此种方式。

对流式同质油清洗的工艺过程为：供油罐—过滤器—机械清洗系统—换热器—竖管—清洗机—被清洗罐—机械清洗系统—供油罐，如图 4-3 所示。

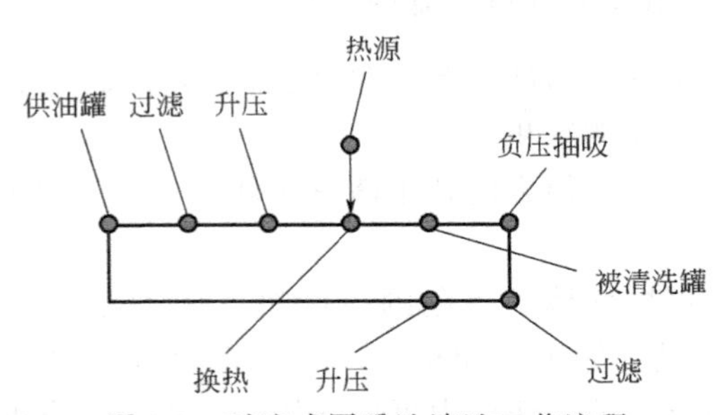

图 4-3 对流式同质油清洗工艺流程

不管采取哪种同质油清洗方式，都是以降低或消除被清洗罐内罐底的沉积物为目的，因此，在整个同质油清洗过程中，清洗机的清洗方式通常设置为底板清洗。

4.3.3 惰性气体注入及气体浓度监测

照前所述，当罐内存在气相空间时，如果罐内的气相空间处于爆炸环境，清洗机喷射产生的静电极易引发火灾爆炸。因此需在罐内注入惰性气体，使罐内处于安全的非爆炸环境，防止发生火灾爆炸事故。

由火灾爆炸三要素理论可知，只要控制住点火源、可燃物和助燃物的任何一个方面，即可避免火灾爆炸的发生。在储油罐机械清洗工艺中，三要素理论可进一步细化。

点火源：清洗机喷射介质时会产生静电，产生点火源，无法消除。

可燃物：储油罐罐内为油气环境，油品持续挥发出来的油气为可燃物，无法消除。

助燃物：即氧气，可通过向罐内注入惰性气体的方式降低罐内氧气浓度。

储油罐机械清洗属于高危作业，存在火灾爆炸的风险，因此在设备运行过程中，必须时刻监控被清洗罐内的氧气浓度，时刻调整惰性气体注入量，从而达到安全施工的目的。应严格按照以下要点进行惰性气体注入及罐内气体浓度监测作业：

（1）做好对被清洗罐的密封工作，包括罐顶、罐壁等各种开口的密封，以充分保证罐内气体置换效率。

（2）宜在罐顶支柱着底，油面与罐顶间出现大约200mm的空间时开始注入氮气。

（3）应时时监视罐内氧气浓度，以此为依据来加大或减小惰性气体注入量。

如使用纯度为98%以上的氮气作为惰性气体，单罐清洗共需氮气量可按式(4-1）概算。

$$\text{所需氮气量}=\text{罐内容积}\times(2.5\sim3.0) \tag{4-1}$$

式中，罐内容积指的是清洗时罐内气相空间的有效容积，如对于浮顶储罐，指的是浮顶下方气相空间的容积。

（4）注入过程中，尽量使罐内处于微正压环境，尽量保证外界空气不会进入罐内。

（5）根据氧气及可燃气体爆炸范围图可知，氧气超过21%的富氧环境或可燃气体超过10%的可燃气体浓度超标环境也为非爆炸环境，也是安全的。但由于富氧环境不易达到以及被清洗罐内可燃气体处于不断挥发的不稳定状态而不易控制等原因，通常不采取此种方法。

（6）在整个储油罐机械清洗过程中，只要罐内清洗机处于运转状态，就需时时监视罐内氧气及可燃气体浓度，防止发生火灾爆炸事故。通常采用在线式氧气/可燃气体浓度监测装置来达到时时监测的功能。

4.3.4 检尺作业

检尺是掌握罐内淤渣高度、量及分布状况的重要手段，在整个储油罐机械清洗过程中是不可缺少的作业，并应频繁进行。检尺后，应记录好检尺结果，作为下一步清洗机运行或者调整清洗工艺的参考依据。检尺作业要点如下：

(1) 利用罐顶开口部的检尺孔、人孔、支柱套管等进行检尺，确认淤渣的高度及量、分布状况；

(2) 将检尺结果记录作为交接班记录的重要组成部分；

(3) 根据检尺结果，充分研究清洗方式的选择，清洗机的配置、运行等施工方法；

(4) 检尺部位因油罐大小而异，原则上越多越好。

4.3.5 油品加热

在同质油清洗过程中，对介质进行加热是保证循环清洗效果的一个重要措施。加热通常采取蒸汽换热的方式进行。通常温度越高，油品流动性越好，越有利于抽吸和搅拌。但如果油品温度过高，超过该油品的析蜡点，反而会影响油品的品质，因此对介质进行加热需兼顾到油品的流动性和物理性质。通常来说，对罐内油品加热的温度应尽量控制在该油品的凝点和析蜡点之间。

4.3.6 油品移送

油品移送工艺，是指将被清洗罐内经同质油清洗之后的可流动性油品移送到其他油罐或管线中的过程。移送开始时，由于被清洗罐罐位较高，可与站内协商，借用站内工艺管线和原设泵进行移送；也可采用机械清洗系统进行移送。

移送以尽量排空被清洗罐内的可流动性油品为目的，也即直至被清洗罐抽吸口(排污口)吸入空气时为止，或者因罐底残油的黏度高而不具备流动性为止。油品移送工艺流程为：被清洗罐—过滤器—清洗系统—接收罐。其作业要点如下：

(1) 密切监视浮顶储罐罐顶的升降。油品移送过程中伴随有被清洗罐罐位的下降和旁接罐罐位的上升，需设置专门人员对罐位升降情况进行监视。对于浮顶储罐，需监视浮顶是否均匀升降，以防浮顶倾斜；对于拱顶储罐，需注意罐顶呼吸阀是否处于正常工作状态，以防罐内外压力不平衡。

(2) 找准油品移送的结束节点。油品移送的后期，由于被清洗罐内液位降低以及底部剩余较多流动性较差的沉积物，导致油品移送困难，此时可通过检查以下几个方面来确认油品移送工艺是否可以结束。

① 过滤器是否堵塞。过滤器堵塞与否，根据出入口的压差判断，若压差较大，则表示过滤器已堵塞。

解决对策：清扫过滤器。过滤器的清扫应一个一个地进行，避免油品移送中断。

② 被清洗油罐抽吸口是否堵塞。抽吸口堵塞与否，可通过抽吸口处是否有声音来确认，堵塞时，将听不到油品流动的声音。

解决对策：暂时中断油品移送工艺，利用油品反输工艺或者通入压缩空气等向抽吸口加压的方法清除堵塞物。

③ 被清洗罐内油品是否抽空。抽空与否，可通过真空罐内的真空度下降速度来确定。如果真空度的降低速度很快，而真空罐内液面上升缓慢，可认为抽空。

解决对策：清洗工艺已完成，或转入下一个清洗工艺。对于被清洗罐具有多个抽吸口的情况，通常是将每个抽吸口处的油品均已排空作为油品移送的结束。

4.3.7 人员巡检作业

在设备正常运行过程中，须定期巡回检查整个施工现场，检查作业是否在安全有序地进行，有没有异常。检查项目主要包括以下几点：

（1）所有的临时敷设管道有无漏油。

（2）罐顶管状密封垫部、清洗机插入部及其他开口部有无油的飞散。

（3）过滤器有无堵塞。

（4）运行设备有无异常声响。

（5）清洗机是否正常运行。

（6）罐顶排水管是否堵塞。

（7）罐顶密封是否良好。

（8）被清洗罐内液面的情况，浮顶有无倾斜。

（9）泵是否正常运转，检查工作主要有以下几点：

① 检查泵压、管线压力、电流、电压是否正常；

② 检查离心泵的轴承温度，滚动轴承不超过 80℃，滑动轴承不超过 70℃；

③ 检查润滑油面的高度和油环的工作情况，如润滑油的油位低于规定油位须及时添加润滑油；

④ 电动机轴承的温度不得超过 80℃；

⑤ 检查机械密封是否渗漏；

⑥ 检查泵和电动机的震动情况；

⑦ 检查泵和管路有无渗漏和进气的地方；

⑧ 检查各部分运转的声音是否正常。

4.4 热水清洗作业

4.4.1 热水清洗的原理及目的

被清洗罐经过同质油清洗和油品移送后，大部分的罐内底部沉积物可以被清除。为了进一步进行脱油及对整个罐内表面进行清洗，通常在进行过同质油清洗和油品移送工艺后，对储油罐进行全面的热水清洗。

热水清洗工艺是指向被清洗罐内加入一定量的热水，利用热水对储油罐进行全面密封的清洗。清洗过程中通常会设置油水分离器，以便回收罐内残油。热水清洗时，由于罐内液面较低，可打开罐壁人孔，在人孔处安装抽头，以便更好地抽吸罐内油水混合物，如图 4-4 所示。

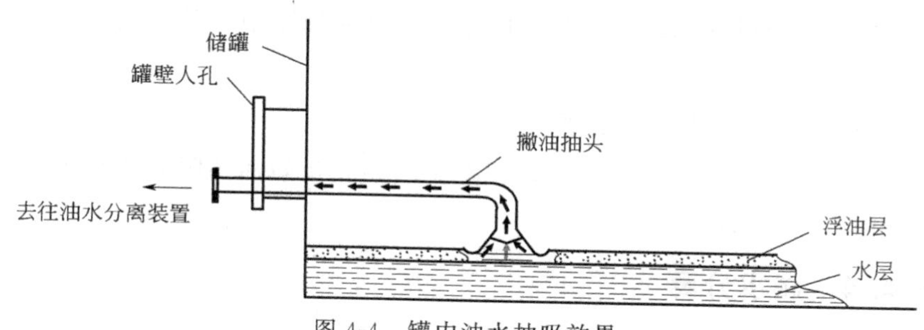

图 4-4 罐内油水抽吸效果

热水清洗工艺流程为：被清洗罐—过滤器—回收泵—油水分离器—清洗泵—换热器—清洗机—被清洗罐。

如上述流程所述，热水清洗工艺需要使用两个离心泵（回收泵和清洗泵）。热水清洗过程中，罐内含油污水经过机械清洗系统后，被转移至油水分离器中；在油水分离器中，油水会进行简单的分离，分离出的油直接移送至接收油罐内，分离出的水返回被清洗罐内，用于对储油罐进行热水循环清洗。

经热水清洗后，可将整个储油罐内部清洗干净，回收更多的残留油分，降低油罐内的可燃气体浓度等。由于热水清洗作业过程中也有清洗机的运行，为了保证安全，需确保被清洗罐内的氧气浓度（体积分数）在 8%以下。

4.4.2 清洗用水的基本要求

为了更好地开展热水清洗作业，清洗用水应尽量满足下列基本要求：

（1）水质　清洗用水最好选择清洁水，如消防用水、市政用水等。

（2）水量　应根据储油罐底板面积确定注水用量，可按式(4-2) 进行概算。

$$注水量概算值 = 比从油罐底面至罐底吸口的高度高出20\sim30mm的水量 + 循环管道及真空罐的内容积 \tag{4-2}$$

在实际施工中，罐内注水量超过储油罐底板最中间部分即可满足用水量的需求。

（3）水温　附着在油罐内面及附属品等上的油性污垢的溶解温度大约 60℃，罐顶密封的耐热温度为 80℃左右，考虑到这些因素，清洗用热水的温度最好保持在 70℃左右。

4.4.3 清洗机运行方式

热水清洗过程与同质油清洗过程的目的不同，其主要是对储油罐进行全面清洗，包括清理罐顶板、罐壁板的附着物和油膜，因此需采取与同质油清洗不同的清洗机运行方式。

4.4.3.1 清洗机运行顺序

清洗机的运行顺序与同质油清洗时不同，宜从油罐中央部依次移向外周部的顺序运行。

4.4.3.2 清洗机运行状态

清洗机的运行以全面清洗为主，根据罐内油膜及残油的附着性和黏稠度，可考虑同时运行两台清洗机。

4.4.4 油水分离

在热水清洗工艺阶段，为了减少清洗用水使用量，同时也为了清洗用循环水的清洁性，从而保证热水清洗的效率，需对从罐内抽吸出的循环清洗用水进行简单分离，去除水中油分。可在循环清洗过程中加设油水分离器来实现油水的简单分离。

4.4.5 热水清洗的结束节点

在循环热水中的油分浓度明显降低时，可判断油罐内已经脱脂，但是必须确认：油罐内的热水高度是否适当；油分的抽吸进行得是否充分；含油分的沉积物是否溶解并回收；油罐内的状况如何等。

是否结束热水清洗工艺通常可根据下述五项进行综合判断：

（1）油水分离器分离出的油明显变少；

（2）基本上没有循环热水中的油分；

（3）检尺判断被清洗罐内已无油分；

（4）被清洗罐内的可燃气体浓度大幅下降，接近于0；

（5）接收油罐的残油移送量已接近预测值。

4.5 罐内人工最终清理作业

在热水清洗结束后，为了达到罐内动火条件，通常还需人员进罐对罐内的局部死角部位进行最终的清理。

人工进罐清理作业为受限空间作业，除了应满足基本的受限空间作业安全要求外，由于油品的易燃易爆、有毒易挥发等性质，还需额外关注作业人员的安全。

4.5.1 人孔的开放及通风换气

为了保证作业人员进罐的安全性，首先应打开储油罐的所有进出口并进行强制通风换气。打开人孔作业须遵守以下安全事项：

4.5.1.1 被清洗罐的隔离

在打开人孔之前，首先需对被清洗罐进行隔离。通常包括储油罐进出油管线的隔离和储油罐加热管线的隔离。采取的隔离方式为两级隔离法，阀门关闭为第一级隔离，断开管线或加入管线加装盲板隔离为第二级隔离。采取两级隔离法可有效杜绝因阀门泄漏或人为误操作而导致的漏油漏气事故，防止事故发生。

4.5.1.2 再次确认罐位

为防止打开罐壁人孔时，罐内油品产生泄漏，在打开罐壁人孔前，需再次确认被清洗罐内的液位；确保罐内液位低于人孔下沿之后，才能打开人孔。

4.5.1.3 打开人孔

储油罐人孔打开作业作为储油罐机械清洗结束的标志，由于罐内还未实行强制通风，罐内仍存在一定浓度的可燃气体，因此人孔打开过程中存在一定风险。在其作业过程中，通常遵循以下原则：

(1) 打开人孔前，人孔应与储油罐进行电气连接并确保导线连接牢固，以防止产生静电。

(2) 打开人孔时，应使用防爆工具，并随时监测人孔附近可燃气体的浓度。

(3) 宜先打开罐顶人孔，再打开罐壁人孔。

(4) 打开罐壁人孔时，应先从下风侧进行。

(5) 打开罐壁人孔时，人孔下方采取铺设毛毡等防止渗油的措施。

(6) 打开罐壁人孔时，应均匀预留4～6个螺栓，然后缓慢均衡地拆卸螺栓；一旦发现有油品流出，应停止罐壁人孔打开作业，重新确认罐内液位的高度。

(7) 打开人孔时，人孔旁应事先准备好正压式呼吸装置。正压式呼吸装置应至少2具，且应确认呼吸器内的气压在正常范围内。

4.5.1.4 强制通风

(1) 打开人孔后，在人孔处安装防爆轴流风机进行机械通风。风机自身严禁与罐壁直接接触，防止风机在运行时与罐壁摩擦产生火花。

(2) 强制通风后，利用便携式气体检测仪对罐内的气体浓度进行检测；根据检测结果及下述限值规定，确定人员是否可进罐作业。

氧气体积浓度19.5%～23.5%；

可燃气体体积浓度低于10% LEL；

硫化氢气体体积浓度低于10×10^{-6}；

一氧化碳气体体积浓度低于35×10^{-6}。

注：为了更加准确地测定罐内各种气体浓度，通常暂时性地关闭强制通风15min，待罐内气体达到均衡状态后再进行气体浓度的检测。只要其中任何一项气体浓度不满足上述的限值，人员进罐就认为是极不安全的。

4.5.2 罐内人工清理

罐内经强制通风，气体检测合格后，人员可进罐最终清理。罐内人工清理方法有很多，可根据罐内实际情况进行选择。但总体来说，不管实行何种方法，都需保证以下几点：

（1）罐内使用防爆工具，并连续进行气体浓度检测。由于罐内清理作业属于高危作业，存在严重的火灾爆炸、人员窒息中毒风险，特别是当人员在罐内施工时，由于残油、废渣等的搅动，罐内局部区域可能会存在可燃气体浓度和有毒有害气体浓度偏高的情形，因此罐内施工必须使用防爆工具，并应继续进行气体浓度检测工作，严禁使用铁锹、铁镐等工具作业。

（2）罐内应保证照明良好，通信畅通。罐内作业属于非常典型的受限空间作业，极易发生磕碰、滑倒等人身伤害，因此需保证罐内光线充足及良好的内外界沟通，以便及时对人员实行救护。照明灯具及通信器材也应具有防爆功能。

（3）罐内人员连续作业时间需有限制。由于罐内含有可燃气体及有毒有害气体，且罐内结构复杂，人员作业受限，特别是在夏季施工时，罐内温度偏高，容易使罐内作业人员疲劳，罐内作业时间过长可能使人员产生眩晕、无力等症状，极易发生人员伤亡事故，因此需严格控制人员进罐作业时间，通常以30min罐内作业为宜。

目前，常用的储油罐罐内人工清理方法主要有以下几种：

（1）人工装袋外运。此种方法主要适用于罐内剩余沉积物较少且流动性非常差（沉积物中含有大量泥沙）的情况。

（2）罐内高压水射流清理。罐内高压水射流清理方法主要是针对罐内的壁板、顶板处仍存在油膜及其附着物的情况。使用高压水射流能够快速进行清理，省去了人工擦拭的劳动量。

（3）罐内消防水枪清理。使用消防水枪对罐内清理的方法主要用于清理罐底残留物，适合储油罐较小，且具有清扫孔的情况。消防水枪射流量大，清理效率高，对于小型储油罐罐内最终清理具有一定的优势。

（4）罐内推油车清理。对于某些储油罐经机械清洗后，罐内仍剩余大量沉积物的情况，利用推油车代替人工进行清理是一种比较好的方法。推油车的动力来源可采用液压或气动，严禁使用电动。

（5）罐内锯末清理。锯末具有良好的吸油特性，对于罐内剩余薄层油膜的情形，铺撒锯末后清理是最经济，也是最有效的方法。

（6）罐内柴油擦拭。使用棉纱蘸取柴油、煤油等轻质油对储油罐的死角区域进行擦拭，通常是罐内局部区域清理的一种主要手段。

4.6 油泥污水处理

4.6.1 含油污水处理

在储油罐机械清洗过程中，会不可避免地产生一定量的含油污水，主要包括：一为被清洗罐中原已存在的含油污水；二为热水清洗过程中注入的清洗用水；三为罐内人工后期清理过程中，使用高压水射流或消防水枪等产生的含油污水。在储油罐清洗完毕后，需对整个清洗过程中产生的含油污水进行处理，以满足环保要求。

油类物质在废水中通常以下列三种状态存在：

(1) 浮上油：油滴粒径大于 100μm，易于从废水中分离出来；

(2) 分散油：油滴粒径介于 10～100μm 之间，悬浮于水中；

(3) 乳化油：油滴粒径小于 10μm，不易从废水中分离出来。

不同工业部门排出的废水中含油浓度差异很大，如炼油过程中产生的废水，含油量约为 150～1000mg/L，焦化废水中的焦油含量约为 500～800mg/L，煤气发生站排出的废水中焦油含量可达 2000～3000mg/L。

对于含油污水，目前国内各地地域限制较多，处理方法很多，归纳起来，主要有以下几种：

(1) 加热蒸发法。利用特制加热炉将含油污水中的水分蒸发，剩余杂质进行掩埋，为固定式污水处理厂经常采用的一种方法。

(2) 加药气浮法。采用加药气浮法对含油污水进行处理，通常配合三相离心工艺来实现。首先通过加药打破油包水、水包油的乳化状态，然后再对打破后的油珠进行有效聚集，最后通过气浮法加速油珠的分离，从而达到将水中油分分离的目的。此种方法主要应用于对少量含油污水进行处理，对去除水中油分有一定的效果。

(3) 加速沉降法。此种处理设备及工艺主要用于大型油田、油品储备库等，通过建造多个沉降池的方法，将含油污水逐级进行沉降，达到污水净化的目的。

含油污水处理过程比较复杂，清洗过程中产生的废水在现场不宜直接处理。可在储油罐机械清洗前事先与甲方沟通，将清洗过程中产生的含油污水直接排入站区的含油污水处理系统，由甲方统一处理。

4.6.2 油泥处理

油泥处理回收工艺以离心分离为主，由于油泥的物理性质，应充分重视含油污泥的调质处理，并采用三相离心机对调质后的油泥进行油-水-固三相分离。现有油泥处理基本工艺原理见图 4-5。

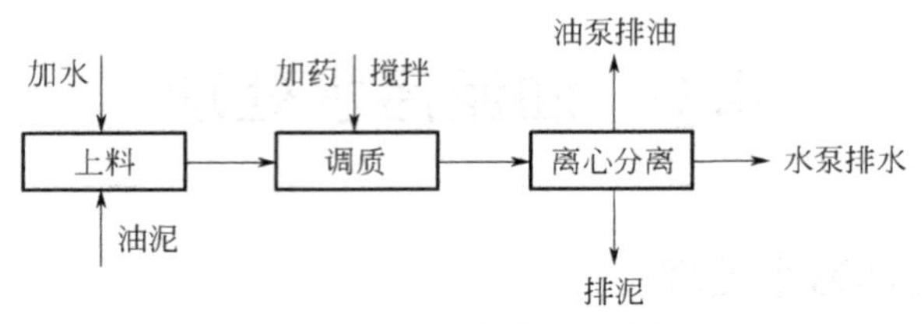

图 4-5　油泥处理工艺流程

含油污泥首先送至上料橇，在上料橇内，通过注水、搅拌等工艺过程，使油泥保持一定的流化状态。流化后的油泥通过上料橇的螺杆泵输送至调质橇，在调质橇内对油泥进行破乳剂、絮凝剂等药剂的加注作业，同时进行搅拌处理后可实现第一级的固液分离。调质后的含油污泥进一步加热后经螺杆泵输送至离心分离橇，离心分离橇的主要设备为三相分离离心机，在离心机离心力的作用下，含油污泥最终实现了油、水、固的三相分离。

4.7　临设管线解体作业

临时敷设管道的解体，应先从清除临设管道内部残存的油水开始。若管线内残存油水清除工作进行得彻底，管线解体作业就会比较容易，故须事先对顺序、要领等予以充分的探讨，也需事先商量、决定管道内的残存油水清除地点、清除方法、解体顺序等。但即使在对管线内油水做好清除工作以后，管线内也有可能残留部分油水，故在拆卸法兰盘时务必使用承接盘，以防止漏油。

通常，解体以罐顶管线、清洗油供给管道和抽吸管道、移送管道、装置周围的管线顺序进行。这些解体作业可视具体情况与油罐内部最终清理作业同时进行。

4.7.1　罐顶管线

罐顶管线内的残存油水，在打开人孔之前应清除到清洗油罐内。在进行油罐强制通风换气等尚未开始油罐内部清理清扫之前，便可拆除罐顶管道，包括罐顶的清洗管线、氮气管线、真空罐废气排放管线等。注意在拔出罐顶清洗机时，务必要确认清洗机的喷嘴角度位于 0°的位置上。

4.7.2　清洗油供给管线和抽吸管线

在油罐内的残余淤渣移送结束后进行拆除。线管内的介质回收到真空罐内，在回收量较多时，将其再移送到接收油罐里。回收方法为：真空罐内保持 −350～−400mmHg 的负压状态，打开设在供油罐附近的排气阀进行回收。该项作业反复进行 2～3 次后，即可完成回收。

4.7.3 移送管线

在用水、氮气或蒸汽等清理后解体。

4.7.4 装置周围管线

在解体装置周围管线之前，应尽量将管线内的油水回收到真空罐内，然后通过真空罐自带的排污管线排至相应的地点。

4.7.5 竖管

竖管的解体作业需要使用吊车，故可在吊装罐顶管线时进行。

本章按照施工工序，详细介绍了从前期调研作业到后期解体作业的整个COW储油罐机械清洗施工工艺。

4.8 成品油储罐机械清洗工艺

成品油具有易燃、易挥发、毒性大、闪点低、爆炸极限宽等特点，极易在通常环境中引起燃烧和爆炸，因此对于成品油储罐清洗应格外注意施工安全。

由于成品油的上述特点，常采用内浮顶储罐来储存。对于罐容超过10000m^3的大型内浮顶储罐，也常采用机械清洗的方法。以下简要介绍成品油内浮顶储罐机械清洗施工工艺。

(1) 设备安装与调试。参照外浮顶储罐的设备安装形式进行安装，不同点在于清洗机的安装方式。对于内浮顶储罐机械清洗，其清洗机应安装在罐壁人孔上。注意，在打开罐壁人孔前，需事先将罐内油品尽量外排完毕，以防溢液。

(2) 转油。与外浮顶储罐清洗方式不同的是，由于成品油储罐罐底沉积物通常较为容易清洗，因此在进行成品油储罐机械清洗时，多数情况下不需进行同质油清洗施工工艺，而是直接使用清水来进行清洗。所以在设备安装完毕后，可以先将被清洗罐内的油品移送至接收油罐内。

(3) 注入惰性气体。在转油的过程中，应向罐内浮顶下部的气相空间内注入惰性气体，直到氧气浓度（体积分数）低于8%。

(4) 使用常温水进行循环清洗。

(5) 清洗完毕后排水。

(6) 通风并后期处理。

具体作业程序可参照原油外浮顶储罐清洗施工工艺。

第5章

储罐/容器/塔/釜的高压水射流清洗技术

能够使用高压水射流清洗的设备普遍容积不大、结垢严重、内部结构复杂，清洗施工时，很难完全做到清洗施工人员不进入容器内部施工作业。

在这样的有限空间内，有大量易燃易爆、有毒有害气体，同时伴有缺氧、高温等风险。另外有些容器内具有搅拌桨，潜在机械伤害的风险。

本章着重论述此类设备高压水清洗的方法，重点介绍清洗参数的选择、清洗工艺的编制、专用执行机构的使用。

5.1 移动储罐的清洗

5.1.1 火车槽罐的清洗

火车槽罐属于卧式储罐，其内部普遍没有隔板，比较适合采用机械臂，配合三维清洗头，伸入槽罐内部，完成机械化清洗施工。

目前，国内石化企业的火车装运站台普遍配备了这类机械化洗罐站。

火车槽罐机械化洗罐站的设备分为车辆牵引系统、气体检测及安全防爆系统、高压清洗泵组、专用执行机构（机械臂）、三维清洗头、清洗程序集中控制系统、残液抽吸和热风干燥系统、污水收集过滤和处理系统等。这里主要介绍高压清洗泵组、执行机构、三维清洗头。

5.1.1.1 高压清洗泵组

洗罐站一般仅清洗成品油、化工原料等火车槽罐，其内部的污垢不是很坚硬，所以配用的高压清洗泵组压力较低（50～100MPa）、流量较大（70～140L/min）。此类洗罐站一般多台槽罐同时清洗施工，所以需要根据清洗工位的数量配置高压泵组。一般采用清洗工位数量＋1～2套备用泵组的配置。

5.1.1.2 执行机构

执行机构包括清洗工位的移动轨道及机架、清洗工位对正及定位系统、清洗机械臂展开及收缩机构、自动控制及安全限位系统等。

清洗机械臂的作用是，通过机械臂的展开和收缩，将三维喷头沿规划的轨迹准确地送到各清洗点位，如图 5-1、图 5-2 所示。

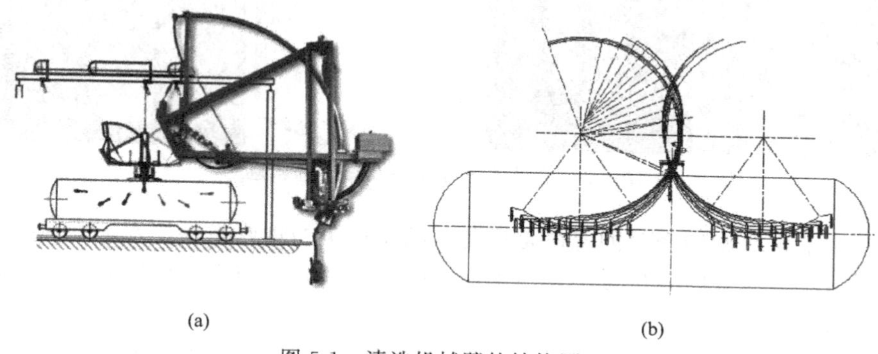

(a) (b)

图 5-1 清洗机械臂的结构原理

(a) (b)

图 5-2 不同形式的机械臂

移动轨道及机架的作用：轨道使机械臂在平面范围内移动（前后、左右）、使其对正火车槽罐的人孔；机架使机械臂升降移动，使其达到人孔的高度。其最大升降高度为 7.5m。该机构包括伸缩横梁、升降立柱、进退地车，具有三个方向的运动功能，通过位置传感器及安全限位装置，可准确地将机械臂对正并固定在罐车的人孔处。

自动控制系统由主控台、副控台Ⅰ、副控台Ⅱ组成，可以通过操作按钮人工控制清洗作业，也可以通过自动程序控制清洗作业，并且能通过视频监控火车槽罐清洗站各个作业区的状况，记录清洗作业的过程。

5.1.1.3 三维清洗头

三维清洗头是机械清洗的关键部件。三维清洗头是同步绕着两个相互垂直的轴旋转的旋转喷头，其转速可以通过磁性涡流阻尼、液压节流阻尼、黏滞阻尼进行调节。其横轴转速一般控制在 15～30r/min。

三维清洗头清洗轨迹的不重复性是衡量其清洗效率、清洗性能的重要指标。三维清洗头应当在尽量长的时间内保持清洗轨迹不重复，这样随时间的延长其轨迹可以完全覆盖储罐内壁，保证容器内部清洗质量好，达到残余污垢少的目的，如图 5-3 所示。

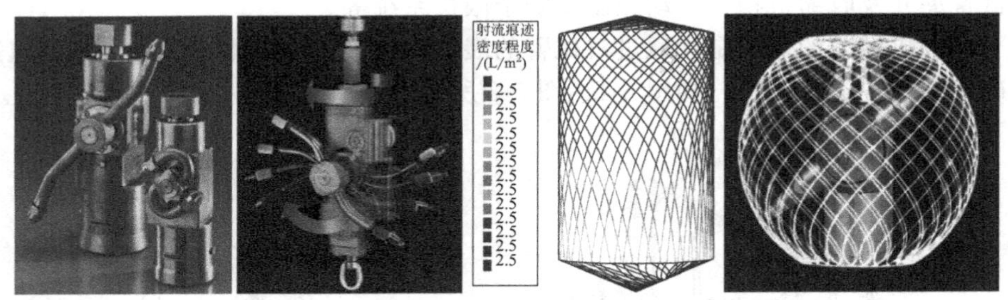

图 5-3 常见的三维喷头及其清洗轨迹

三维清洗头旋转密封的寿命是评价其品质优劣的重要指标。要求旋转密封的尺寸尽量小、摩擦阻力尽量小，追求启动时的摩擦阻力与平稳旋转时的摩擦阻力尽量一致。

在选择机械臂的结构形式时，应当注意多收集一些不同形式的方案，经过认真地分析和论证，从中优选出结构简单、轨迹合理、故障率较低的方案，避免简单地模仿已有的洗罐站，重复他人的错误路线。

5.1.2 汽车槽罐的清洗

汽车槽罐属于卧式储罐，其内部普遍设有隔板（防波、防浪、防涌），采用机械臂清洗时，增大了难度，如图 5-4 所示。

(a) 汽车槽罐隔板状况及开孔位置

(b) 汽车槽罐在行进途中的浪涌冲击模拟

图 5-4 汽车槽罐

目前国内机械化的汽车洗罐站很少，但是运输化工物料的汽车槽罐非常多，形成了风险与机遇并存的状况。开发该市场需要攻克机械臂穿越隔板进入槽罐的难题，解决易燃易爆、有毒有害等清洗施工风险，突破清洗废液的收集处理及回用等瓶颈。

汽车槽罐机械化洗罐站的设备分为清洗工位气体回收与处理系统、气体检测及安全防爆系统、清洗工位废液收集与处理系统、高压清洗泵组、专用执行机构（机械臂）、三维清洗头、清洗程序集中控制系统、清洗作业视频监控系统等。下面仅介绍高压清洗泵组、执行机构、三维清洗头的内容。

5.1.2.1 高压清洗泵组

洗罐站一般是清洗成品油、化工原料等汽车槽罐，其内部的污垢不是很坚硬，所以配用的高压清洗泵组压力较低（50～100MPa）、流量较大（70～140L/min）。多数汽车洗罐站采用多工位同时清洗多台槽罐的作业方式，所以需要根据清洗工位的数量配置高压泵组。一般采用清洗工位数量＋1～2 套备用泵组的配置。

5.1.2.2 执行机构

执行机构包括工作架（清洗工位纵向前后移动的轨道及机架）、左右移动架（清洗工位左右移动、对正及定位的机架）、伸缩杆（升降机构）、压盖器（机架与人孔对接的装置）、送管器、收管器、机械臂（在罐内展开及收缩的机构）、自动控制及安全限位系统、控制柜（操作台）等。

汽车槽罐清洗作业中，机械臂的运动轨迹非常复杂，是重要的技术难点。需要根据不同型号汽车槽罐的结构，规划三维喷头的轨迹，然后设计制造专用的机械臂，在狭小的空间内完成复杂轨迹的运动；并且需要其具有足够的强度、防水防腐蚀能力、防杂质卡阻能力。目前，国内国外均没有成熟优秀的设计方案。

移动轨道及机架的作用是将机械臂移动，对正汽车槽罐的人孔，并下降至清洗作业的高度。该部分设计难度不大，目前国内有不少成功的案例。

自动控制系统和气体监测系统是汽车槽罐清洗施工重要的安全保障。自动控制系统必须精准、稳定地控制机械臂对正人孔、避开隔板、到达清洗点位，避免与人孔、隔板发生碰撞，损坏清洗头或槽罐。气体监测系统必须时时对清洗工位、槽罐内部、厂房排风、污水池的气体等进行分析检测，发现超标及时报警，避免爆炸着火、中毒窒息、环境污染等风险；并且能通过视频监控汽车槽罐清洗站各个作业区的状况，记录清洗作业的过程。

5.1.2.3 三维清洗头

三维清洗头是机械清洗的关键部件。三维清洗头是同步绕着两个相互垂直的轴旋转的旋转喷头，其转速可以通过磁性涡流阻尼、液压节流阻尼、黏滞阻尼进行调节。其横轴转速一般控制在 15～30r/min。

三维清洗头清洗轨迹的不重复性是衡量其清洗效率、清洗性能的重要指标。三维清洗头应当在尽量长的时间内保持清洗轨迹不重复，这样随时间的延长其轨迹可以完全覆盖储罐内壁，保证容器内部清洗质量好，达到残余污垢少的目的，如图 5-5、图 5-6 所示。

三维清洗头的旋转密封寿命是其评价品质优劣的重要指标。要求旋转密封的尺寸尽量小、摩擦阻力尽量小，追求启动时的摩擦阻力与平稳旋转时的摩擦阻力尽量一致。

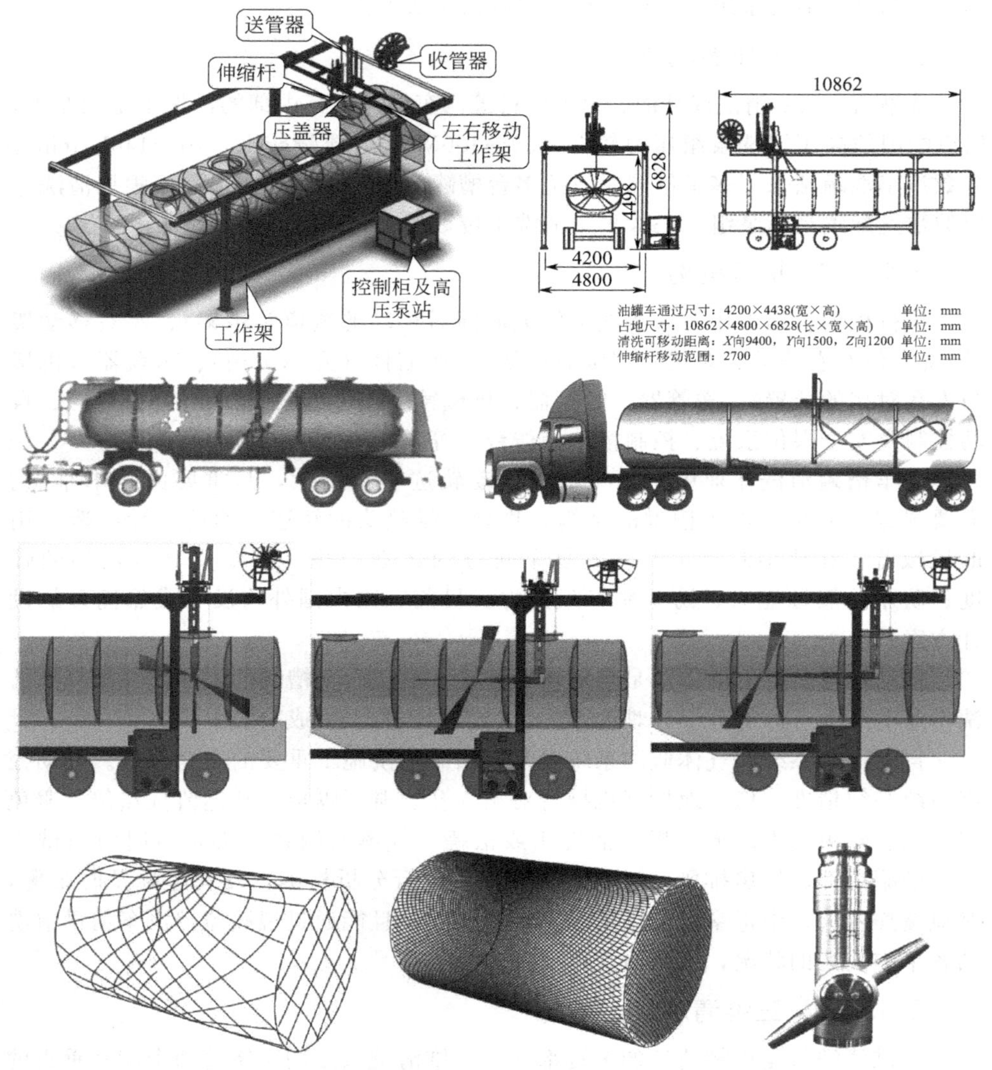

图 5-5　汽车槽罐机械化清洗执行机构及三维清洗头

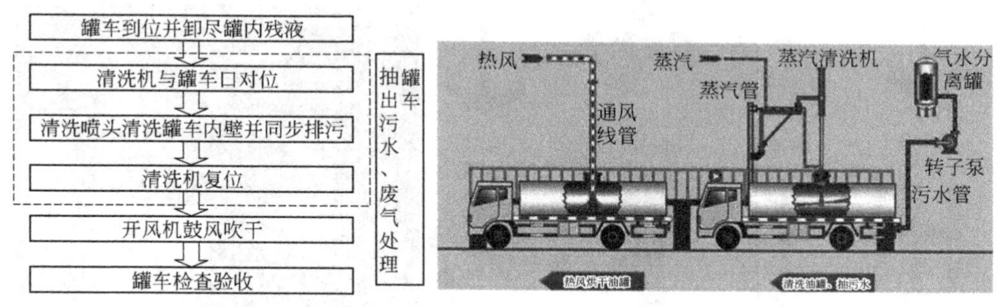

图 5-6　汽车槽罐清洗流程示意图

5.2　反应釜的清洗

反应釜、聚合釜的体积相比大型储罐小很多。但是，这类容器内的介质非常复杂，经常具有易燃易爆、有毒有害、腐蚀灼伤的风险。这类容器的结构也相对复杂，经常具有搅拌桨、盘管、列管、夹套等，有些釜内还具有搪瓷、石墨、聚四氟乙烯、橡胶等衬层，给清洗作业增添了许多困难，如图 5-7～图 5-11 所示。

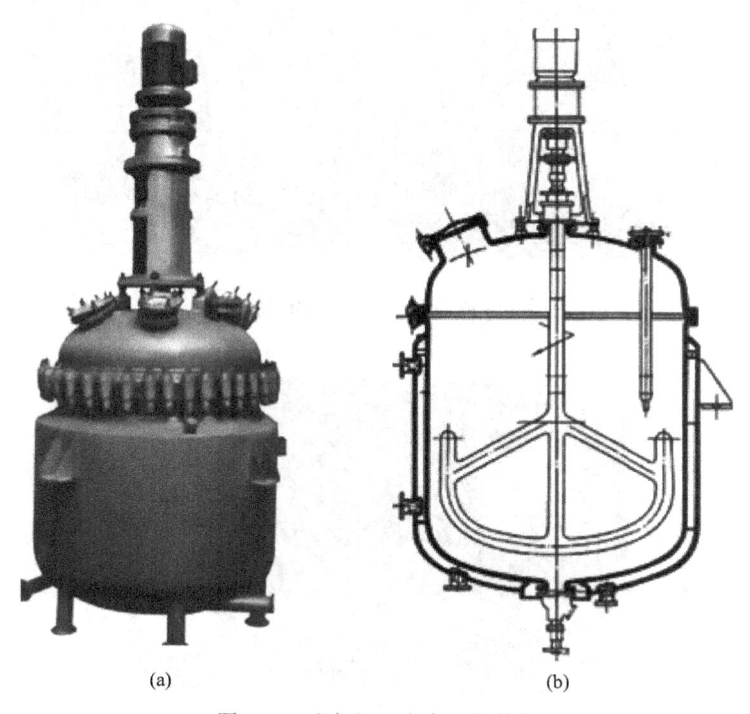

图 5-7　反应釜、聚合釜的结构

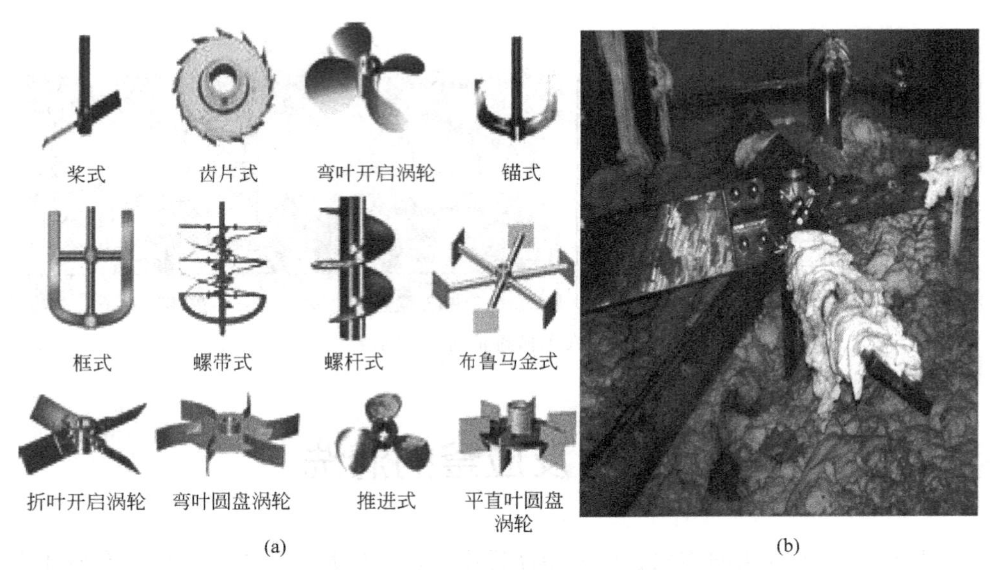

图 5-8 反应釜、聚合釜内部的搅拌桨

图 5-9 反应釜、聚合釜内部的盘管

图 5-10 反应釜、聚合釜内部的列管

(a)

(b)

图 5-11　反应釜、聚合釜内部的衬层

在反应釜等容器内部清洗过程中，首先要执行排空物料、蒸煮置换、通风置换、检测分析的程序。经过准备程序，反应釜内作业环境符合安全作业条件后，还要采取相应的防护措施。

5.2.1　釜内具有搅拌桨时清洗施工的方法

5.2.1.1　切断搅拌桨的电源

根据作业安全规定，对于具有搅拌桨的容器，进行清洗施工前，应当将搅拌桨驱动电动机的电源彻底切断，并在配电柜悬挂禁止送电的警告牌，对送电开关加锁，防止误操作事故。但是，许多实际案例显示，在这样的防护措施下，仍然有人摘下警告牌、打开安全锁、强行送电造成事故。由于上述的安全措施经常处于距离清洗现场较远的配电室内，现场的监护人员无法有效地监督其状况，存在一定的安全隐患。

建议清洗企业的项目经理，为避免进入反应釜的清洗工受到搅拌桨异常转动影响，造成人身事故，应当要求甲方对搅拌桨的驱动电动机进行处理，断开其电源线，提高保护措施的可靠性。这样处理后，清洗现场的监护人员可以随时观察到驱动电动机的电源线是否处于断开状态，如果有人准备连接驱动电动机的电源，准备送电，监护人员就可以及时发现，防止发生误操作，避免清洗工受到伤害。

5.2.1.2　利用搅拌桨（搅拌轴）固定三维清洗头

对具有搅拌桨的容器进行清洗作业时，可以利用搅拌桨（或搅拌轴）设置固定三维清洗头（将清洗头悬挂在搅拌桨或搅拌轴上），然后通过人工转动扇叶（搅拌桨驱动电动机的扇叶）带动搅拌桨（或搅拌轴）缓慢转动，此时搅拌桨就会带动清洗头沿釜壁环绕旋转，实现清洗工不必进入反应釜，三维清洗头就能自动环绕釜壁的清洗作业。

采用该方法作业时，初期需要人员进入容器设置三维清洗头和固定机构。如果容器内的环境不符合人员进入条件，必须佩戴呼吸器才能进入。

采用该方法作业时，人工转动搅拌桨的操作不允许搅拌轴连续沿同一方向旋转多圈，每旋转360°后都需要反向旋转360°，以避免高压软管在容器内缠绕扭结，如图5-12所示。

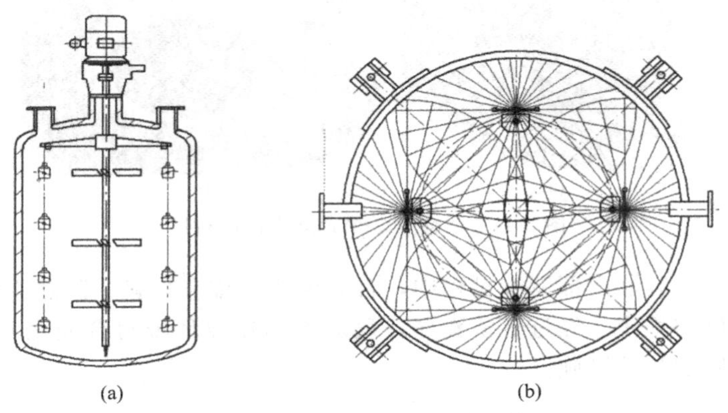

图5-12 利用搅拌轴悬挂三维清洗头

5.2.2 釜内具有盘管或列管时清洗施工的方法

有些聚合釜、反应釜的内部设有盘管、列管等换热装置。清洗这类釜内的结垢时，清洗难度会大幅增加。这是因为盘管、列管的间隙较小，需要清洗的表面交错遮挡，形成很多射流不易达到的死角。这时需要自制专用工具和喷头，才能将这些死角清洗干净。在自制这些工具时，应当注意喷头设计的合理性、安全性，防止喷头的射流指向操作者对其造成安全威胁。

5.2.2.1 横向射流喷头

根据釜内盘管、列管的间隙尺寸，设计可以穿过间隙，横向90°、斜后向75°对称喷射的喷头。这样的喷头可以喷射到盘管、列管的背面死角。该喷头在清除这些死角的污垢时，不会给操作人员增加侧向操作反力，可使清洗操作安全、灵活、高效，如图5-13所示。

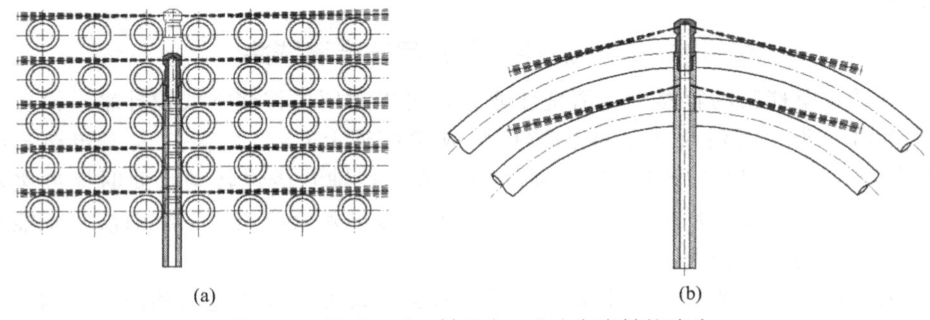

图5-13 横向90°、斜后向75°对称喷射的喷头

5.2.2.2 旋转射流喷头

根据釜内盘管、列管的间隙尺寸，采用旋转喷枪，配合可以穿过间隙的喷头。这样的旋转射流不但可以喷射到盘管、列管的背面，还可以旋转扫射，高效清除那些死角的污垢，在作业中会大幅减轻劳动强度，提高清洗效率，如图 5-14 所示。

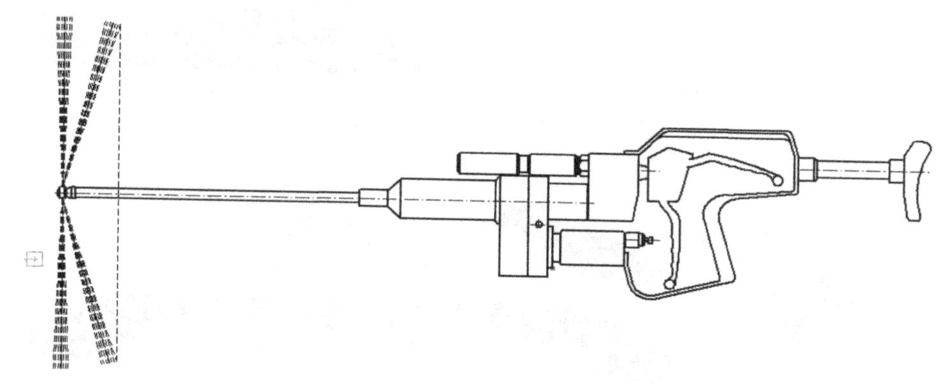

图 5-14 横向 90°、斜后向 75°旋转喷射工具

5.2.3 釜内产生坨釜或爆聚物料时清洗施工的方法

5.2.3.1 坨釜物料的清洗技术

所谓坨釜就是在化工装置生产过程中，发生不正常的工艺状况，造成较多的化工物料停滞在聚合釜、反应釜底部的事故状况。在清洗这些化工物料时，需要采取一些专用的方法和技术。

(1) 作业中防止有害气体溢出。由于在釜底积存有较多的化工物料，在清洗作业时，切割破碎物料的过程中，含在物料中的大量易燃易爆、有毒有害物质将挥发溢出，造成容器内已经置换合格的环境很快又变得不合格。这时不仅应加强检测(缩短检测间隔，重点检测作业点的状况)，还要加强通风置换，一旦发现环境气体不合格，必须马上撤离作业点（撤离到容器外通风良好、空气合格的位置）。

(2) 控制切割顺序，提高清洗效率。由于在釜底积存有较多的化工物料，为高效清除这些物料，应当按照合理的顺序分块切割（类似开挖土方的方法），不能采用无序的、杂乱的切割方法，如图 5-15 所示。

(3) 采用扩张工具，避免淹没射流，使清洗效率降低。由于在釜底积存有较多的化工物料，在切割分块的过程中，应当采用辅助工具，将切口扩张，防止狭窄的切口与积存的污水影响射流继续向深部切割的能力。辅助工具见图 5-16。

5.2.3.2 爆聚物料的清洗技术

所谓爆聚就是在化工装置生产过程中，发生不正常的工艺状况，造成大量的

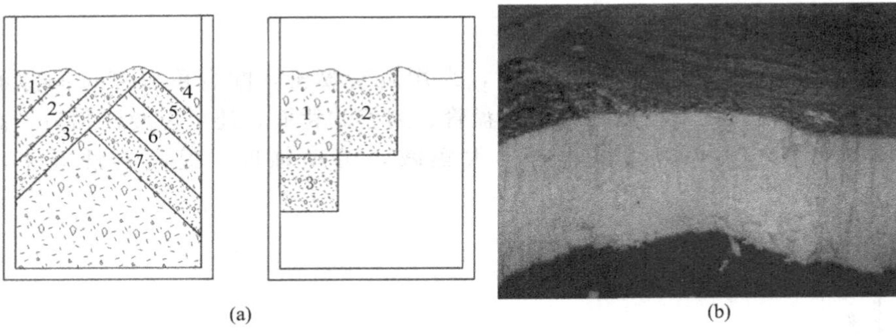

图 5-15　按照合理的顺序分块切割

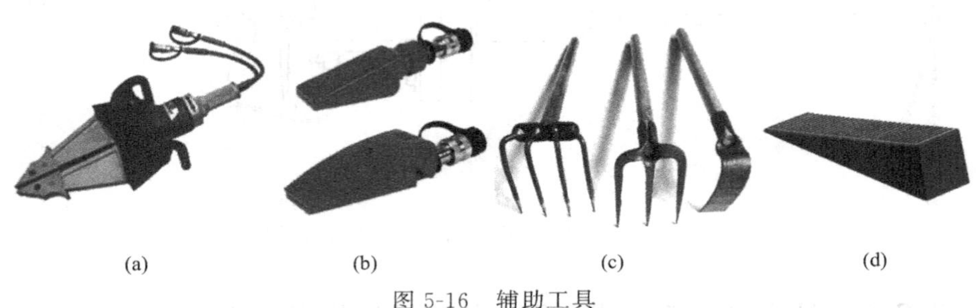

图 5-16　辅助工具

化工物料突然在聚合釜、反应釜内部发生聚合反应，致使釜内被物料堵塞充满的事故状况。在清洗这些化工物料时，需要采取一些专用的方法和技术。

（1）打开大盖清洗施工。由于这时釜内完全被化工物料充满，应当与业主沟通，争取打开聚合釜、反应釜的大盖，这样可以获得较大的作业面，对于清除大量物料会大幅提高效率，如图 5-17 所示。

图 5-17　打开大盖清洗施工

（2）尽早打通釜底排水口，降低施工难度。由于这时釜内完全被化工物料充满，在开始清除釜内物料之前，首先要打通釜底的排水通道。否则随着清洗施工污水的逐渐积累，釜底将完全被污水浸泡，无法继续施工，那时再想排水会非常困难。可充分利用釜底的管孔、手孔、视镜孔打通排水通道，并应在下方设置接渣筐、沉淀池，如图 5-18 所示。

图 5-18　打通下水通道

5.2.4 避免人员进入容器的施工方法

5.2.4.1 利用手孔、视镜孔设置三维清洗头

多数聚合釜、反应釜的顶部都存在手孔、视镜孔、管孔。清洗作业时，可以利用这些开孔设置三维清洗头（沿管孔将软管伸入釜内，在该软管上连接悬挂清洗头），清洗工在釜外控制软管上升下降，完成一侧釜壁的清洗作业。此方法可以避免人员进入容器，从而降低作业的安全风险。

清洗施工时，首先选择釜顶合适位置的管孔（与釜壁距离合适、釜内垂直方向不存在障碍物、在釜壁周围方向接近均布），从该管孔穿入高压软管，从人孔口将软管勾出；然后将三维清洗头与该软管连接，利用软管和铁钩配合，从人孔将清洗头缓缓拉入釜内；再然后通过收放高压软管，控制清洗头沿釜壁上下移动，完成该点位（釜壁圆周均布点位之一）上下釜壁的清洗；最后利用釜顶其他管孔重复该操作，实现对釜壁的多点位清洗。

如果聚合釜顶部有较大的管孔，可以将清洗头连接好软管直接通过大开孔放入釜内，悬挂固定清洗头，进行清洗作业。这时需要对该大开孔进行遮挡，防止射流从开孔喷出，伤害周围的人员及设备。

5.2.4.2 利用人孔设置机械臂操作三维清洗头

如果聚合釜顶部具有人孔时，可以利用人孔设置机械臂进行清洗作业。

专业生产的机械臂可以前后伸缩、上下摆动、左右摆动，通过机械臂的多向动作，可控制三维清洗头在釜内的位置。但是，机械臂价格比较高，使得清洗成本大幅增加。清洗公司可以自行制作一些简单的机械臂，实现较低成本的半自动清洗施工。

无论是专业的机械臂，还是自制的机械臂，在使用中都要与人孔连接牢固，避免在清洗作业过程中发生松动、滑动，防止发生人员或设备的伤害。

通过机械臂将清洗头设置到釜内合理的点位，进行多点清洗，可达到人员不用进入釜内，即可将釜内清洗干净的目的，如图 5-19、图 5-20 所示。

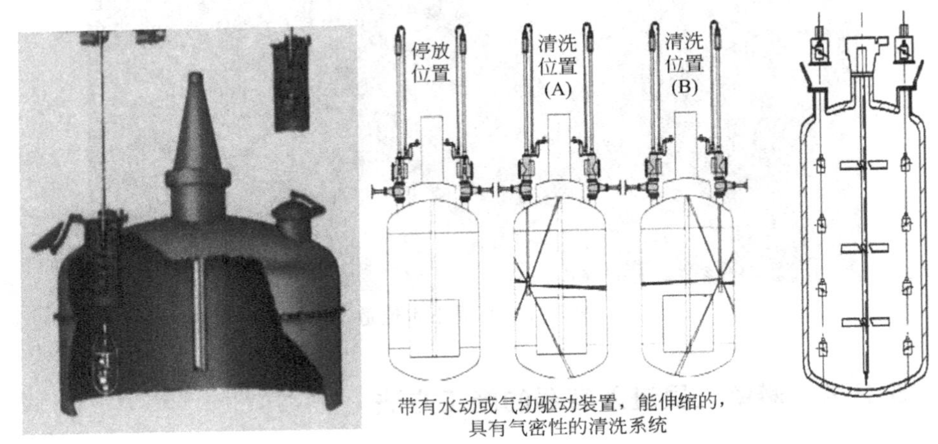

图 5-19　利用釜顶的手孔、视镜孔、管孔设置三维清洗头

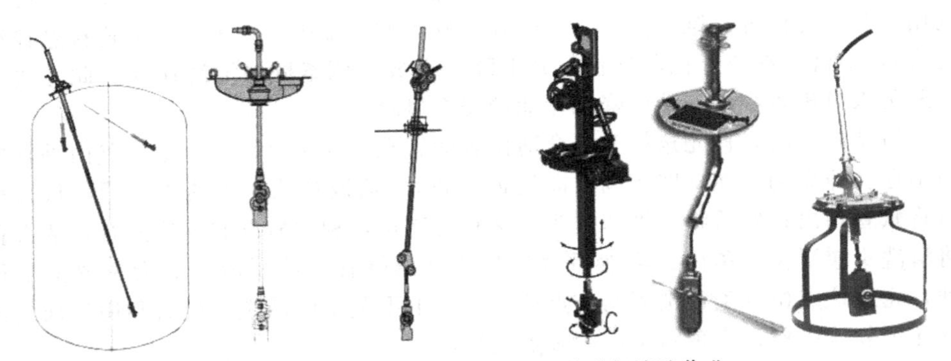

图 5-20　利用釜顶人孔设置机械臂进行清洗作业

5.2.5　采用吸渣器避免釜底积水

由于个别釜底没有可以排水的开孔，在开始清洗作业前，需要准备用于吸水吸渣的设备。比较方便的方法是利用高压水为动力的吸渣器，也可以采用防爆吸污泵、隔膜泵。如果垢渣污水具有易燃易爆成分，必须选择具有防爆功能、自吸功能、渣水混吸功能的设备，如图 5-21、图 5-22 所示。

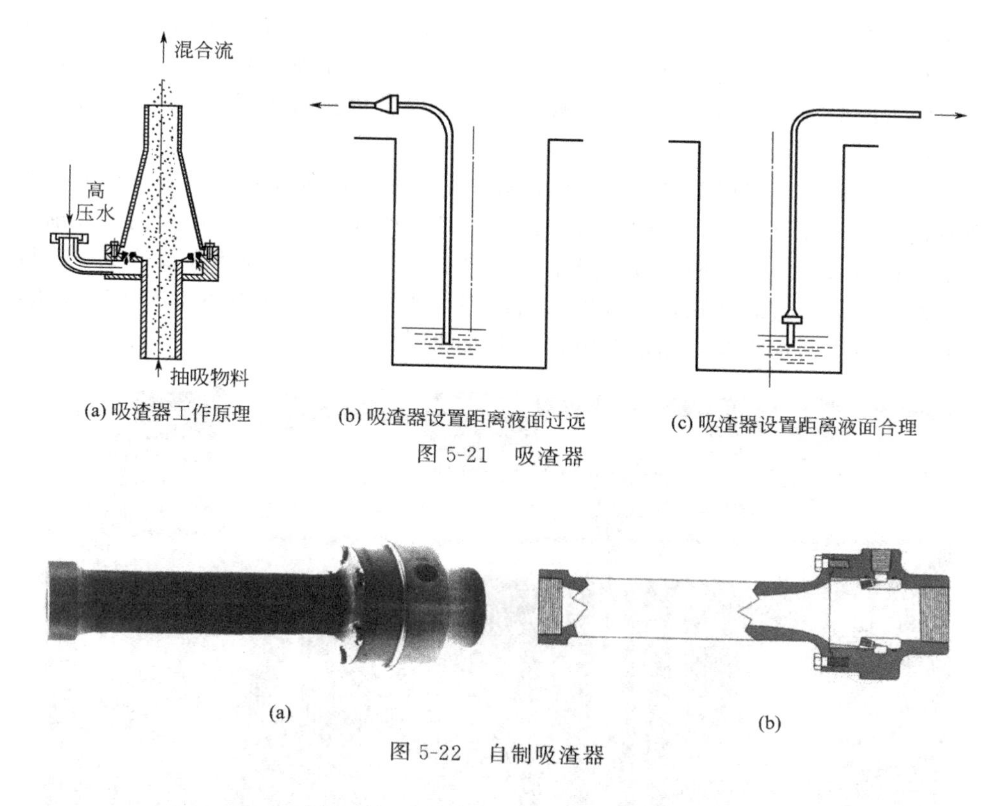

(a) 吸渣器工作原理　(b) 吸渣器设置距离液面过远　(c) 吸渣器设置距离液面合理

图 5-21　吸渣器

(a)　(b)

图 5-22　自制吸渣器

5.2.6　反应釜清洗施工案例

5.2.6.1　工程概况

某石化公司橡胶厂的聚合装置反应釜在生产过程中，聚合物（橡胶状的污垢）会逐渐在其内壁和釜内换热盘管及排管形成较厚的污垢层，该垢层会影响反应釜的正常生产。在年度计划检修中，需要采用高压水射流进行清洗清除，恢复其原有的换热能力。反应釜清洗现场见图 5-23。

5.2.6.2　作业程序、方法及要求

(1) 作业顺序　确认清洗任务→检查切断与隔离情况→设置施工围挡警示→釜内气体检测→办理进釜手续→设置清洗机具→疏通反应釜底部排水孔→采用三维喷头盲打→撤出三维喷头及机械臂→反应釜内搭建脚手架→检查脚手架→采用专用旋转喷枪清洗盘管、排管的缝隙和背面→自检→甲方验收→清理现场垢渣和污水→撤销围挡和警示。

(2) 检查作业环境　因为该清洗施工项目属于受限空间作业，施工前必须认真进行检查，确认反应釜是否与外界彻底切断和隔离（所有与反应釜连接的管线，都必须拆除或插入盲板），反应釜内气体是否符合人员进入的标准（易燃易

爆气体、有毒有害气体、氧含量、温度)，甲方是否已经允许开始清洗施工(受限空间作业证、甲方安全交底、甲方监护人员、施工作业告知牌)，预防措施是否到位(反应釜内照明、呼吸器、救生绳、防爆风机、帆布风筒、应急冲洗器、灭火器、对讲机)。

(3) 疏通反应釜底部排水孔　清洗施工的初期，必须先将反应釜下部的排水排渣孔打通，确保后期施工中垢渣和污水可以顺利排出，防止反应釜内部逐渐积累垢渣和污水，导致集中排放时发生喷涌冲击漫流。同时，应当在反应釜下部排水口处设置接渣过滤装置，将排出的垢渣与污水分离，保证固体垢渣集中收集，污水进入甲方污水管线，输送至甲方污水处理厂。

(a) 橡胶厂聚合装置外观

(b) 反应釜的顶部外观

(c) 反应釜内部的换热排管

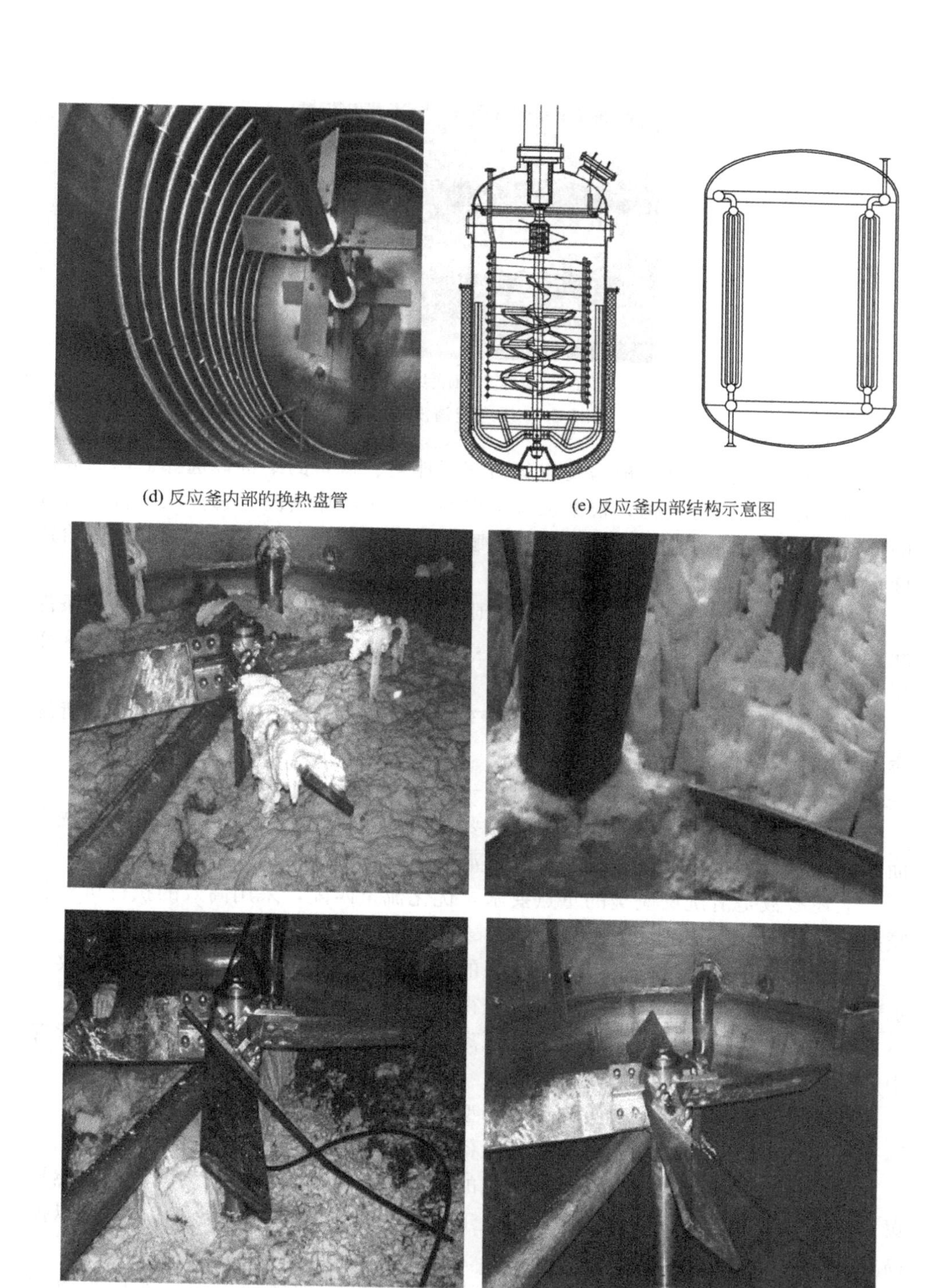

(d) 反应釜内部的换热盘管

(e) 反应釜内部结构示意图

(f) 反应釜内部聚合物清洗前后的情况

图 5-23

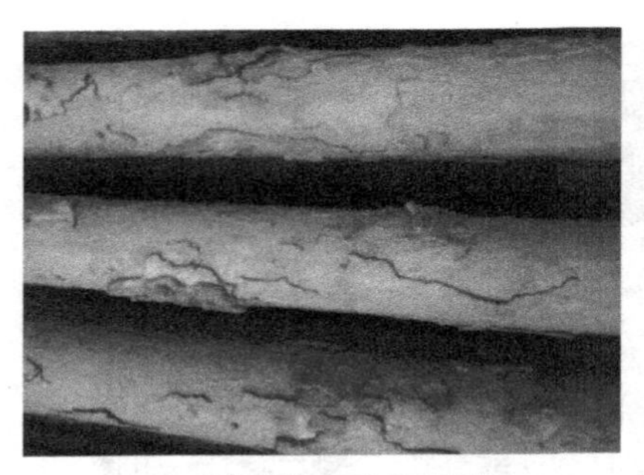

(g) 盘管排管表面污垢情况

图 5-23　反应釜清洗现场图

(4) 设置清洗机具　根据反应釜内部搅拌桨、盘管的结构，选择适用的高压水射流专业清洗执行机构，根据反应釜内的聚合物结垢情况，选择匹配科学合理的清洗参数（压力、流量、喷头形式、喷孔直径、喷嘴靶距、喷头转速、进给速度），是顺利完成清洗任务的基础。

反应釜清洗施工中，最重要的是受限空间作业的人员安全，所以，如果条件允许，尽量不安排操作人员进入反应釜，而采用执行机构控制三维清洗头，这样就可以大幅降低人员的伤害风险。

反应釜内部的聚合物结垢普遍比较软黏，一般需要采用 50～70MPa 的清洗压力。

反应釜内部的聚合物结垢比较厚，一般需采用 50～100L/min 的清洗流量。

反应釜的清洗面积比较大，一般需要采用旋转射流，以利于全面覆盖清洗表面；同时，有利于减少流量消耗，降低清洗能耗，提高清洗效率。

上述参数是清洗反应釜的重点要求，优化流量匹配，采用高效的执行机构和喷头喷嘴，才能保证清洗质量和效率。

根据反应釜中污垢的情况以及喷头的几何尺寸，应当尽量采用 13°锥段收敛加直线段的硬质合金喷嘴，这样可以获得较大的靶距和较强的打击力。

清洗施工时，尽量将泵组布置在距离反应釜较近的位置，努力减少高压软管中产生的压力损失。

清洗施工时，应当准备头灯和防爆型强光手电，以便于检查清洗质量。

夜间施工时需要设置充分的照明设备。

(5) 三维清洗头盲打　反应釜清洗的初期，其内部聚合物较多，同时易燃易爆和有毒有害气体含量较高，不采用人工清洗，而采用三维清洗头盲打，可以提高安全性。

由于反应釜内结构复杂，盘管、排管、搅拌桨会影响三维清洗头的射流效果，需要仔细规划清洗头的清洗靶点；最好能够通过计算机三维软件，模拟验证靶点的清洗轨迹，科学合理地优化选择靶点。

一般每个靶点的清洗时间控制在15～30min；

在设置机械臂和清洗头时，尽量避免人员进入反应釜。

在设置机械臂和清洗头时，必须固定牢固，防止清洗施工中发生松动或脱落。

清洗施工前，应认真调整三维清洗头的横轴转速（15～45r/min）。

清洗施工前，应当检查反应釜的人孔、手孔，预防射流从此处飞溅和喷出；并且应当设置遮挡，避免造成人员伤害。

清洗施工时，应当安排监护人员随时注意观察反应釜周围，阻止人员靠近，并及时驱离。

（6）列管背面清洗　经过三维清洗头盲打，反应釜内大部分污垢被清洗干净，但是，深层盘管的表面和所有盘管的背面以及搅拌桨遮挡的死角还会有一些残留，这时需要人工进行消除残余的清洗操作。由于三维清洗头已经长时间喷射，容器内的气体状况相比初期有了较大的好转，但是仍然不能掉以轻心。人员进入之前，必须进行气体检测，办理进罐作业手续，检查相连管线盲板插入情况、搅拌桨电动机电源切断情况、反应釜内部搭建脚手架情况、照明情况，确认双方安全监护人员到位情况，所有施工条件满足后，方可安排人员进入。

由于该反应釜内有盘管和排管背面的污垢，应当采用专用旋转喷枪清洗管缝和管的背面。

操作专用旋转喷枪时，应当注意观察，横向射流可能喷射的范围内，禁止有人员活动；应当将喷头插入管缝，并控制射流喷向列管的背面污垢。

旋转喷枪的转速应当控制在100～500r/min之间；

旋转喷枪沿管缝移动时，尽量避免与管缝发生“别劲”“卡蹭”，尽量沿管缝平行移动，随时观察射流喷射的情况，及时调整射流打击位置。

对于采用直射喷枪的位置，不宜采用单嘴直射喷枪，尽量采用旋转（直射）喷枪（梭鱼喷头、魔鬼喷头），以便提高清洗效率。

选择喷嘴时，应当尽量减少喷孔数量（1～4孔），将有限的流量集中在少数喷孔，使每个喷孔的直径比较大，这样射流的打击力比较大、靶距比较长，对大盘管和列管清洗的效果会更好。

反应釜内空间狭窄、障碍物较多，清洗操作时必须使用有开关阀的喷枪（扳机），同时，必须有锁紧机构（保险）。

反应釜内高度较大，脚手架的踏板难免会有水，容易滑倒或坠落，清洗作业时必须佩戴安全带和防坠器。

反应釜内光线较暗，尽量多设置照明灯具，应当佩戴防爆头灯。

如果反应釜内部空气质量较差、环境温度较高，应当采用防爆风机和帆布风筒向反应釜内吹送新鲜空气，改善施工作业的环境。

（7）垢渣污水收集　清洗施工作业中，应当安排专人经常查看污水引流、沉淀、过滤情况，及时处理出现的问题。

清洗施工现场为防止污水飞溅、漫流、下漏影响下层施工，造成装置卫生破坏，应当在清洗施工的反应釜排水口处设置垢渣收集过滤装置（筐、网孔箱），将排出的污水和垢渣接入其中，过滤出垢渣；过滤后的污水采用轻便的塑料薄膜筒或消防带引流至甲方的污水井或污水管线，避免产生中间的泄漏。

应当加强与甲方人员的沟通，确保污水引入专用的污水管线，输送至污水处理厂；同时，应当防止未过滤干净的垢渣进入污水管线，以免发生沉积物堵塞污水管线的情况，且必须杜绝污水进入雨水管线或雨水渠。

过滤出的固体垢渣，应当装袋后运输到甲方指定的位置。

应当在清洗施工的反应釜其他各开口处设置防止喷射的装置，采用金属的遮挡，避免喷射出的污水和垢渣冲击造成周围人员或设备的伤害。

（8）受限空间作业规定　对于受限空间（反应釜）的清洗施工作业，需要遵守受限空间作业的相关规定，办理相关的作业手续。

对于具有易燃易爆风险、有毒有害风险的受限空间作业现场，需要请甲方进行气体安全检测分析，获得甲方允许进行施工作业的文字手续。

对于存在易燃易爆气体或污垢的清洗现场，作业前、作业中必须进行专业检测分析；可燃气体的浓度必须符合被测气体或蒸气的爆炸下限大于等于4％时，其被测浓度不大于0.5％（体积分数），被测气体或蒸气的爆炸下限小于4％时，其被测浓度不大于0.2％（体积分数）。对于易燃易爆气体浓度较高的现场，应当采用防爆轴流风机进行强制通风，驱散易燃易爆气体，确保施工现场环境安全。当管线内易燃易爆气体浓度超标时，应当采用氮气或惰性气体进行置换吹扫，防止发生爆鸣事故，然后进行空气置换和吹扫。

对于需要清洗人员进入作业的反应釜，必须遵守进入受限空间作业的安全规定；必须进行有毒有害气体分析，同时应进行氧含量分析（氧含量应当符合18％～21％的规定，在富氧环境下不得大于23.5％）。应当尽量避免人员进入反应釜的清洗作业，尽量采用专用机具进行自动清洗作业。

对人员有毒有害、有灼伤可能的反应釜，作业前、作业中必须进行专业检测分析，有毒有害气体、物质的浓度必须符合GBZ 2的规定；对于有毒有害气体浓度高的现场，应采用防爆轴流风机进行强制通风，驱散有毒有害气体，确保施工现场环境安全；如污垢中存在对人体具有灼伤腐蚀作用的物质（遇水后产生），操作人员必须穿戴专用防护服、佩戴防护镜、涂抹防护油。

进入受限空间（反应釜）施工时，必须在人孔处安排甲乙双方各一名安全监护人员，并按规定设置受限空间作业标志板，将作业人员的胸卡、作业票悬挂在此处。

进入受限空间施工时，必须在人孔处准备灭火器、呼吸器、急救箱等救护器材。

5.3 容器类设备清洗工艺汇总

容器类设备清洗工艺汇总见表 5-1。

表 5-1 容器类设备清洗工艺汇总

序号	项目	工艺方法	
		人工操作清洗工艺	机械化清洗工艺
1	清洗压力	40～280MPa	40～100MPa
2	清洗流量	25～90L/min(单支或多支喷枪)	50～120L/min
3	喷头形式	13°锥形硬质合金喷嘴或超高压宝石喷嘴	13°锥形硬质合金喷嘴，双喷嘴平衡型喷杆
4	喷孔直径	ϕ1.25～1.75mm 或 ϕ0.2～0.4mm	ϕ1.25～2.0mm
5	喷射靶距	50～800mm	500～1000mm
6	设备机具	采用单嘴或自旋转喷嘴的手持喷枪或超高压手持喷枪，配合切割型喷嘴和加长喷杆以及人员的防护面罩	采用三维旋转清洗头
7	作业程序	进入容器作业的人员，必须了解并遵守相关的检修、动火、进入设备作业的安全规定和本企业的操作规程；进入容器作业前，必须与甲方现场监护人员取得联系，检查该容器是否有效切断了与其他设备的连接，盲板、阀门是否按规定进行了处置，同时进行可燃气体、氧含量分析，各项指标符合规定后，办理《进入设备作业证》和《分析单》，经双方负责人确认合格后，方可安排人员进入设备；另外必须保证定时进行可燃气体、氧含量分析。有人员进入设备作业时，必须在设备出入口处安排双方的专职监护员，不得在无监护人或作业时间以外的状态作业；带有搅拌器等转动部件的设备，必须在人员进入之前切断电源办理停电手续，在开关处挂“有人检修、禁止合闸”标示牌并设专人监管；进设备作业的人员、工具、材料要进行登记，作业前后应认真清点，防止遗留在设备内；进入垂直高度较大的容器(塔器)时，人员必须佩戴安全带并配合安全绳或防坠器；当多人同时在同一容器内作业时，必须保持相互之间的安全距离，禁止相对喷射，避免相互接近的移动方式	确认容器内和环境的可燃气体浓度符合规定；获取相关的作业手续；安装清洗头控制执行机构；调整清洗头的点位，进行清洗作业；检查自动清洗的效果；人工进行重点清洗

续表

序号	项目	工艺方法	
		人工操作清洗工艺	机械化清洗工艺
8	操作技法	对挂壁的污垢要先清理出直达容器壁的断面，然后沿断面进行剥离，利用水楔的作用提高清洗效率。对于有韧性的挂壁污垢，采用从上至下的方式清洗，使先切割下的污垢形成垂挂的状态，利用其重力向下撕拉的作用将未剥离的挂壁污垢大片撕扯剥离，提高清洗效率；对于坨在釜底的大量污垢，需要先向下切割出坑状作业断面，然后沿断面进行扩大切割；在容器底部作业时，要避免射流处于淹没状态，降低切割能力，应采用吸渣器及时排水，并利用扩张工具和助手协助扩大切口，使切口内排除积水，让射流直接冲击污垢，提高清洗效率；根据容器的出口尺寸，将污垢尽量切割得大一些，减少切口数量，提高清洗效率	清洗头横轴转速：8～25r/min 清洗头每点清洗时间：10～20min 清洗头每点间隔距离：1～2m 直径小于3m的容器，清洗点布置在容器的中心线上 直径大于3m的容器，清洗点布置在距离容器壁1m的均布点上
9	清洗速度	由于实际情况差异较大，清洗进度差异也很大	一般可以达到8～12h/台(8～20m^3)
10	辅助方法	扩张工具扩大切口，吸渣器排出积水	清洗头控制执行机构
11	验收方法	采取直观目测检查；在清洗小组自检合格后，由本企业施工负责人进行内部检验，确认合格后联系客户验收人员进行正式验收；双方负责人均确认合格后，签署验收手续	
12	安全控制	定时进行可燃气体、氧含量分析，保证设备内部任何部位的可燃气体浓度和氧含量均合格，有毒有害物质不超过国家规定指标；设备出入口的内外不得有障碍物，应保证其畅通无阻。设备外的现场要配备符合规定的应急救护器具和灭火器材。作业人员进设备前，首先应拟定紧急状况时的撤出路线、方法。为保证设备内空气流通和人员呼吸需要，可采用自然通风，必要时可采取强制通风；在人员进入前，设备人孔必须全部打开；卧式罐或只有单一人孔的设备，必须采取强制通风，进风管必须引至人孔远端，造成强制空气流通；必须设置安全监护人员	在开始清洗的阶段，必须严密监视容器内外可燃气体的浓度，加强现场环境强制通风，防止静电火花产生，严控周围明火和车辆；作业中应向容器内强制通风，确保新鲜空气直接吹送到容器远离人孔的最深部位，尽量使容器内部可燃气体的浓度下降到合格状态；操纵执行机构调整清洗头的位置时，要严格防止执行机构和工具与容器发生磕碰，以免产生火花
13	环保控制	开始作业前，进行相关教育，了解甲方环保要求，明确防止污染的办法；确保从容器内清理出的污垢和清洗出的污水全部收集、沉淀和分离后，污水进入污水管线，污垢装袋运输，严防外溢和遗洒以及直接排入雨水沟；要正确操作泵组，防止柴油机在不良状态运转产生大量浓烟	

第6章

加油站埋地储罐低压水射流清洗技术

6.1 加油站油罐、设备及相关知识

6.1.1 加油站油罐

根据《汽车加油加气加氢站技术标准》（GB 50156—2021），加油站油罐应符合的相关规定如下。

（1）加油站的等级划分应符合表6-1的规定。

表6-1 加油站的等级划分

级别	油罐容积/m^3	
	总容积V	单罐容积
一级	$150<V\leqslant210$	≤50
二级	$90<V\leqslant150$	≤50
三级	$V\leqslant90$	汽油罐≤30,柴油罐≤50

注：柴油罐容积可折半计入油罐总容积。

（2）加油与LPG加气合建站的等级划分，应符合表6-2的规定。

表6-2 加油与LPG加气合建站的等级划分

合建站等级	LPG储罐总容积/m^3	LPG储罐总容积与油品储罐总容积合计V/m^3
一级	≤45	$120<V\leqslant180$
二级	≤30	$60<V\leqslant120$
三级	≤20	$V\leqslant60$

注：1. 柴油罐容积可折半计入油罐总容积。

2. 当油罐总容积大于90m^3时，油罐单罐容积不应大于50m^3；当油罐总容积小于或等于90m^3时，汽油罐单罐容积不应大于30m^3，柴油罐单罐容积不应大于50m^3。

3. LPG储罐单罐容积不应大于30m^3。

（3）加油与CNG加气合建站的等级划分，应符合表6-3的规定。

表6-3 加油与CNG加气合建站的等级划分

级别	油品储罐总容积/m^3	常规CNG加气站储气设施总容积/m^3	加气子站储气设施/m^3
一级	$90<V\leqslant 120$	$\leqslant 24$	固定储气设施总容积$\leqslant 12(18)$，可停放1辆车载储气瓶组拖车；当无固定储气设施时，可停放2辆车载储气瓶组拖车
二级	$V\leqslant 90$		
三级	$V\leqslant 60$	$\leqslant 12$	固定储气设施总容积$\leqslant 9(18)$，可停放1辆车载储气瓶组拖车

注：1. 柴油罐容积可折半计入油罐总容积。

2. 当油罐总容积大于90m^3时，油罐单罐容积不应大于50m^3；当油罐总容积小于或等于90m^3时，汽油罐单罐容积不应大于30m^3，柴油罐单罐容积不应大于50m^3。

3. 表中括号内数字为CNG储气设施采用储气井的总容积。

（4）加油与LNG加气、L-CNG加气、LNG/L-CNG加气联合建站的等级划分，应符合表6-4的规定。

表6-4 加油与LNG加气、L-CNG加气、LNG/L-CNG加气合建站的等级划分

合建站等级	LNG储罐总容积/m^3	LNG储罐总容积与油品储罐总容积合计/m^3	CNG储气设施总容积/m^3
一级	$\leqslant 120$	$150<V\leqslant 210$	$\leqslant 12$
二级	$\leqslant 60$	$90<V\leqslant 150$	$\leqslant 9$
三级	$\leqslant 60$	$\leqslant 90$	$\leqslant 8$

注：1. 柴油罐容积可折半计入油罐总容积。

2. 当油罐总容积大于90m^3时，油罐单罐容积不应大于50m^3；当油罐总容积小于或等于90m^3时，汽油罐单罐容积不应大于30m^3，柴油罐单罐容积不应大于50m^3。

3. LNG储罐的单罐容积不应大于60m^3。

（5）除橇装式加油装置所配置的防火防爆油罐外，加油站的汽油罐和柴油罐均应埋地设置，严禁设在室内或地下室内。

（6）汽车加油站的储油罐，应采用卧式油罐。

（7）埋地油罐需要采用双层油罐时，可采用双层钢制油罐、双层玻璃纤维增强塑料油罐、内钢外玻璃纤维增强塑料双层油罐。既有加油站的埋地单层钢制油罐改造为双层油罐时，可采用玻璃纤维增强塑料等满足强度和防渗要求的材料进行衬里改造。

（8）单层钢制油罐、双层钢制油罐和内钢外玻璃纤维增强塑料双层油罐的内层罐罐体结构设计可按现行行业标准AQ 3020《钢制常压储罐　第一部分：储存对水有污染的易燃和不易燃液体的埋地卧式圆筒形单层和双层储罐》的有关规定执行，并应符合以下规定。

① 钢制油罐的罐体和封头所用钢板的公称厚度不应小于表6-5的规定。

表 6-5 钢制油罐罐体和封头所用钢板的公称厚度 单位：mm

油罐公称直径	单层、双层油罐内层罐罐体和封头公称厚度		双层钢制油罐外层罐罐体和封头公称厚度	
	罐体	封头	罐体	封头
800～1600	5	6	4	5
1601～2500	6	7	5	6
2501～3000	7	8	5	6

② 钢制油罐的设计内压不应低于0.08MPa。

(9) 双层玻璃纤维增强塑料油罐的内、外层壁厚，以及内钢外玻璃纤维增强塑料双层油罐的外层壁厚，均不应小于4mm。

(10) 与罐内油品直接接触的玻璃纤维增强塑料等非金属层应满足消除油品静电荷的要求，其表面电阻率应小于$10^9\Omega$；当表面电阻率无法满足小于$10^9\Omega$的要求时，应在罐内安装能够消除油品静电电荷的物体。消除油品静电电荷的物体可为浸入油品中的钢板，也可为钢制的进油立管、出油管等金属物。其表面积之和不应小于下式的计算值：

$$A=0.04V_t$$

式中，A为浸入油品中的金属物表面积之和，m^2；V_t为储罐容积，m^3。

(11) 安装在罐内的静电消除物体应接地，其接地电阻不应大于10Ω。

(12) 双层油罐内壁与外壁之间应有满足渗漏检测要求的贯通间隙。

(13) 双层钢制油罐、内钢外玻璃纤维增强塑料双层油罐和玻璃纤维增强塑料等非金属防渗衬里的双层油罐应设渗漏检测立管，并应符合下列规定：

① 检测立管应采用钢管，直径宜为80mm，壁厚不宜小于4mm。

② 检测立管应位于油罐顶部的纵向中心线上。

③ 检测立管的底部管口应与油罐内、外壁间隙相连通，顶部管口应装防尘盖。

④ 检测立管应满足人工检测和在线监测的要求，并应保证油罐内、外壁任何部位出现渗漏均能被发现。

(14) 油罐应采用钢制人孔盖。

(15) 油罐设在非车行道下面时，罐顶的覆土厚度不应小于0.5m；设在车行道下面时，罐顶低于混凝土路面不宜小于0.9m。钢制油罐的周围应回填中性沙或细土，其厚度不应小于0.3m；外层为玻璃纤维增强塑料材料的油罐，其回填料应符合产品说明书的要求。

(16) 当埋地油罐受地下水或雨水作用有上浮的可能时，应采取防止油罐上浮的措施。

(17) 埋地油罐的人孔应设操作井。设在行车道下面的人孔井应采用加油站车行道下专用的密闭井盖和井座。

(18) 油罐应采取卸油时的防满溢措施。油料达到油罐容量90%时，应能触动高液位报警装置；油料达到油罐容量95%时，应能自动停止油料继续进罐。高液位报警装置应位于工作人员便于觉察的地点。

(19) 设有油气回收系统的加油站，站内油罐应设带有高液位报警功能的液位监测系统。单层油罐的液位监测系统尚应具备渗漏检测功能，其渗漏检测分辨率不宜大于0.8L/h。

(20) 与土壤接触的钢制油罐外表面，其防腐设计应符合现行行业标准SH/T 3022《石油化工设备和管道涂料防腐蚀技术标准》的有关规定，且防腐等级不应低于加强级。

(21) 橇装式加油装置的油罐内应安装防爆装置。防爆装置采用阻隔防爆装置时，其选用和安装应按现行行业标准AQ/T 3002《阻隔防爆橇装式加油（气）装置技术要求》的有关规定执行。

(22) 橇装式加油装置应采用双层钢制油罐。双壁油罐应采用检测仪器或其他设施对内罐与外罐之间的空间进行渗漏监测，并应保证内罐与外罐任何部位出现渗漏时均能被发现。

(23) 橇装式加油装置的汽油罐应设防晒罩棚或采取隔热措施。

(24) 油罐的附件设置应符合下列规定：

① 接合管应为金属材质。

② 接合管应设在油罐的顶部，其中进油接合管、出油接合管或潜油泵安装口应设在人孔盖上。

③ 进油管应伸至罐内距罐底50～100mm处。进油立管的底端应为45°斜管口或T形管口。进油管管壁上不得有与油罐气相空间相通的开口。

④ 罐内潜油泵的入油口或通往自吸式加油机管道的罐内底阀，应高于罐底150～200mm。

⑤ 油罐的量油孔应设带锁的量油帽。量油孔下部的接合管宜向下伸至罐内距罐底200mm处，并应有检尺时使接合管内液位与罐内液位相一致的技术措施。

⑥ 油罐人孔井内的管道及设备应保证油罐人孔盖的可拆装性。

⑦ 人孔盖上的接合管与引出井外管道的连接宜采用金属软管过渡连接（包括潜油泵出油管）。

(25) 汽油罐与柴油罐的通气管应分开设置。通气管的公称直径不应小于50mm，通气管管口高出地面的高度不应小于4m。沿建筑物的墙（柱）向上敷设的通气管，其管口应高出建筑物的顶面1.5m及以上。通气管管口应设置阻火器。

(26) 当加油站采用油气回收系统时，汽油罐的通气管管口除应装设阻火器外，尚应装设呼吸阀。呼吸阀的工作正压宜为2～3kPa，工作负压宜为1.5～2kPa。

(27) 钢制油罐必须进行防雷接地，接地点不应少于 2 处。油罐的防雷接地装置的接地电阻不应大于 10Ω。

(28) 埋地钢制油罐以及非金属油罐顶部的金属部件和罐内的各金属部件，应与非埋地部分的工艺金属管道相互做电气连接并接地。

6.1.2 加油站爆炸危险区域划分

6.1.2.1 爆炸性气体混合物环境

(1) 在大气条件下，有可能出现易燃气体、易燃液体的蒸气或薄雾等易燃物质与空气混合形成爆炸性气体混合物的环境。汽油、液化石油气、天然气就是这样的介质。

(2) 闪点低于或等于环境温度的可燃液体的蒸气或薄雾与空气混合形成爆炸性气体混合物的环境。

(3) 在物料操作温度高于可燃液体闪点的情况下，可燃液体有可能泄漏时，其蒸气与空气混合形成爆炸性气体混合物的环境。

6.1.2.2 爆炸危险区域划分

《爆炸危险环境电力装置设计规范》(GB 50058) 将爆炸性气体环境划分为下述 3 个危险区域：

0 区：连续出现或长期出现爆炸性气体混合物的环境；

1 区：在正常运行时可能出现爆炸性气体混合物的环境；

2 区：在正常运行时不太可能出现爆炸性气体混合物的环境，或即使出现也仅是短时存在的爆炸性气体混合物的环境。

加油站爆炸危险区域的等级分区是根据加油站内爆炸性气体混合物出现的频繁程度和持续时间确定的，具体如下：

(1) 汽油设施的爆炸危险区域内，地坪以下的坑或沟应划为 1 区。

(2) 埋地卧式汽油储罐爆炸危险区域划分应符合下列规定：

① 罐内油品表面以上的空间应划分为 0 区。

② 人孔（阀）井内部空间，以通气管管口为中心，半径为 1.5m（0.75m）的球形空间和以密闭卸油口为中心，半径为 0.5m 的球形空间，应划分为 1 区。

③ 距人孔（阀）井外边缘 1.5m 以内，自地面算起 1m 高的圆柱形空间，以通气管管口为中心，半径为 3m（2m）的球形空间和以密闭卸油口为中心，半径为 1.5m 的球形并延至地面的空间，应划分为 2 区。

注：采用卸油油气回收系统的汽油罐通气管管口爆炸危险区域用括号内的数字，如图 6-1 所示。

(3) 汽油的地面油罐、油罐车和密闭卸油口的爆炸危险区域划分应符合下列规定：

① 地面油罐和油罐车内部的油品表面以上空间应划分为 0 区；

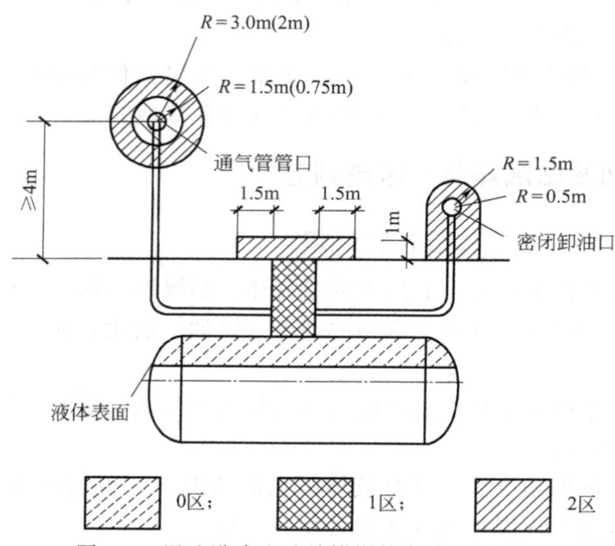

图 6-1　埋地卧式汽油储罐爆炸危险区域划分

② 以通气口为中心，半径为 0.5m 的球形空间，应划分为 1 区；

③ 以通气口为中心，半径为 3m 的球形并延至地面的空间和以密闭卸油口为中心，半径为 1.5m 的球形并延至地面的空间，应划分为 2 区，如图 6-2 所示。

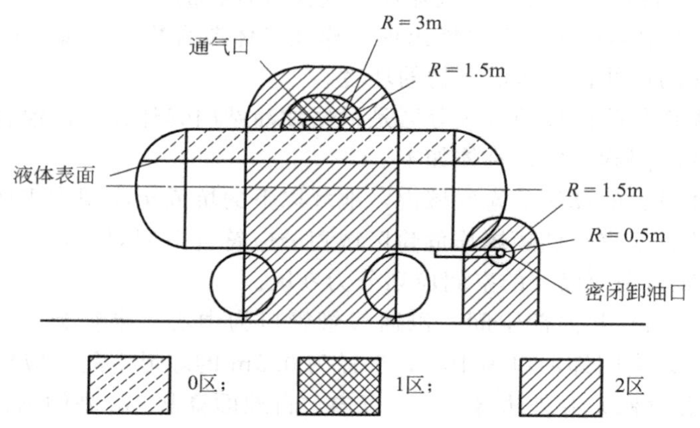

图 6-2　汽油的地面油罐、油罐车和密闭卸油口的爆炸危险区域划分

（4）汽油加油机爆炸危险区域划分应符合下列规定：

① 加油机壳体内部空间应划分为 1 区。

② 以加油机中心线为中心线，以半径为 4.5m（3m）的地面区域为底面和以加油机顶部以上 0.15m，半径为 3m（1.5m）的平面为顶面的圆台形空间，应划分为 2 区。

注：采用加油油气回收系统的加油机爆炸危险区域用括号内的数字，如图 6-3 所示。

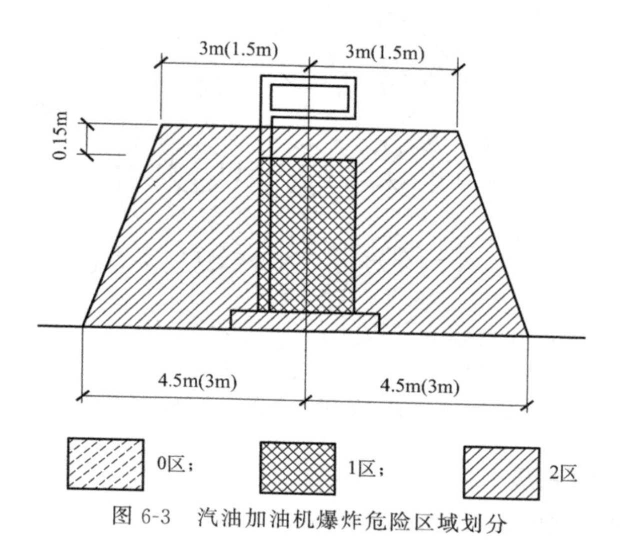

图 6-3　汽油加油机爆炸危险区域划分

6.1.3 加油站设备

加油站设备连接示意图见图 6-4。

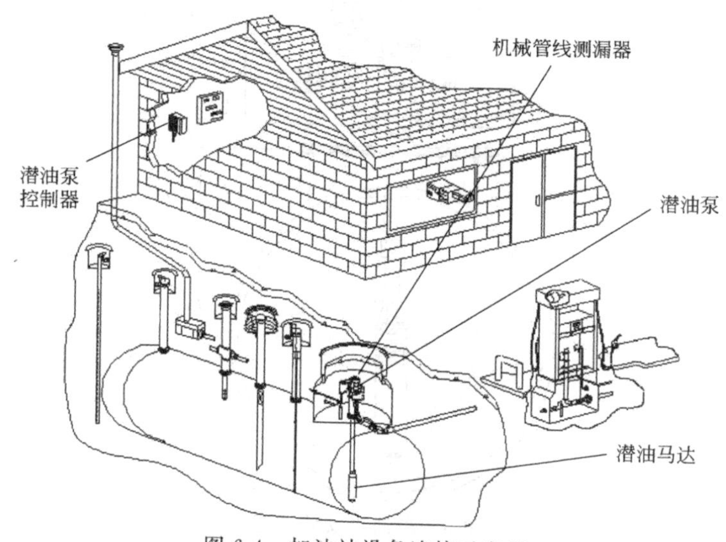

图 6-4　加油站设备连接示意图

6.1.3.1 人孔盖

加油站油罐人孔盖及基座示意图见图 6-5。

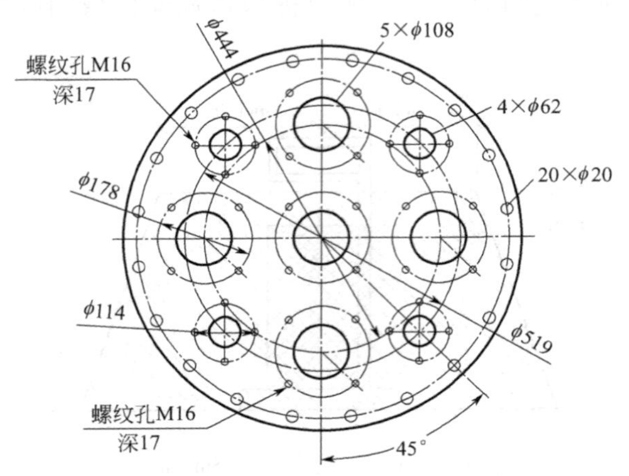

图 6-5　加油站油罐人孔盖及基座示意图

6.1.3.2　潜油泵

潜油泵安装示意图见图 6-6。

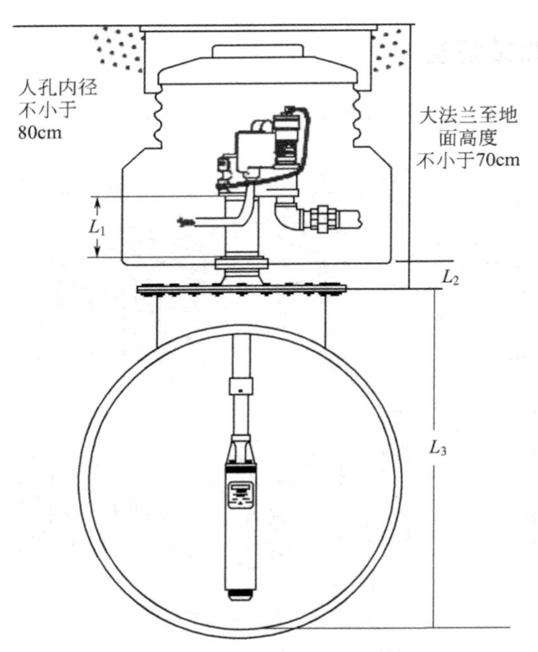

图 6-6　潜油泵安装示意图

在清洗装有潜油泵的油罐之前，需要先拆卸潜油泵，步骤如下：

（1）关闭潜油泵电源。

（2）松开（逆时针调节）手动泄压阀将压力释放掉，如图 6-7 所示。

(3) 拆下 3 个线桥螺栓，将线桥连同电动机从罐内拉出。该操作要两人以上进行，动作要慢，垂直将电动机拔出来后，轻放在干净位置，整个过程不能磕碰电动机外壳和泵头 O 形圈，如图 6-8 所示。

图 6-7 手动卸压阀指示

图 6-8 潜油泵电动机拆卸示意图

(4) 在油罐清洗完毕后，按拆卸时相反的步骤将潜油泵恢复原位。

① 将电动机慢慢插入罐内，此过程中注意不要挤压到泵头上方的 O 形圈。

② 锁紧 3 个线桥螺栓。

③ 将手动泄压阀顺时针调节到锁紧位置。

6.1.3.3 液位仪探棒

如油罐上装有液位仪探棒，在清洗之前，需要先拆卸探棒，步骤如下：

(1) 关闭液位仪控制台电源。

(2) 打开探棒信号线防爆接线盒（人孔井内），将信号线拆卸下来。

(3) 卸下固定螺栓，将探棒从罐内抽出来。此过程动作要慢，抽出来后注意探棒上应有两个浮子，轻放在干净位置，见图 6-9。

(4) 在油罐清洗完毕后，按拆卸时相反的步骤将液位仪探棒恢复原位。

① 将探棒浮子移动到最下端，再慢慢立直插入罐内，此过程中注意不要磕碰到浮子。

② 检查密封后，锁紧固定螺栓。

③ 将信号线接入防爆接线盒并盖好。

④ 打开液位仪控制台电源。如在同一个油站一次清洗多个油罐，则待全部清洗完毕并恢复安装探棒后，再开启液位仪控制台电源。

6.1.3.4 卸油防溢阀

如油罐上装有卸油防溢阀，在清洗之前，需要先拆防溢阀，步骤如下：

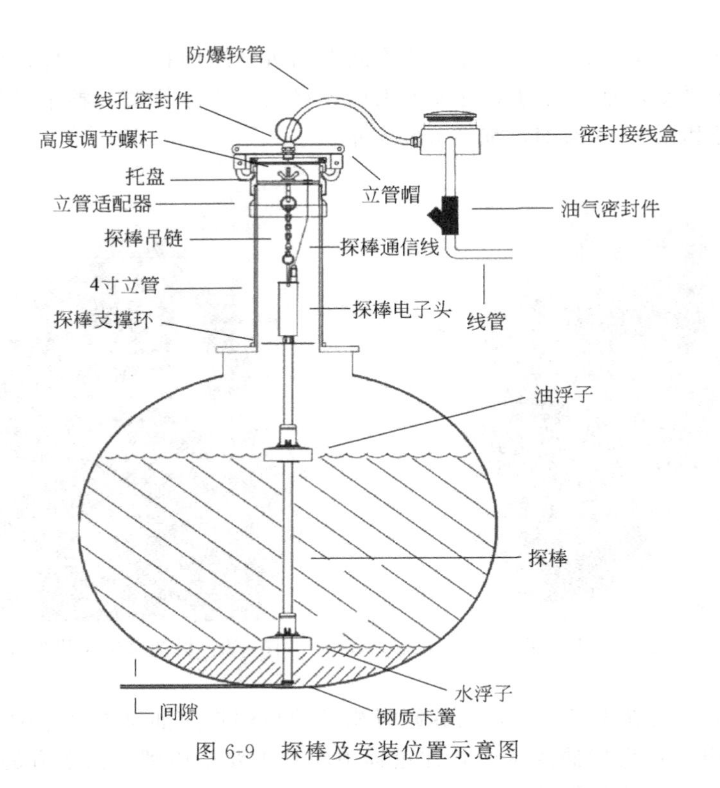

图 6-9　探棒及安装位置示意图

（1）拆开连接防溢阀到卸油管路上的法兰，将防溢阀（包括与之相连的铝管）从油罐中拔出来轻放在干净位置，如图 6-10 所示。

（2）将开孔盲板盖好。

（3）在油罐清洗完毕后，按拆卸时相反的步骤将卸油防溢阀恢复原位。

注意：阀体下部连接铝管的最下端的坡口朝向尽量避开潜油泵电动机或探棒浮子。

图 6-10　防溢阀拆卸示意图

6.2 加油站油罐清洗现状及发展趋势

6.2.1 加油站油罐清洗背景

在长时间的储运生产中，油品中的少量机械杂质、沙粒、泥土、重金属盐类、藻类和细菌组分会因为相对密度差而自然沉降，积累在油罐底部，形成油罐底泥，如图 6-11 所示。底层油泥随着连续储存时间的增长而增多，久而久之，严重影响油品的质量，必须定期进行清除。

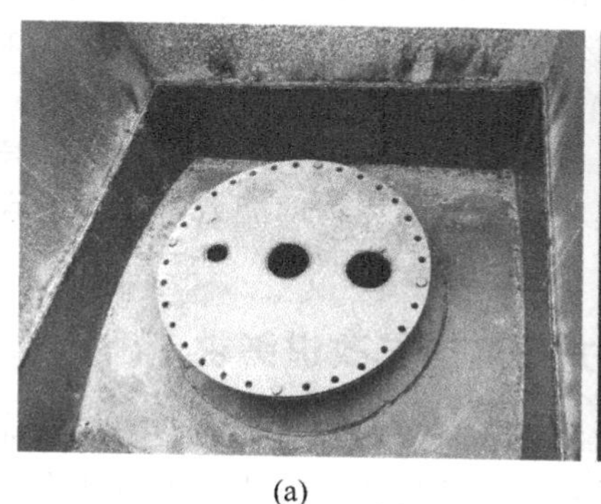

(a)

(b)

图 6-11 加油站埋地油罐人孔俯视及油泥图片

6.2.2 加油站油罐清洗的必要性和清洗时机

随着油品储存时间的延长，油罐底层油泥等污染物不断增多，严重影响罐内储存的油品质量；减少油罐的有效容积，降低使用效率；对油罐底部造成腐蚀。

安全生产要求必须对油品储罐进行定期检查维修和清洗除垢。早在 1993 年德国就要求石油储罐每隔 5 年必须检修一次。

我国石化行业通常规定在下列情况下需要进行油罐清洗：一是油罐清洗检修周期一般为 3～5 年；二是油罐改储另一类油品时，应进行清洗；三是油罐发生渗漏或者有其他损坏，需要进行倒空检查或动火修理之前，应进行清洗。

6.2.3 加油站油罐清洗的要求

6.2.3.1 安全要求

人工进罐操作，作业人员处在含有大量油气环境的密闭空间中，作业风险高、安全性差，需要采取严格的措施并符合安全作业规程。

国家和行业部门都制定了越来越苛刻的相关安全法规，包括对在密闭空间、闪爆环境、有毒环境下作业的限制规定。尽管如此，每年还会因进罐作业人员疏忽，违反安全操作规程，造成闪爆闪燃事故和人员窒息伤亡事故。

因此，从 2017 年开始，各大石油公司已全部采用机械清洗方式替代人员进罐的清洗作业方式。

6.2.3.2 环保要求

油罐底泥中富含有机物，其成分十分复杂，不能直接排放处置。国家环保总局早在 1998 年就明文规定，含油污泥和含各种污染物的污油属于危险废物；各地方环保局随之提出对这类危险废物的污染防治专项整治工作的要求，规定油罐底泥属于危险废物，必须妥善处理油罐底泥。

另外，人工清洗油罐的过程中会向周围环境排放大量 VOC（挥发性有机物）油气，不仅造成对大气的污染，而且严重影响加油站周边居民的人身安全和身体健康。

为满足上述环保方面的法规要求，对清洗油罐提出了新的要求，不仅要将油罐清洗干净，还要在清洗过程中具备收集和处理危险废物的能力，减少危险废物的直接排放。

6.2.4 传统加油站油罐清洗的方法及工艺改进需求

目前，国内对于一些小容量储油罐及沉积物较少的轻质油料储罐，如炼厂油库、成品油库油罐以及加油站油罐，均采用人工清洗作业方式。由清洗作业人员在抽完残液后戴呼吸器直接下到油罐内部，采用人工方式将油罐内部的污染物清理干净，通常需要 2h 左右。

在作业过程中，清洗作业人员完全处于爆炸性有毒气体的环境中，作业安全性差；且作业过程必须采取间歇式进罐工作方式，工作效率低下。在清洗作业完成后，油罐内仍然充满爆炸性有毒气体，后续的检查作业仍需戴呼吸器进行。后续如果油罐需进行动火作业，还需要采用长时间强制通风的办法，待油气完全挥发后再进行。

近年来，国内各大石油零售公司对加油站油罐清洗技术和工艺的要求在不断提高，纷纷制订了企业标准的油罐清洗安全技术规程，主要表现在用机械清洗方式替代传统的人工清洗方式。其主要诉求表现在以下几个方面：

（1）缩短清洗时间；

（2）提高清洗效率；

（3）改善作业条件；

（4）降低作业风险；

（5）满足法规要求。

清洗时间决定了加油站的停业时间，缩短清洗作业时间显得非常重要。目前的机械清洗技术大多都能不同程度地满足上述要求。

6.2.5 加油站油罐清洗国内外对比

6.2.5.1 国外现状

国外针对油罐清洗进行了大规模的技术研究和设备开发，并制定了严格的法规。其油罐清洗工艺具有模块化、自动化、密闭化、专业化及便捷化等特点。

(1) 国外清洗方法　从美国石油学会（API）标准的内容来看，国外针对油罐清洗主要采用伴热软化、蒸汽吹扫、加添加剂、热水/油洗刷、三维水射流等方式对罐内不易清除的残留沉淀物进行清除，并采用机械通风、蒸汽通风、自然通风等多种通风置换方式对罐内的混合气体进行清除，在保证油罐彻底清洗干净的基础上，确保进罐检查人员的人身安全。

(2) 国外技术规范　国外针对油罐清洗的技术规范标准有 API STD 1631-2001、API STD 2015-2001、API RP 2016-2001、ANSI/NFPA 326-2010 等。API 以及 NFPA 的相关标准对储油罐的油罐清洗流程、选用设备及安全技术指标都有明确规定，尤其是 API STD 1631-2001 是专门针对埋地油罐制定的清洗技术标准，参考性很高。

(3) 国外成熟技术　水射流技术在国外应用的范围比较广，美国、英国、德国、日本等发达国家在清洗行业广泛应用水射流技术，对储油罐的油罐清洗流程、选用设备及安全技术指标都有明确规定。

采用机械通风、蒸汽通风、自然通风等多种通风置换方式对罐内混合气体进行清除，可在保证油罐彻底清洗干净的基础上，确保进罐检查人员的人身安全。例如，船舱清洗、储油罐内壁清洗、铁路罐车清洗等都广泛采用水射流清洗方法。

很多国家的水射流清洗技术与设备都很先进和成熟，如丹麦泰福德（Toftejory）技术公司研制的自动清罐及油泥综合处理系统（BLABO）、日本大凤工业株式会社研制的 COW 清洗系统、丹麦 ORECO 公司的 MoClean® 油罐清洗系统。

6.2.5.2 国内现状

与发达国家相比，我国石化行业的油罐清洗技术起步较晚、发展缓慢，较长时间停留在主要以人工清洗油罐的阶段。近年来，我们也在不断进行油罐自动清洗技术的国产化探索，开发了具有我国自主技术产权的多种油罐机械清洗成套设备。

(1) 国内清洗方法　国内现有的油罐清洗方法有蒸汽熏蒸和水射流清洗。

蒸汽熏蒸清洗是先将蒸汽管道通入待清洗油罐内，利用蒸汽的热能加热油罐内壁，使附着在油罐内壁上的残余物料挥发并排出，然后操作工再下到罐车内检查，最后通入热风烘干，达到清洗油罐内壁的目的。

水射流清洗是先采用增压泵将新鲜水加压到 0.8～1.6MPa，通过清洗机对油罐内壁进行清洗，使油罐内壁的附着物大部分随污水一起排放，然后经气体置换，操作工对油罐内进行检查，最后通入热风烘干，达到清洗油罐内壁的目的。

（2）国内技术规范　国内对油罐的清洗主要按照石油企业专用标准的规定执行，如中国石油标准 SY/T 6696 — 2014《储罐机械清洗作业规范》、中国石化标准 NB/SH/T 0164 — 2019《石油及相关产品包装、储运及交货验收规则》、中国石化标准 Q/SH 0519—2013《成品油罐清洗安全技术规程》、北京市地标 DB11-754-2010《石油储罐机械化清洗施工安全规范》、中国工业清洗协会团体标准 T/QX 005—2021《加油站油罐机械清洗作业规范》、国家环保总局颁布的 GB 8978—1996《污水综合排放标准》等。

（3）国内成熟技术　随着一些国外石油公司在国内开展油品零售运营业务，其高标准的管理要求对国内加油站油罐清洗技术和设备提出了挑战。国内加油站埋地储罐已经有了成熟的机械化清洗技术。

6.2.6 加油站油罐清洗发展趋势及市场前景

随着油罐清洗要求的提高，清洗技术得到了不断完善和进化，对不同条件的油罐，可以采取不同的清洗方法。我国的油罐清洗方式正由传统的人工清洗逐步实现机械化清洗。

随着人们健康意识的提高和行业法规的健全，对机械清洗油罐的设备和工艺要求也在不断提高，因此有必要开发性能更优异的智能化机械清洗油罐的方法。

在水射流技术、油泥分离技术和综合安全技术日益完善以及电子自控技术早已成熟的基础上，作业安全、对环境友好、经济高效的系统化自动清洗技术自然诞生。这些技术的共同特点是：清罐作业自动化、流程化，油泥清出和分离自动化，油泥彻底无害化和资源化。

据 2015 年统计，我国加油站总数达 95000 多座，见图 6-12；埋地油罐数量达到近 40 万个，埋地油罐清洗市场十分广阔。

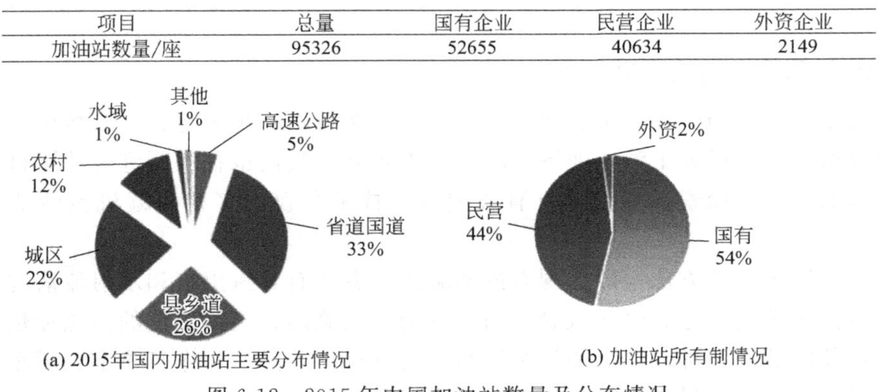

项目	总量	国有企业	民营企业	外资企业
加油站数量/座	95326	52655	40634	2149

(a) 2015年国内加油站主要分布情况　　(b) 加油站所有制情况

图 6-12　2015 年中国加油站数量及分布情况

6.3 加油站油罐清洗技术和适用性比较

6.3.1 人工清洗

人工清洗是指通过人工作业对油罐内壁及罐底的黏着物进行清理。在油罐排出残液或经过一定预处理后由作业人员进入罐内，通过使用清洁剂、刷子等清洁工具进行人工清理油罐的工作。

人工洗刷罐壁的过程中，罐内作业人员暴露在残留一定油气浓度的环境中，可能存在人员中毒和闪爆等安全隐患。

这种方法一般作业时间较长，因为需要人工挖出的淤渣量较大，因而劳动强度大，劳力需求多，花费的时间和资金也多。

6.3.2 蒸汽蒸洗

蒸汽蒸洗也是一种人工清洗方法，它是将蒸汽通入待清洗油罐内，利用蒸汽的热能加热油罐内壁，使附着在油罐内壁上的残余物料脱落、挥发；熏蒸完毕后由清洗工进入到油罐内，用专用刷子蘸清洗剂刷洗内壁，并用清水冲刷，然后扫除残渣通入热风烘干，达到清洗油罐内壁的目的。该清洗方法具有以下特点：

（1）蒸汽加热时间长，通常需 2～3h，蒸汽消耗量大；

（2）蒸汽蒸出的有害物直接排入大气，对环境造成污染，难以处理；

（3）清洗效率低；

（4）劳动强度大，有毒介质易危害操作人员的身体，安全事故较多。

目前，国内绝大多数老式洗罐站、铁路罐车都采用蒸汽蒸洗的方法进行清洗。但是随着人们环保意识的不断提高，有关环保方面的法律、法规要求越来越严，这种清洗方法明显不适应环保要求。另外，加油站通常都在城市中心或近郊，配套设施有限，如果采用蒸汽蒸洗方式，还会受到蒸汽来源限制；同时蒸汽蒸洗油罐会挥发出大量的有害物质，加油站无法就地处理含油水蒸气，容易对周围环境造成污染，并对操作工和周围居民的健康造成危害。因此，此方法对加油站油罐清洗不是很适用。

6.3.3 机械清洗

机械清洗主要包括热水（油）循环法、COW 原油清洗法、高压水射流法以及低压水射流法等方法。

6.3.3.1 热水（油）循环法

热水循环法是指通过指定管道向罐内输水（同时可向水中添加适量能够促进

附着在油罐内壁的沉积物溶解的添加剂），然后启动油罐搅拌器并利用罐内蒸汽管线加热；加热到一定温度后，启用与输水管道相连的循环系统，使输向罐内的水不断循环。

经过一定时间的循环，可以通过对罐内洗罐废水的取样检测来确定是否达到了预期洗罐的效果；然后将从残渣中溶解出来的油品进行油水分离，得到的油品再次回收。达到预期效果后，将罐内的水排净，人工清除淤渣，并加热烘干油罐。

热油循环法与热水循环法相似，只是加热介质不同。

对于较大型的储油单位，由于热水（油）循环法效率和油品回收率高，可提高企业的经济效益。这种方法需加入大量热水（油），因此消耗的热能较大，资源消耗较大。在加油站或规模较小的油库，由于没有足够的空间对水循环系统进行布置，且不能提供足够的供热资源，因此不适合这种清洗方法。

6.3.3.2 COW原油清洗法

原油清洗（crude oil washing，COW）系统是用临时敷设的管道将清洗装置与清洗油罐以及供给清洁原油的油罐连接在一起，用设置在清洗油罐上的清洗机将清洗介质喷射到待清洗油罐内表面，对油罐内表面的附着物进行冲洗，用抽取系统抽取溶解的淤渣，过滤后再将其送回清洁油罐中。原油清洗完成之后，再用温水进行循环清洗，通过油水分离器将原油回收。水洗完成后，打开罐壁人孔通风，最后进行人工清扫。

其主要有以下技术特点：一是有机物回收率高，综合经济效益明显；二是清洗工期短，效率高，且不受天气等环境因素的影响；三是由于其采用无需人员进罐的全封闭清洗，排除了作业人员的不安全因素，保证了工人健康要求及环保要求；四是无环境污染，此方法不向外排放污油，而是把有机沉积物复原成标准质量的原油并回收，通过油泥搅拌均质化、油泥分解、油品回收、固液分离过滤及油水分离过程，做到了对油泥环保处理及高效利用；五是清洗效果好，通过COW中三维立体的喷射技术，消除了罐内清洗死角，真正达到了彻底清洗的目标。

虽然COW是一种“同种类油品、全封闭、机械自动循环”的物理清洗技术，效率极高，但需要考虑企业效益及该系统成本。由于其设备大、占地多、成本高，因此适合容积在10000m^{3}以上的大型或特大型原油罐及渣油罐的清洗。

6.3.3.3 高压水射流法

高压水射流法是一种将清水作为清洗液，用高压泵加压到10～35MPa，再通过喷嘴得到高压射流后对油罐内壁喷射来清洗储罐的方法。其通过高压清洗机上的高压喷嘴对油罐内壁的附着物及铁锈等进行打击、冲蚀、切割和铲除，将污垢清除，同时用真空泵将废水同步抽至污水罐。冲洗完毕后，操作工戴上呼吸器下到罐内，进行人工补洗并清扫残渣，再通入热风烘干。该清洗方法具有如下特点：操作工劳动强度低；清洗时间短，效率高；对操作人员的身体危害较小。除此之外，其清洗压力高，射流会产生刺激性噪声，且对罐体造成损伤；清洗用柱塞泵功率大，配用电动机功率达 75kW，耗电量较大；设备投资大，维护费用高。

6.3.3.4 低压水射流法

低压水射流法清洗是指通过加压泵将水加压到 0.8～1.6MPa，由具有三维球面旋转轨迹的集束射流洗罐器对油罐内壁进行冲洗，同时清洗产生的污水被真空抽吸系统同步抽出。低压水射流清洗技术具有如下特点：三维球面旋转式冲击清洗实现了罐体内壁 360°全覆盖，清洗无遗漏，效果好；清洗压力适中，对油罐母材不会造成损伤；清洗作业时间短，效率高，耗水量少，单罐清洗时间可控制在 12min 左右，单罐清洗作业可在 60min 内完成；作业用电功率不超过 20kW，耗电量小，满足加油站配电条件，同时符合节能降耗的发展要求；清洗污水实时处理循环回用，节约资源；劳动作业强度低，危害小；设备投资小，维护成本低。

6.3.3.5 高、低压射流比较

高压射流清洗主要表现为较高的液体压力。高压射流清洗对清洗设备的耐压要求高，绝大多数采用高压力、低流量，如人工清洗常用的高压清洗机，其清洗距离很小，需要人工操作；极少部分也采用高压力、高流量，但这一技术对装置本身及被清洗容器/储罐的构造强度要求非常高，投资也较大，应用范围比较小，只在一些换热器、反应釜、锅炉等清洗工程中使用。

而低压射流技术的压力和流量要求都比较适中，配套设备更通用。低压射流技术适用的领域也非常广，几乎可以满足各行各业的使用要求，特别适合对人体存在伤害的（如有毒、易燃易爆等）环境的清洗工作。

图 6-13 为高压射流（HP jet）和低压射流（LP jet）的射流冲击力与喷射距离的关系。

在较短的喷射距离内，高压喷射在罐壁上能产生更大的冲击力，但随着喷射距离的增加，高压喷嘴作用在罐壁上的冲击力会损失得非常快。在距离喷头 0.3m 处，流量为 250～5000L/min 的低压喷嘴产生的冲击力是流量为 75～125L/min 的高压喷嘴产生的冲击力的 100 倍。研究表明，冲击力差距产生的原因在于，高压喷嘴产生的液体动能被水柱周围的空气分子加速度吸收了。

结论：高压喷射系统在近距离（0.2m 以内）射流清洗应用上效率高，但在中到大型储罐内表面的长距离（大于 1m）喷射清洗应用时，如加油站埋地油罐、运输油罐车、原油储罐等，则采用低压射流清洗方法更为有效。

综上所述，低压水射流法清洗是加油站油罐清洗的最佳方案。因此，对于加油站及储存轻质油品的油罐，选择低压水射流法更合适。

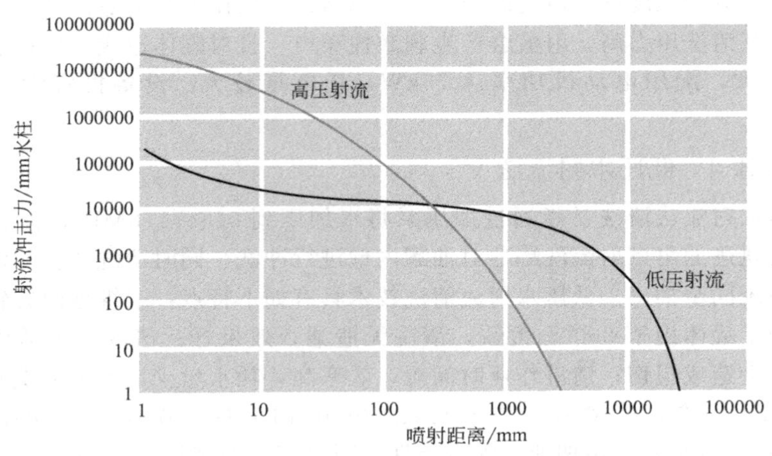

图 6-13　高压和低压射流冲击力与喷射距离的关系曲线

6.4　加油站油罐低压水射流清洗技术

6.4.1　低压水射流机械清洗工作原理

加油站油罐低压水射流清洗技术是指利用增压泵将清洗水增压到 0.8～1.6MPa，通过具有三维球面旋转轨迹的集束射流洗罐器对油罐内壁进行冲洗，同时清洗产生的污水被真空抽吸系统同步抽出。最后污水被油水分离系统、精密过滤系统等处理后循环使用，最终达到彻底清洗油罐内壁的目的。

低压水射流清洗技术具有如下特点：

（1）三维球面旋转式冲击清洗实现了罐体内壁 360°全覆盖，清洗无遗漏，效果好；

（2）清洗压力适中，对油罐母材不会造成损伤；

（3）清洗作业时间短，效率高，耗水量少，单罐清洗时间可控制在 12min 左右，单罐清洗作业可在 60min 内完成；

（4）作业用电功率不超过 20kW，耗电量小，满足加油站配电条件，同时符合节能降耗的发展要求；

（5）清洗污水实时处理循环回用，节约资源；

（6）劳动作业强度低，危害小；

（7）设备投资小，维护成本低。

其工艺原理见图 6-14。

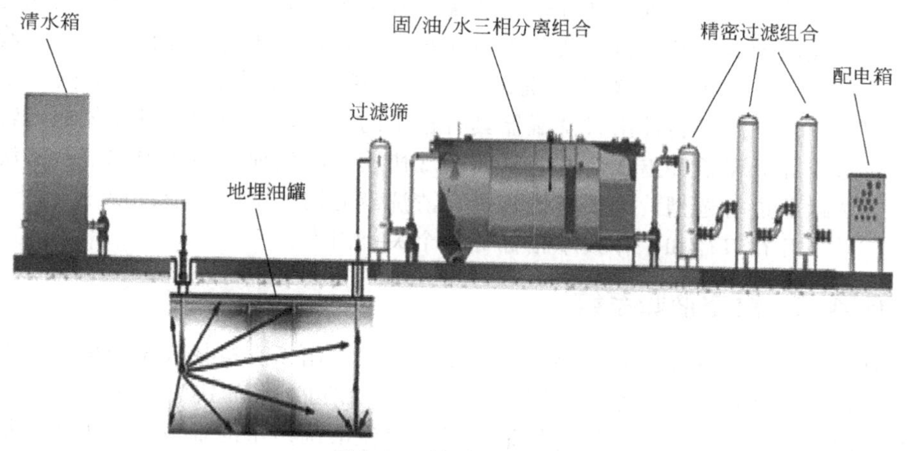

图 6-14　清洗工艺流程

6.4.2 低压水射流清洗系统

低压水射流清洗系统一般由清水箱、增压泵、三维旋转冲击式洗罐器及压力管线组成。

水射流清洗技术主要依据动量守恒定律$\left(F=m\dfrac{\Delta v}{\Delta t}\right)$，即运动流体短时间作用于物体表面而产生冲击力，从而对物体表面起到冲刷清洗的作用，也称为冲击清洗技术。

即采用一定流量和压力的液体产生集束的射流喷射到要清洗的表面，通过射流在冲击点上形成正向冲击力和向外辐射的切向力来完成清洗，如图 6-15 所示。

图 6-15　射流冲击示意图

水射流冲击力计算公式为：

$$F_p=\rho_w Q\sqrt{p_d\times 2/\rho_w}$$

式中，F_p 为冲击力；ρ_w 为水密度；Q 为清洗水流量；p_d 为液压力。

从上式可以看出，水射流冲击力 F_p 与流量 Q 及液压力 p_d 的平方根成正比，且流量的权重大于液压力的权重。因此，流量恰当与否将影响到冲击力的大小，从而影响清洗效果、清洗效率。

水射流冲击力大小的选择主要与罐壁脏污附着层能否被有效破坏有关。冲击力必须大于罐底积液处油垢物的黏附强度，小于罐内壁抗压强度。合适的水射流冲击力大小决定了压力和流量，进而决定了增压泵的选型。

三维旋转冲击式洗罐器是产生水射流的核心部件，因此洗罐器的型号选择、运行条件至关重要。三维旋转冲击式洗罐器多采用机械齿轮结构，驱动方式为流体、气动或电动等。其运行方式多为喷嘴水平旋转，主体垂直旋转，这两个旋转的结合形成了360°无死角覆盖。洗罐器特定旋转速度的设计为射流提供了合理的驻留时间。三维旋转冲击式洗罐器具有稳定的速度，精确的、可重复的运转轨迹，可形成球面覆盖冲击式清洗，从而实现快速、高效地对油罐内部进行清洗。

对洗罐器进行选型，主要考虑构造、清洗液适用范围、易损件使用寿命、泄漏率、最小开孔口径和工作技术指标等六个关键因素。

6.4.3 真空抽吸系统

真空抽吸系统的作用是抽吸清洗产生的污水。用于真空抽吸系统的设备有多种类型选择，如自吸抽污泵、隔膜泵（电动或气动）、水环式真空泵、旋片式真空泵、凸轮转子真空泵等。针对埋地油罐水射流清洗污水的抽吸，要求用于抽吸的真空系统具有不低于5m的吸程，抽吸流量应能够实时抽出污水，避免罐底产生积水影响水射流的清洗效果。

真空抽吸系统的设备配置中，可在抽吸系统入口前端加装粗过滤装置，对抽吸上来的污水中的大颗粒杂质进行预过滤。如果条件满足，可对真空抽吸系统配备变频控制器实现灵活控制。例如，真空抽吸系统的启动采用低频方式，减少启动时对电网负荷的冲击；油罐内污水多时用工频进行抽吸，满足大流量抽吸要求；对罐内底部进行扫舱时，采用低频方式，减少真空抽吸系统的磨损。综上所述，变频控制器的配备一方面能尽可能地降低整个抽吸系统的工作能耗，另一方面也可减少磨损，延长设备使用寿命。同时，也降低了因设备振动而产生的噪声。真空抽吸系统工艺流程见图6-16。

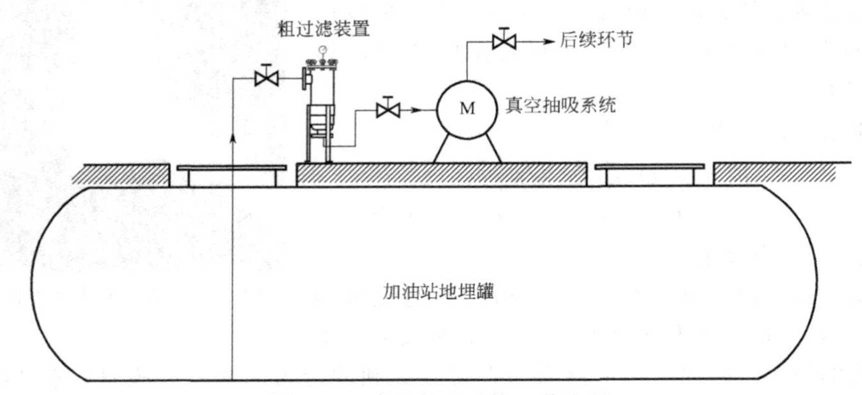

图6-16　真空抽吸系统工艺流程

6.4.4 电气控制系统

电气控制系统是指由若干电气元件组合，用于实现对某个或某些对象的控制，从而保证被控设备安全、可靠运行的系统。电气控制系统的主要功能有：自动控制、保护、监视和测量。加油站油罐清罐作业是一项高度危险的作业，清罐作业过程中所涉及的电力设施设备必须符合《石油工业防静电推荐做法》和《爆炸性气体环境用电气设备》等标准规范的要求，电气控制系统应采用防爆式设计。

电气控制系统可分为监视部分和控制部分，由人机界面、可编程控制器 PLC、液位传感器、电磁阀、流量计、低压电器等组成，见图 6-17。

（1）监视对象含水泵、流量、液位、洗罐器、阀门等状态，可通过人机界面实时显示各个数据。

（2）控制对象含水泵、阀门、报警灯等。

（3）控制功能如下：

① 水箱通过液位开关的状态自动开启/关闭进水阀，实现加水自动化。

② 水泵的运行时间、停止时间等可由人工设定。水泵的运行状态可受液位状态控制，如低液位自动停止水泵。

③ 可在人机界面人工选择清洗方式，自动切换对应的阀门，减少人工操作成本。

④ 实时监测洗罐器的运行情况，出现故障报警提示。

⑤ 各种互锁保护报警功能等。

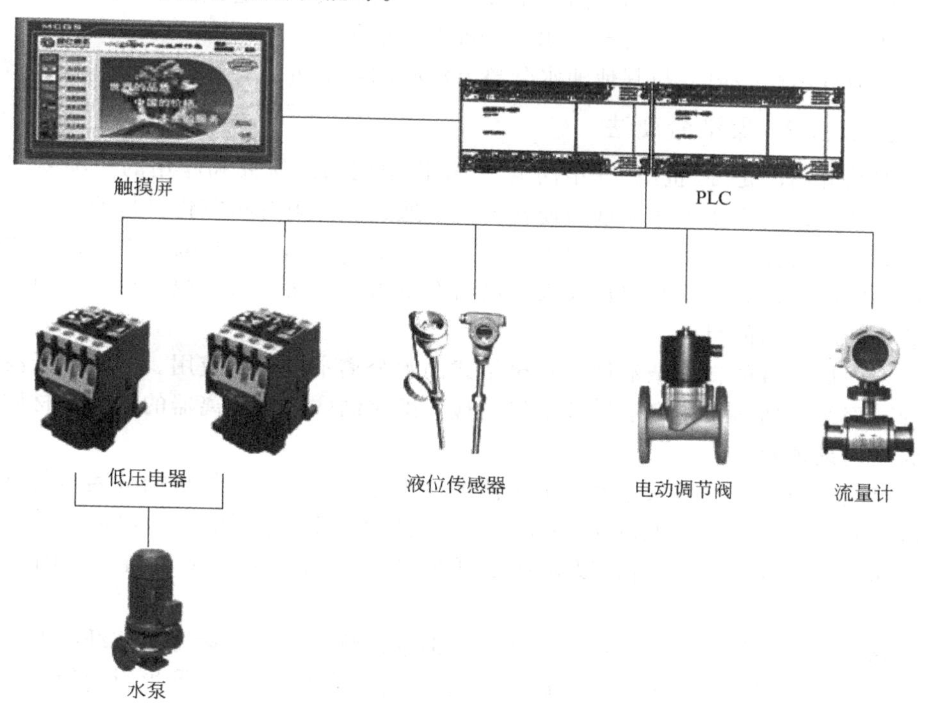

图 6-17　电气控制系统图示

6.4.5 油水分离系统

油水分离系统的主要作用是对真空抽吸系统抽吸上来的含油污水进行处理，从而达到清洗水循环回用的目的。含油污水的处理方法很多，各有优势和不足，不同的处理方法在其适用的范围内使用才能达到良好的效果。由于油污水成分复杂，油含量、存在形式等具有多样性，因此在处理时需要具体对待。仅仅用单一方法处理，较难达到排放要求，通常采用几种方法组合形成多级处理，以达到满意的分离效果。目前常见的油水分离方法有重力分离法、离心分离法、聚结分离法、电解分离法和气浮分离法等。由于重力分离法具有较强的经济实用性，在工业应用中最为常见。

6.4.5.1 重力分离法

重力分离法是比较典型的初级处理方法，是利用油和水的密度差及油和水的不相溶性，在静止或流动状态下，通过重力作用实现油珠、悬浮物与水的分离。分散在水中的油珠在浮力作用下缓慢浮升、分层，悬浮物、固体颗粒在重力作用下缓慢沉降。油珠浮升和固体颗粒沉降的速度取决于颗粒大小、密度差、流动状态以及流体的黏度，其关系可用斯托克斯（Stokes）和牛顿（Newton）等定律来描述。

优点：对浮油和分散油分离效果较好；分离量大，普适性强。

缺点：分离时间长，占地面积大，难以连续化。

重力分离法一般要与其他油水分离方法联用，方可达到较好的分离效果。

6.4.5.2 聚结分离法

聚结分离法是20世纪50年代至70年代中期国外研究和应用的一项新型油水分离技术。其主要工作原理是使含油污水通过一种填有粗粒化材料的装置，在润湿聚结、碰撞聚结、截留、附着等联合作用下，油滴被材料捕获而停留在滤层表面的空隙内，并且不断聚集长大，最后在重力和水流推力下脱离材料表面而上浮达到油水分离的目的。

聚丙烯具有的良好亲油性，在聚结式油水分离中被广泛应用。同时基于浅池原理，聚结分离多采用多层波纹形聚结板。即聚结式油水分离器的聚结板材质通常为聚丙烯塑料。

目前，市面上很多采用聚结分离法的油水分离器使用两级聚结分离填料进行分段级联工作。如美国 Highland Tank 公司的 R-HTC 系列油水分离器，采用波纹板作为第一级分离填料，以高密度纤维网作为第二级聚结填料，如图 6-18 所示。

这种方式虽然改善了一些分离效果，但悬浮物会迅速地堵塞聚结纤维网，因此，经常要清理聚结纤维网，维护或更换成本高，而且这种纤维填料的使用寿命也较短。

国内一些公司也采用了改性纤维球作为聚结填料，利用水和油对所选粗粒化材料微表面润湿角和表面张力的不同，使微小的油颗粒可以在材料的表面聚合长大，然后脱离其表面上浮，从而实现油水分离的目的，见图 6-19。但固体悬浮物也会很快堵塞纤维球，所以使用寿命较短。

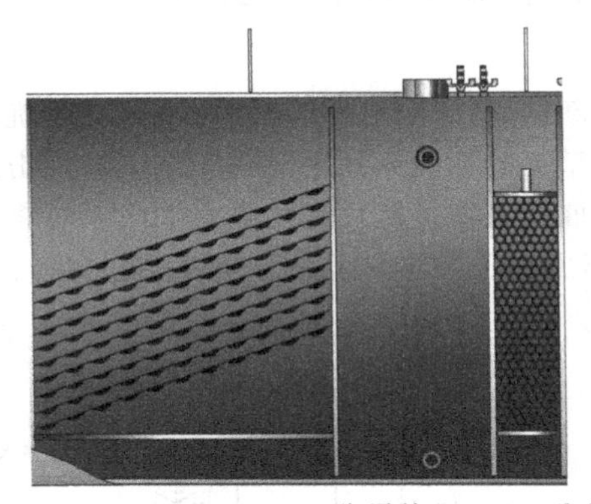

图 6-18　Highland Tank 公司的 R-HTC 系列

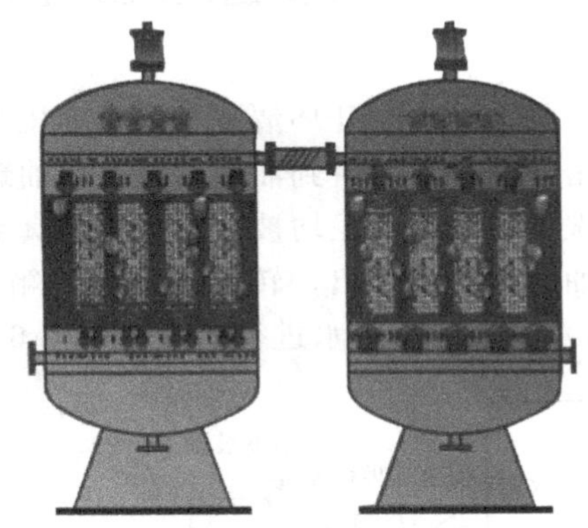

图 6-19　纤维球聚结填料油水分离原理

6.4.5.3　重力/聚结结合分离法

重力/聚结结合分离法是将重力分离法与聚结分离法结合在一起的技术。选择比表面积大、不易造成堵塞的聚结填料是该项技术的关键，从而可提高油水分离的效率和能力，达到降低维护成本、连续化工作的目的。

目前，我国市场上有一些能提供这种油水分离器的厂商，但要选择满意的油水分离器，需要综合下列几点：

（1）一体化紧凑的油水分离结构设计，设备占地面积小；

（2）结合聚结分离技术和重力分离技术，可有效去除污水中的油和固体颗粒；

（3）聚结填料不会被堵塞，能连续不间断地工作，使用寿命长，减少因填料堵塞而废弃的二次污染；

（4）设备维护简单，运行成本低。

6.4.6　精密过滤系统

针对水射流冲击式清洗油罐的污水处理，由于清洗后含油污水中存在大量的溶解油和机械乳化油成分，污水经过高效的油水分离器处理之后，还需要对乳化的油包水和水包油小颗粒（包含油滴、悬浮物和微生物等）进行多步骤的过滤分离处理。

精密过滤系统的主要作用就是对经过油水分离系统处理的含油污水进行进一步的精密处理。在国内外污水处理设备中，过滤器的品种繁多，性能参差不齐，用途也多样化，典型的有篮式过滤器、袋式过滤器、芯式过滤器、机械（离心、旋流等）过滤器、介质（石英砂、活性炭、黏土等）过滤器，通常都需要采用多级过滤级联的工艺方式进行系统设计。

6.5 加油站油罐开环系统清洗作业流程

加油站油罐开环清洗是采用增压泵将新鲜水加压到一定压力，通过三维旋转冲击式洗罐器喷射到油罐内壁，对油罐内壁上的油泥、污垢进行三维旋转冲击式清洗；污垢和油泥均被冲刷为容易真空抽取的溶液，然后利用真空抽吸系统将罐内油污水同步抽出，转移到污水（箱）车上，完成油罐清洗，最后统一对污水（箱）车上的油污水进行处理，见图6-20。

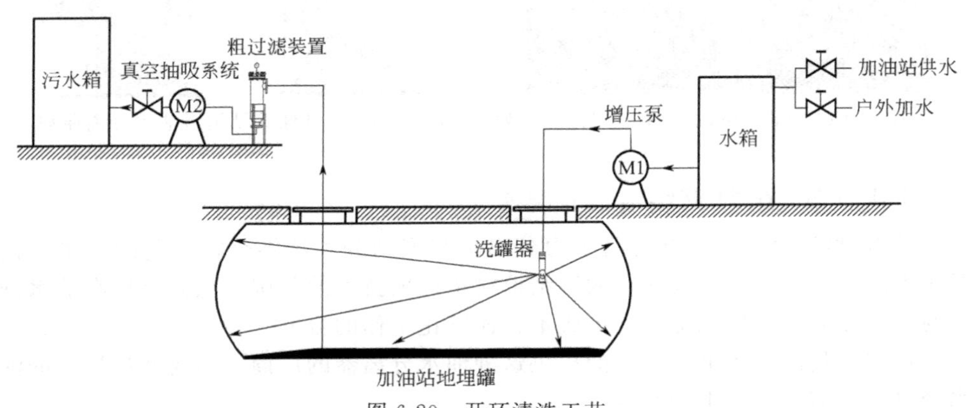

图6-20 开环清洗工艺

加油站油罐开环清洗设备按功能划分，主要有低压水射流清洗系统、真空抽吸系统和电气控制系统等。开环系统清洗作业流程如下：

（1）作业人员的现场安全培训和考核；

（2）检查安全措施、人员装备、气体检测仪、防爆工具等；

（3）检查车辆、设备及洗罐器与油罐区地线连接是否良好；

（4）油罐清洗作业前，加油站应将罐内的油品转移到其他储油罐或者油罐车上；

（5）拆除人孔法兰盘上连接的设备（如潜油泵、液位仪探棒等）；

（6）向罐内注入氮气，达到安全标准后，拆除大法兰；

（7）使用专用抽油泵抽出罐底残余油品至污油箱，油泥至污泥桶，以降低油品清罐损耗并缩短清洗时间；

（8）将三维旋转冲击式洗罐器插入到油罐的人孔内，上下移动连接立管，调节洗罐器到最佳位置，同时也将真空抽吸系统的抽水软管通过人孔插入到油罐底部；

(9) 开启增压泵，加压的水流驱动洗罐器进行三维旋转式冲击清洗；

(10) 清洗开始一段时间后，开启真空抽吸系统，抽取油罐内的污水（一边清洗，一边抽吸污水，送到污水箱或污水车上）；

(11) 洗罐器运转一个清洗周期后可停止，真空抽吸系统继续将罐内的污水抽吸干净；

(12) 检查合格后，恢复法兰盘及连接设备，完成油罐清洗。

6.6 加油站油罐循环系统清洗作业流程

采用开环系统清洗作业的低压水射流清洗系统，没有对含有大量石油类物质（通常大于1000mg/L）的油罐清洗污水进行处理，这种污水不仅因含有易燃易爆物质不能循环回用，而且远远不符合生态环境部的综合污水排放标准，不能直接排放。因受设备中污水储存容器的容量限制，当清洗4～6个油罐后，该系统需要停止工作，及时将污水送往专业危险固体废物处理机构进行有偿处置。开环系统存在以下缺点：

(1) 系统设备中需要设置较大的清水和污水储存容器，设备尺寸和重量都较大；

(2) 需要支付运输费用和较大量的油污水处理费用；

(3) 只能间歇工作，工作效率和产能都较低。

为了解决清洗污水循环回用和达标排放问题，可采用新型低压水射流油罐循环清洗技术。这种清洗技术属于闭环工作方式，可满足连续不间断的清洗需求，极大地提高了工作效率和收益。

循环系统清洗油罐是在开环系统清洗油罐的基础上进行完善改进，通过真空抽吸系统抽吸上来的污水并不是直接导入污水箱，而是被推送到油水分离系统，使浮油、分散油和机械乳化油得到分离，同时固体颗粒和包含在乳化油里的颗粒也得到了分离，最后通过精密过滤系统对微小颗粒和微小油滴进行深度处理，使出水水质满足油罐清洗使用要求，实现循环回用，见图6-21。

加油站油罐循环清洗是在开环清洗的基础上增加了清洗污水的分离和处理装置。该系统主要由低压水射流清洗系统、真空抽吸系统、油水分离系统、精密过滤系统和电气控制系统等部分组成。循环系统清洗作业流程如下：

(1) 作业人员的现场安全培训和考核；

(2) 检查安全措施、人员装备、气体检测仪、防爆工具等；

(3) 检查车辆、设备及洗罐器与油罐区地线连接是否良好；

(4) 油罐清洗作业前，加油站应将罐内的油品转移到其他储油罐或者油罐车上；

(5) 拆除人孔法兰盘上连接的设备（如潜油泵、液位仪探棒等）；

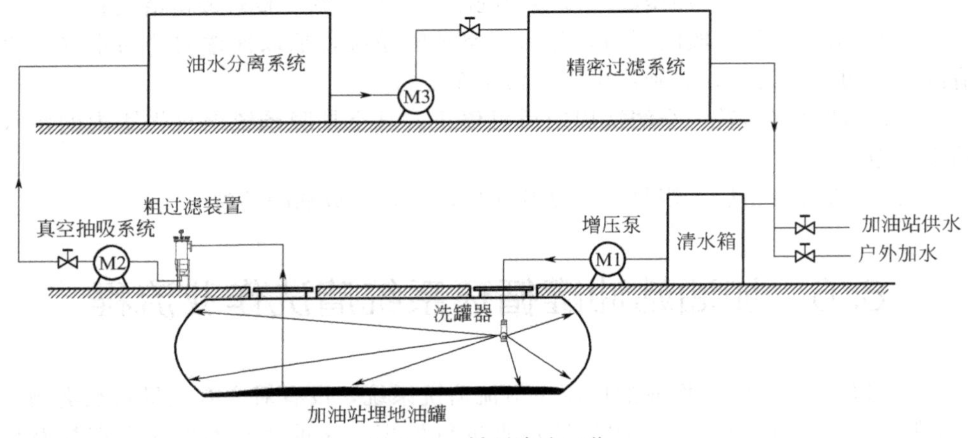

图 6-21　循环清洗工艺

（6）向罐内注入氮气，达到安全标准后，拆除大法兰；

（7）使用专用抽油泵抽出罐底残余油品至污油箱，油泥至污泥桶，以降低油品清罐损耗并缩短清洗时间；

（8）将三维旋转冲击式洗罐器插入到油罐的人孔内，上下移动连接立管，调节洗罐器到最佳位置，同时也将真空抽吸系统的抽水软管通过人孔插入到油罐底部；

（9）开启增压泵，加压的水流驱动洗罐器进行三维旋转式冲击清洗；

（10）清洗开始一段时间后，开启真空抽吸系统，抽取油罐内的污水，一边清洗，一边抽吸污油水（使用真空抽吸系统将污水送到后续水处理系统、油水分离系统、精密过滤系统对污水进行处理，将处理后的循环水送回清水箱作清洗用）；

（11）洗罐器运转一个清洗周期后即可停止，真空抽吸系统继续将罐内的污水抽吸干净；

（12）检查合格后，恢复法兰盘及连接设备，完成油罐清洗。

第 7 章

储罐化学清洗技术

7.1 储罐化学清洗的目的和要求

对于新建储罐来说其清洗意义主要是：缩短建设周期，节约建设费用，满足生产工艺要求，保证装置安全、稳定、高效、长周期运行。对于清洗要求则随工艺要求不同而有所侧重。如高压氧气储罐的清洗要求是除去设备内的油脂或锈蚀等污染物质，重点是除去设备内的油脂，避免投用后油脂和可移动的颗粒引起燃烧、爆炸事故；丁二烯储罐中铁锈的存在会导致生成聚合物，清洗要求的重点在于完全彻底地去除管道内的锈蚀产物、焊渣并形成完整的钝化膜；双氧水装置中的储罐由于游离重金属离子和杂质会导致双氧水分解，清洗要求的重点是洗净后的钝化膜要完整致密；生产催化剂和使用催化装置中（如聚丙烯、高密度聚乙烯、线性低密度聚乙烯等）的储罐由于某些催化剂会受到有机物、重金属离子、不饱和键、水等的污染失去活性，清洗要求的重点是完全彻底地脱脂、除锈并形成完整的钝化膜，钝化用的药剂也应尽量不含有不饱和键和会引起催化剂中毒的物质；蒸汽发生系统的高压汽包产生的超高压蒸汽输送至透平压缩机系统，如果汽包内夹带异物（如焊渣、锈皮、细小沙砾等），含有颗粒异物的蒸汽会对高速旋转的透平产生冲击，破坏透平的叶片，因此清洗的重点在于酸洗过程要彻底、完全，彻底清除掉颗粒异物，使蒸汽能够满足透平的使用要求；在一些特殊的装置（如多晶硅、有机硅装置）中储罐的清洗钝化会提高材质的耐蚀程度，减少杂质进入产品的机会，从而提高产品的纯度。

7.2 储罐化学清洗技术

储罐的化学清洗分为浸泡清洗及充满循环清洗、喷淋循环清洗三种方式，最常见的清洗方式为喷淋循环清洗。

7.2.1 浸泡清洗方式

首先在清洗箱中配制好化学药剂，通过清洗泵打入储罐中，化学药剂充满储罐；然后最高点排空出液时，停止进液，开始浸泡清洗；清洗结束后，将化学药剂排出，在清洗箱中加水，将水打入储罐，使储罐内的化学药剂彻底置换；最后用压缩空气将储罐吹干，见图 7-1。

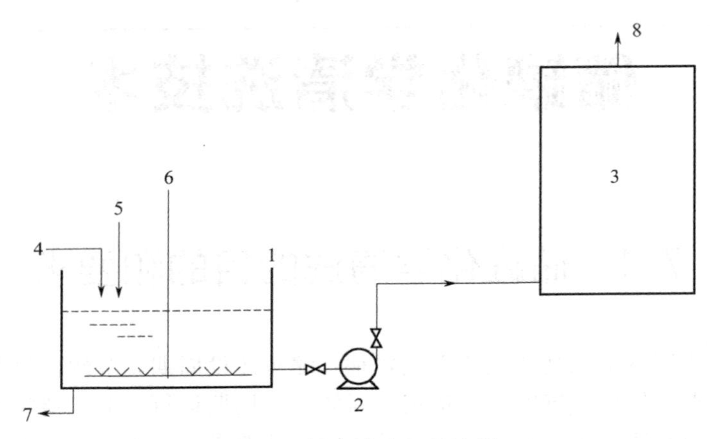

图 7-1　浸泡清洗工艺流程

1—清洗液箱；2—清洗泵；3—被清洗储罐；4—水；5—清洗药剂；6—加热器；7—排污；8—排空

浸泡清洗也可通过鼓氮气、压缩空气、蒸汽等的方式来进行搅拌。其适用于小型储罐及设备压力为常压操作，不适用循环清洗的系统。

7.2.2　充满循环清洗方式

用该方式清洗时设备中充满清洗溶液，用泵循环，使液体流动通过所要清洗的储罐，见图 7-2。

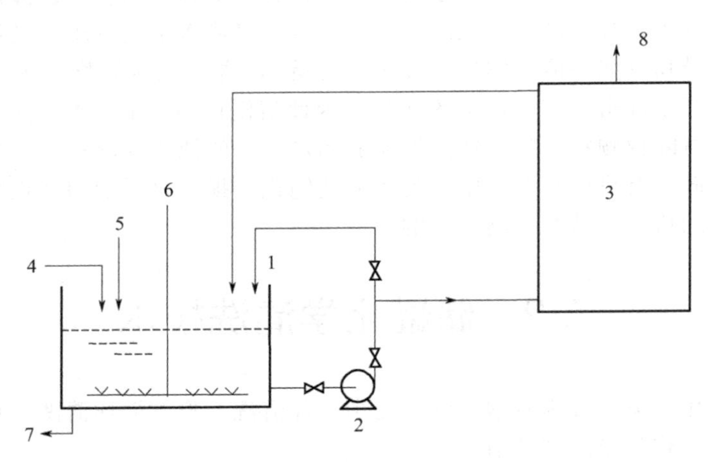

图 7-2　循环清洗系统

1—清洗液箱；2—清洗泵；3—被清洗储罐；4—水；5—清洗药剂；6—加热器；7—排污；8—排空

充满循环清洗具有以下优点：能够达到需要清洗的所有表面（除清洗时气体无法排除的部位）；能够用来清洗较复杂的被清洗系统；能保持一定的温度和浓度；能取得代表性的清洗溶液样品；便于控制清洗过程；可以正反向循环，有助于清除疏松不溶的垢层。

在充满循环清洗中要注意以下事项：

(1) 清洗液的进液管和回液管应有足够的流通截面积，保证清洗液的流量；设计的各清洗循环回路要尽可能均衡合理、便于控制、无清洗死角，保证所有的工艺操作都能按规定方便地进行。清洗用泵站的压力与流量能满足工艺要求。

(2) 一般采用低点进液、高点回液的循环工艺流程。在高点设置排气孔，以防止因产生气阻而使清洗液不能充满系统；在低点设置导淋排污点，以排净残液及沉积物。

(3) 用泵将配制好的清洗液打入系统中，当有清洗液返回时，通过放空和导淋检查清洗液是否充满；确定充满后，用泵进行循环清洗，并定期正反向切换。在循环过程中每隔一定时间进行排污和放空，以避免产生气阻和导淋堵塞，影响清洗效果。

(4) 当清洗液的温度不同于环境温度时，可定时检查各清洗循环回路的温度，以确定各清洗循环回路中的循环是否良好。

(5) 要定时巡查管线及被清洗设备，以便及时发现渗漏并进行有效处理。

(6) 当被清洗系统中有低压或常压设备时，清洗循环中应控制该设备所承受的压力小于其耐压实验压力。

(7) 计算整个储罐的体积与表面积之比，估算清洗液的除锈溶垢能力是否能满足清洗的要求，相应地准备清洗用原材料。

其适用范围为：小型储罐（200m^3 以下）；内部构件复杂，采用喷淋循环清洗内件无法达到要求的储罐清洗；储罐的附属管线无法拆除的储罐清洗；对清洗温度有要求的储罐清洗［喷淋循环清洗高温（70～80℃）很难达到］。

7.2.3 喷淋循环清洗方式

喷淋循环清洗方式是储罐化学清洗最常用的清洗方式。它是根据设备结构特点制作喷淋器将清洗液喷射到需要清洗的储罐表面，从而达到清洗的目的，见图 7-3。

喷淋循环清洗是一种省工省料的清洗方式，它能用较少的清洗液来清洗较大体积的设备，使得大体积（上万立方米）的储罐等进行化学清洗成为一种可能。喷淋循环清洗具有被清洗设备不承压、清洗过程简洁直观、用水量小、原材料用量少、产生的废液少、清洗液循环快、有害离子浓度高、容器底部清洗效果较差等特点。在喷淋循环清洗中要注意以下事项：

(1) 要仔细研究被清洗设备的构造，应根据被清洗设备的结构特点选用喷淋器，并事先确定喷淋器的安装方式、安装位置和固定方式。喷淋器就是用来将清

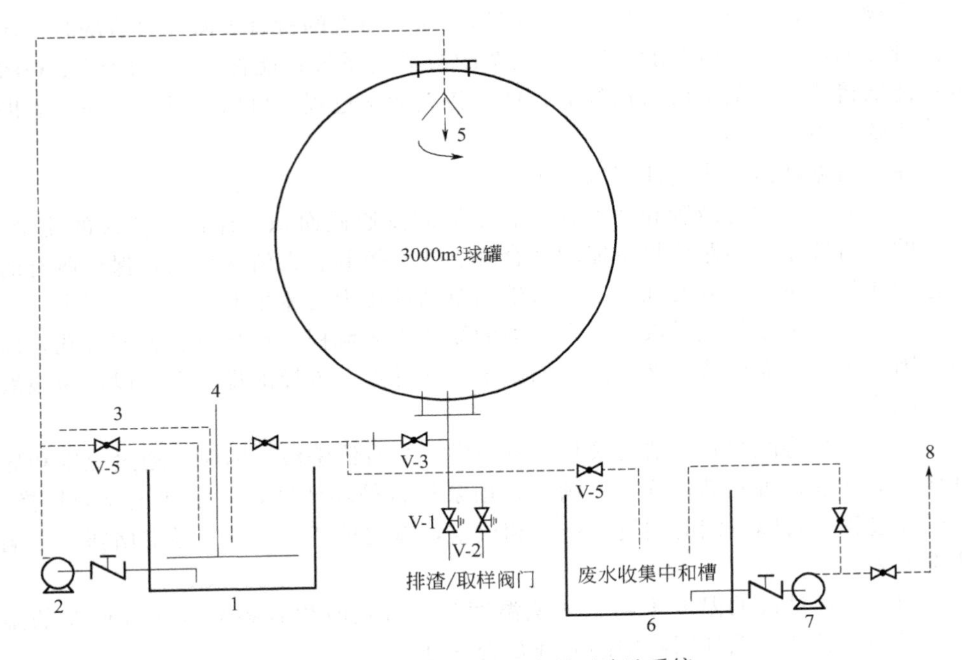

图 7-3 3000m^3 球罐喷淋循环清洗系统

1—清洗配液箱；2—清洗泵；3—水；4—加热器；

5—喷淋装置（洗舱机）；6—废水收集槽；7—排污泵；8—污水排放

洗液分配到所有被清洗表面的设备，是喷淋循环清洗的核心。根据被清洗设备的结构特点，其常被制成各种各样的形式，有多维旋转喷淋器（洗舱机）、环型喷淋器、棒型喷淋器、可旋转衣服架型喷淋器等。例如，卧式储罐的喷淋器一般是在 DN50 的 PPR 管上打孔，罐内通过法兰安装，并在罐内做支架支撑；对于 500～4000m^3 的球罐，可直接悬挂洗舱机（三维喷头）进行喷淋清洗；对于 5000～20000m^3 的圆柱形立式储罐，一般采用可旋转的衣服架式喷淋器或多点悬挂洗舱机的方式来进行喷淋清洗。

（2）喷淋器的流通截面应与清洗用泵的流通截面相匹配，多次使用的喷淋器应检查其流通截面积是否因清洗腐蚀变大而不能满足使用需求。

（3）喷淋清洗的循环回液是靠静压差，应设置足够量的回液管来进行回液，使清洗循环连续进行。

（4）根据污垢量，设计适当的体积表面比，确定清洗液的用量，准备清洗用原材料。

（5）在清洗前要用清水进行模拟清洗状态的试喷淋。试喷淋时要检查喷淋器的工作状态是否正常，所有的被清洗表面是否被清洗到，在预定的清洗液面高度时清洗循环能否稳定建立。

（6）在正式清洗前要对被清洗设备底部进行人工清理，清除浮渣；在清洗过程中要设法增大底部清洗液的流动（也可用单独增加底部清洗时间等的办法），促进底部污垢的溶解，保证清洗质量。

（7）清洗用临时液位计应安装在流速小的部位，确保清洗液位显示真实。

7.2.3.1 喷淋装置安装调试

（1）考察现场，确定合适的喷淋器，一般采用多维度洗舱机作为喷淋器；

（2）打开球罐顶部和底部的人孔；

（3）将喷淋器配件由上人孔放入球罐中，进行法兰组装，循环泵的进液管线用软管连接至喷淋器入口；

（4）气体检测合格，办理相关"进入密闭空间许可证"，人员进入罐内，对罐底部大块锈蚀产物、污垢等进行清理后，用临时盲法兰封闭下人孔，同时盲法兰中间开孔，接临时管线至循环清洗槽；

（5）启动清洗泵，用清水进行试运转，调整喷淋器安装位置的高度及喷射水柱的流量，待试运转及调整工作完成后，进行下步清洗工序；

（6）储罐温度计、液位计内部插管的清洗，管线外表面通过储罐的喷淋循环清洗能够清洗到，插管内部通过在管线内放置小型狼牙棒型喷淋头进行清洗。

7.2.3.2 清洗工艺流程

水冲洗及检漏→酸洗→酸洗后水冲洗→漂洗→中和、钝化→人工清理检查→吹扫干燥→验收复位→氮气保护。

（1）水冲洗及检漏。根据设计要求建立临时系统，储罐顶部安装360°旋转喷淋装置，储罐底部通过临时回液管至清洗槽，形成循环回路，然后进行水冲洗。系统水冲洗及检漏的目的是除去系统中的积灰、泥沙、脱落的金属氧化物等污垢，同时在模拟清洗状态下检查清洗系统中是否有泄漏及清洗循环系统是否畅通。水冲洗在目测出水与进水的澄清度相近时结束，最后建立循环。合适的循环量在30～40m^3左右。

（2）酸洗。酸洗药剂选用硝酸及氢氟酸的混合无机酸，缓蚀剂选用LAN-826（0.3%）。水冲洗结束后，调整系统处于正循环状态，先加入缓蚀剂，待混合均匀后，再依次加入各种酸洗药剂。当连续三次取样化验的酸浓度及总铁离子浓度基本稳定不再变化，同时观察监视管段表面已经清洁干净时，可结束酸洗。常温下酸洗时间一般4～6h。

（3）酸洗后水冲洗。酸洗结束后，将酸洗液排出，然后充入新鲜水进行冲洗，目的是除去残留的酸洗液及洗落的固体颗粒。当出水pH值接近中性（pH=6～9）并澄清时即可结束。

（4）漂洗。漂洗是采用漂洗剂与残留在系统中的铁离子络合，以除去水冲洗过程中金属表面可能生成的浮锈，降低系统内的铁离子浓度，为钝化打好基础。可采用0.2%的氢氟酸、0.05%的LAN-826缓蚀剂作为漂洗药剂，常温下一般清洗1～2h。

(5) 中和、钝化。钝化的目的是使金属表面形成一层致密的钝化膜。为防止漂洗后活泼金属表面重新产生浮锈，钝化前需要先用中和液置换漂洗液。要求此时系统内的全铁浓度不宜高于 300mg/L。整个系统中和置换完成后，加入钝化剂，钝化开始。钝化过程中要注意定时排气和导淋。一般采用 1% 的亚硝酸钠在常温条件下钝化，钝化时间为 4～6h。

(6) 人工清理检查。清洗后残留在储罐底部的锈垢等渣子，采用小型高压清洗机处理的方法清理，同时对可见部分进行直观检查，确定清洗效果。

(7) 吹扫干燥。球罐一般使用鼓风机强制通风，或者通入干燥无油的压缩空气进行干燥。

(8) 验收。施工方发出验收联络单与业主、监理等各相关部门一起参与清洗验收。验收时对球罐内部可见部位进行直观检查，确定清洗效果。

(9) 氮气保护。清洗系统验收合格并复位后，若不马上投入使用，应封闭系统，并立即通入干燥、无油的氮气，控制压力在微正压（0.3～0.5kgf/cm^2）状态下进行氮封保护。

(10) 废液处理。现场酸碱废液经过中和处理后，用排污泵打到业主指定的排污地点。

第 8 章

清洗现场安全策划

随着我国经济的发展和社会需求的进步，储罐清洗技术已经基本实现了从人工清洗模式向机械清洗模式的转变，储罐清洗作业的安全形势正在向好的方向发展。但是，由于储罐机械清洗面对的被清洗物（储罐）属于有限空间的基本属性没有改变，清洗中需要清除的物质（污垢）多数是易燃、易爆、有毒、有害物质的基本属性也没有改变，同时，机械清洗作业带来了机械搅拌、射流击伤、高空坠落、电击等新的危险因素，因此，储罐机械清洗作业面临的危险源依然不少。如果不正确面对、科学规划、遵章作业，仍有可能发生重特大安全生产事故，不仅给清洗企业、储罐业主带来难以承受的巨大损失，同时还会对社会及人民群众的生产生活产生极其恶劣影响。储罐机械清洗企业应当正确履行岗位安全环保职责，做好储罐机械清洗作业的安全策划工作，确保作业安全，实现企业的和谐、健康、清洁、安全可持续发展。

储罐机械清洗企业按照业主（需要被清洗的储罐的权属人或储罐检维修业务的总承包商）的要求，为了提高企业作业中的安全、质量、环保水平，往往需要建立相应的质量管理体系，并获得相应的体系认证证书。由于业主不同，需要认证的体系不同，有的业主仅需要 ISO 9001 标准体系认证，有的业主需要 HSE 认证。目前行业内较为复杂的是 QHSE 质量管理体系认证。QHSE 质量管理体系是指在质量（quality）、健康（health）、安全（safety）和环境（environment）方面指挥和控制组织的质量管理体系，是在 ISO 9001 标准、ISO 14001 标准、GB/T 28000 族标准和 SY/T 6276《石油天然气工业 健康、安全与环境管理体系》的基础上，根据共性兼容、个性互补的原则整合而成的。其先进和高效的管理方式有效地提高了企业 QHSE 管理的科学性，改进了传统的安全质量管理模式。该体系可通过持续改进、周而复始地进行“计划、实施、监测、评审”，将传统安全质量管理中相对独立的各管理环节融会贯通，全方位、深层次覆盖企业安全、健康、环境、质量管理中的各个方面，帮助企业构建“以人为本、精细管理、预防为主、全员参与”的新格局，使企业的质量、健康、安全、环保工作水平得到持续提升。

任何管理体系的建立、运行和认证都是一项非常复杂但又非常实用的工作，需要建立很多的体系文件作为工作基础。质量体系文件一般包括质量手册、程序文件、作业书、产品质量标准、检测技术规范与标准方法、质量计划、质量记录、检测报告等。

质量、健康、安全、环境管理体系是建立在以过程为基础上的管理体系模式，每个过程都有计划、实施、检查、改进等阶段（PDCA 循环）。分析每一个过程是否符合要求，是否有策划，是否有实施，是否与规定文件相符合，评估过程结果是否达到了策划要求，是否有效等，不论是单一过程还是整个质量、健康、安全、环境管理体系，都体现了按照 PDCA 循环做到闭环管理。过程的每一次循环，都包含着处置和改进。管理体系要求对质量、健康、安全和环境问题在施工前就做好全过程的风险识别，设计好必要的预防措施。对关键性问题和高风险问题，还要进行应急演练，预防各类事故在施工中发生。

为了实现和改进质量管理体系的各个过程，保证 HSE（健康、安全和环境）管理体系建立和有效运行，满足用户的要求，达到用户满意，专业的清洗承包商应确定和提供技术资源、清洗材料，并合理配置资源、工作环境等基础设施，将提高工作效率，改进运行体制，提高清洗服务质量的程序化的规范化作为工作目标。

本章选择了一部分与储罐机械清洗作业安全策划相关的管理体系文件推荐给储罐机械清洗企业，希望可以帮助大家提高作业安全水平。

为确保储罐机械清洗质量和储罐机械清洗作业安全，按照质量、健康、安全、环境管理体系的要求，储罐机械清洗作业企业一般都需要编写 QHSE 作业指导书（或 HSE 作业指导书，以下简称为作业指导书）、QHSE 作业计划书（或 HSE 作业计划书，以下简称为作业计划书）和现场安全应急预案及演练计划，从储罐机械清洗的准备阶段到清洗结束，全过程都要进行质量和安全控制。

8.1 作业指导书

8.1.1 作业指导书与施工方案的区别

作业指导书、作业计划书、施工方案、HSE 方案都属于施工管理的三级文件（即比较具体详细的施工计划）。这些文件都是为了预防施工风险（质量问题、健康问题、安全问题、环境问题），规范作业过程（作业前的检查准备、作业中的要求和顺序、作业后的自检和验收），其主要内容基本一致，只是侧重有所不同。

（1）作业指导书　作业指导书是针对某一类清洗项目编制的通用文件（储罐机械清洗作业指导书、反应釜清洗作业指导书、管道清洗作业指导书等）。该类文件可以通用于某一类设备的清洗施工，不同项目现场的同类设备不必每次重复编制作业流程，直接套用已有的作业指导书即可，是作业现场人员应知应会的关键性文件。

（2）作业计划书 作业计划书是针对某一具体清洗项目编制的作业文件（某年某月对某公司某储罐机械清洗作业计划书），属于施工企业内部控制文件，其重点是项目资源配置和安全预防措施。该类文件仅针对具体项目一次使用有效。

（3）施工方案 施工方案是该工程具体的实施方法和实施过程，一般要报给业主备案的文件。

（4）现场安全应急预案及演练计划 现场安全应急预案及演练计划的内容与作业计划书、施工方案相关联，是由施工企业对当前工程现场进行健康安全环境风险识别后，针对工程现场存在的风险或危险源，假设出现意外情况时的应急方案和应采取的措施，并应制定高风险或重大危险源应急预案的演练计划，定期进行演练。

8.1.2 作业指导书编制指南

在质量管理体系文件中，作业指导书是程序文件的支持性文件。它详细地规定了某些质量控制的管理活动应该如何开展，是对具体作业或质量管理环节的具体描述，针对性很强。在贯标过程中，需要制定的作业指导书数量多，工作量大，既要便于管理文件与国际标准接轨，又要达到改善内部质量管理基础工作的目的，所以，对作业指导书的编制和管理应予以高度的重视。

8.1.2.1 作业指导书的性质和作用

作业指导书是规定某项活动如何进行的文件，是对某个指定的岗位的工作、活动的具体要求，是指导该岗位、对完成此项工作的员工，应该怎样做作业而编制的规范性文件。相关作业人员应严格执行作业指导书，确保此岗位的工作、活动的作业质量。

作业指导书在 ISO 9000 的术语中虽然没有明确的定义，但在 ISO 9000：2000 族标准中则是质量管理体系程序的支撑文件，又称为作业规范或作业标准。

作业指导书的重要性主要体现在以下几个方面：

（1）使各项工作或活动有章可循，使过程控制规范化，处于受控状态；

（2）确保实现工作或活动全过程的质量管控；

（3）保证过程的质量；

（4）对内、对外提供文件化的证据；

（5）持续改进质量的基础和依据；

（6）避免质量无法得到保证的情况发生。

8.1.2.2 编制时应考虑的内容

在编制作业指导书时，要详细地规定如何开展某项活动或管理工作的要求和验证条件。作业指导书主要包括以下几个方面的内容：

(1) 作业的目的；

(2) 适用范围；

(3) 各作业人员的职责；

(4) 何时、何地、谁、做什么、怎么做（依据什么去做）；

(5) 何时、何环节、谁在何表格中记录何内容；

(6) 根据何标准检查、证实所做工作是否符合要求。

在编制作业指导书时，需要明确描述的关键内容包括：

(1) 工作的方法；

(2) 工作中需要使用的设备（包括检验或检测仪器等）；

(3) 工作环境的要求；

(4) 工作流程和要点；

(5) 工作质量标准和检验方法。

在编制作业指导书时，由于具体岗位、工作、活动等情况繁杂，会涉及许多方面的内容，因此可组织一线经验丰富的作业人员讨论，安排具有该专业管理经验的技术人员记录整理，采用示意图、照片、表格等多种形式，准确、直观地表述作业要求和过程。

8.1.2.3 编制时应贯彻的原则

作业指导书包括技术性的作业指导书及管理性的工作标准，是质量管理体系文件的重要组成部分。在编制作业指导书时，应遵循以下编写原则：

(1) 符合性　符合质量方针和质量目标；符合质量管理体系标准的要求。

(2) 确定性　在描述任何质量活动的过程中，都必须使其具有确定性。即必须明确规定何时、何地、做什么、由谁来做，依据什么文件、怎么做以及应该保留什么记录等，排除人为的随意性。只有这样，才能保证工作过程的一致性，才能保障我们产品质量和工作质量的稳定性。

(3) 相容性　各种与质量体系文件有关的文件之间，应该保持良好的相容性，不仅要协调一致，不产生矛盾，而且要与工作的总目标相一致。从质量策划开始就应当考虑保持文件的相容性。

(4) 可操作性　在编制作业指导书时，具有可操作性是文件得以有效贯彻实施的重要前提。因此，编写人员应该进行深入的调查研究，广泛地听取意见，使用人员应该及时地反馈使用中存在的问题，使文件得到不断的改进和完善，以保证文件的可操作性和行之有效。

(5) 系统性　管理体系应是一个由组织结构、程序、过程和资源构成的有机整体，所以，必须从系统的高度搞清所编制的作业指导书在体系中的作用，其输入、输出与程序文件及其他作业指导书之间的接口，特别是要对程序文件提出的各种要求作出具体的交代和安排。要求保证每个文件的唯一性，加强系统的协调性，不断改善系统的综合性。

(6) 继承性　应结合实际工作情况，在其原有管理体系的基础上，使工作规范化、标准化，以满足管理体系标准的要求。这样，才能使管理体系既符合标准的要求，也能满足施工管理的需要。

(7) 简化　编制作业指导书要力求精练、简化。通过简化，可以获得诸多的效果：通过简化管理过程和作业过程，可节省一些不必要的管理，减少人力资源的浪费；简化可以使作业人员对操作的过程更易掌握，减少工作中的各类差错；简化可以降低对人员素质的要求，易培训、易掌握。

(8) 优化　每个工作过程都要在权衡风险、效率和成本的前提下，寻求最佳的办法。在文件实施过程中，要继续进行动态的优化，并持续地改进，这样才能获得最佳的效果。通过过程的优化，可以最低的成本获得预期的成果。

(9) 预防　预防是质量管理的精髓。在文件的编写过程中，要始终立足于加强预防，要预先对各种可能影响工作质量的因素作出有效控制的安排，对各类质量策划、设计和开发活动，更要给予特别的关注。除此之外，还应注重发现潜在的不合格原因并施以预防措施。

(10) 证实性　作业指导书本身是管理体系重要的客观证据。在编制作业指导书时，对作业中的各种记录应作出科学、合理的要求，以检查和测评作业过程是否符合管理体系的要求。

(11) 可测量性　检查或评价质量管理体系运行的符合性、充分性、适宜性和有效性，是促进管理体系不断完善的重要手段。为了便于检查时作出确切的评价，在编制文件时要注意作业的控制点是否可以测量及如何测量。

(12) 闭环管理　在编制作业指导书时，要注意对任何管理活动的安排均应善始善终，并按 PDCA（计划、实施、检查、改进）循环闭环管理。在闭环管理中，要不断检查和评价管理的效果是否达到了预期的要求。针对不合格项所采取的纠正和预防措施必须确保有效性。

(13) 制衡原则　在编制作业指导书时，同样要考虑对应用权力的制衡原则，以避免管理体系过分依赖某一工作人员。这样，才能建立有效的监督机制，以保证在管理体系偏离质量方针、质量目标和标准时，能及时加以纠正。

(14) 持续改进　ISO 9000 标准要求对管理体系持续改进，实施动态管理。在实施动态控制时，要求不断地跟踪情况的变化和运行实施的效果，并及时、准确地反馈信息，调整相应的控制方法和力度，以保持质量管理体系的适宜性。

8.1.3 作业指导书编制案例

下面以某专业从事储罐机械清洗作业公司的储罐机械清洗作业指导书为例，介绍储罐机械清洗作业指导书的主要内容。由于所需储罐的类型、盛装介质不同，所需要的机械清洗设备不同，作业指导书的内容也应进行相应的调整和补充。

文件编号：××××－××　　　　　　　　　　发放编号：
受控状态：　　　　　　　　　　　　　　　　版本号/修订状态：×/×

QHSE管理体系三级文件

储罐机械清洗作业指导书

编制：
日期：
审核：
日期：
批准：
日期：

××××××××××××××公司

××××年××月××日发布　　　　　　　　××××年××月××日实施

目录

储罐机械清洗作业指导书

（参考案例，内容仅供参考）

1 简介

1.1 岗位概述

×××清洗公司成立于××××年××月，××××年清洗原油储罐××座以上，负责×××公司油库大部分储油罐的机械清洗任务。

1.2 生产任务

进行原油储罐的机械清洗作业，具体的机械清洗作业流程要按照《原油储罐机械清洗操作规程》的要求进行施工。年施工能力为机械清洗原油储罐××座以上。

1.3 设备、设施

名称	型号	数量	厂家
A设备离心泵	××××	1	××××
B设备离心泵	××××	1	××××
真空泵	××××	1	××××
锅炉上水泵	××××	1	××××
锅炉冷却水泵	××××	1	××××
锅炉加油罐泵	××××	1	××××
软化水管道离心泵	××××	1	××××
锅炉风机	××××	1	××××
B设备空压机	××××	1	××××
C空压机	××××	1	××××
C空压机	××××	1	××××

1.4 工艺流程图（示意图）

储油罐清洗设备油移送流程示意图

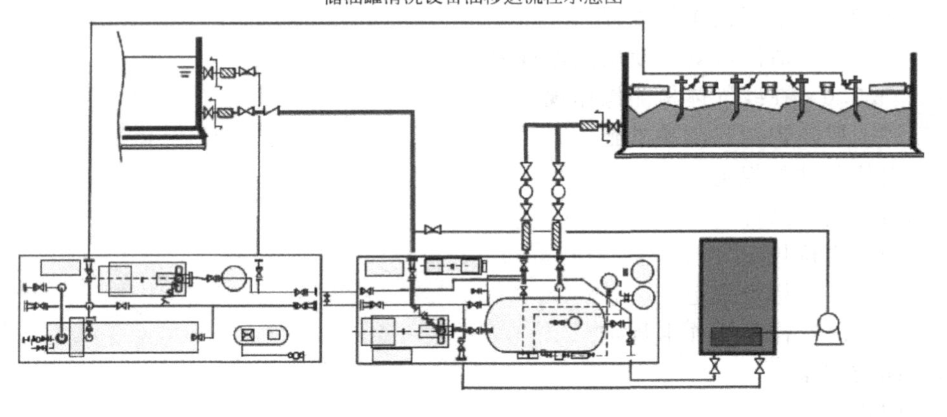

2 岗位 HSE 指标

1）事故发生率为零；

2）环境事故发生率为零；

3）“三违”（违反劳动纪律、违章指挥、违章操作）现象发生率为零；

4）人员伤亡事故死亡率（人/百万工时）、重伤率（人/百万工时）为零；

5）设备完好率不低于 95%；

6）应急抢修工作及时完成率 100%；

7）员工体检率 100%；

8）确保安全环保教育培训，持证上岗率 100%。

3 岗位 HSE 职责

3.1 项目经理岗位职责

1）贯彻执行党和国家有关劳动保护、安全生产的方针、路线、政策、法令、法规和上级部门的有关规定、要求。

2）负责组织宣传、贯彻、执行公司下发、转发的安全文件、指示、会议精神，严格组织落实公司各项安全生产管理规章制度。

3）负责及时、如实报告生产安全事故。

4）坚持“安全第一、环保优先、以人为本”的管理理念。

5）严格遵守公司 HSE 管理九项原则和反违章“六条禁令”，拒绝“三违”行为。

6）积极推进直线责任，严格执行属地管理；积极推行安全形势分析常态化管理，持续改进安全生产形势；积极开展安全经验分享活动，按期制定个人安全行动计划。

7）负责制定本项目部年度工作规划和月度工作计划、各项规章制度及考核细则，并认真组织实施。

8）负责组织检查各项安全计划完成、规章制度执行的情况。负责指挥生产，完成大队下达的各项生产指标。

9）深入生产实际，解决生产中的实际问题，落实各项安全措施。定期向领导汇报生产情况。

10）加强岗位操作卡执行的监督管理，保证岗位操作卡执行率 100%。

11）制定年度培训计划，根据培训内容认真组织每月一次的岗位员工技术培训，并对培训结果进行考核，培训计划落实率应达 100%。

12）完成上级交办的其他安全生产工作。

3.2 技术员岗位职责

1）负责工程技术管理；

2）负责员工技术培训工作；

3）负责编制并提出新设备、新工艺、新技术方案，然后组织实施；

4）负责全队的技术管理工作；

5）负责工程项目的质量、资料、监督检查工作；

6）负责根据生产实际提出资产、材料需求；

7）负责对账内资产卡片全面清查，核对卡、账、物是否相符；

8）负责收集各方面的数据、汇总，对清罐设备、技术管理进行总结；

9）负责图纸的审核、变更、签证工作；

10）负责编制年度培训计划、检修计划、大修改造计划；

11）负责项目部三个体系的运行；

12）负责本项目部的资料管理。

3.3 清洗队长（或班长、组长）岗位职责

1）协助项目经理抓好安全、生产等各项管理工作；

2）认真执行各项规章制度，全面掌握其设备的生产情况，做到安全生产、文明生产，保质保量地完成生产任务；

3）认真组织现场施工、流程的切换；

4）负责项目部危害因素、环境因素的识别和管控；

5）监督检查员工各项制度、规范的执行情况，杜绝“三违”现象的发生；

6）掌握应急处置程序，会处理事故；

7）负责及时、如实报告安全环保事故事件；

8）协助上级抓好各项生产任务。

3.4 清罐工职责

1）严格遵守清罐现场的各项规章制度；

2）掌握设备工艺流程和性能，做到会操作、会调整、会处理事故；

3）认真做好交接班和巡回检查，及时准确地将生产情况汇报给上级领导；

4）施工过程出现的问题要积极处理，对处理不了的问题要立即向上级有关部门或领导汇报，并做好记录；

5）严格遵守 HSE 作业指导书、操作规程，做到文明生产、安全施工；

6）参与项目部危害因素、环境因素的识别和管控；

7）负责及时、如实报告安全环保事故事件；

8）节约各种能源及耗材，杜绝浪费；

9）服从上级领导的生产安排。

3.5 锅炉岗职责

1）熟悉锅炉及附属设备的构造、工作原理、操作方法及一般故障排除，定期检修保养，保证无故障运行；

2）工作中认真观察炉墙、炉排、阀门、水位、压力等情况，发现问题及时处理；

3）锅炉停火后，在压力降到零之前不得擅离岗位，停炉后，要进行全面检查；

4）认真做好水质化验工作，保证锅炉用水要求，发现参数超标后要立即分析原因并积极采取处理措施，严防锅炉结垢；

5）严格遵守操作规程、操作卡，不违章操作；

6）坚守岗位，严格执行交接班制度，认真填写设备运行、巡检记录；

7）掌握应急处置程序，会处理事故；

8）参与项目部危害因素、环境因素的识别和管控；

9）负责及时、如实报告安全环保事故事件；

10）服从上级领导的生产安排。

4 HSE 工作要求

4.1 设备巡回检查

每日严格依照岗位 HSE 巡回检查记录对 A/B 设备、锅炉间、软化水间、油水分离槽、清洗机、储油罐附属装置、值班室设备、安全设施进行逐项检查一次，发现问题与隐患及时整改，同时做好记录。

4.2 录取生产资料

每 2h 录取一次运行参数，同时做好记录。

4.3 应急事件处理

负责处理所管辖设备的突发性工作，做好事件的预警，发现异常情况按照应急处置程序及时采取有效措施。

4.4 安全生产

工作中必须穿戴好劳动保护用品，采取安全措施，定期检查安全设施、设备的安全状况，能熟练使用消防器材，遵守操作规程，做到岗位无隐患，确保安全生产无事故。

5 主要设备、岗位操作规程、风险识别、削减措施

5.1 施工设备

原油储罐机械清洗装置是大型原油储罐的专业清洗设备，主要由回收装置、清洗装置、清洗机、氮气注入系统、罐内气体浓度检测仪、油水分离装置等组成，适合 20000m^3 以上大型原油储罐的机械清洗，具有作业安全、保护环境、降低劳动强度、提高劳动生产率等优点。

5.2 岗位操作规程

5.2.1 锅炉操作规程

××型号蒸汽锅炉安全操作规程

××型蒸汽锅炉是一种经常在高温条件下工作的特种设备，操作不当会有爆炸的危险。为了保障其安全、经济运行，特制定如下规程：

一、值班人员必须严格遵守劳动纪律，不得擅离职守，不得做与本单位无

关的事情；在操作过程中，严格执行“操作规程”，不得违章操作，并严禁酒后和带病上班。

二、密切注视水位和压力变化，做到“燃烧稳定，水位稳定，汽压稳定”。严禁发生缺水、满水事故和超压运行。一旦发现锅炉严重缺水时，严禁向锅炉进水！

三、定期冲洗水位表和压力表，保持其光洁明亮，以便于观察。高低水位自动控制、超压联锁保护装置及其报警装置必须随时处于灵敏可靠状态，发现问题，应及时修复。

四、安全阀要定期做手动试验（每月一次，于每月最后一个白班进行，操作时应轻拉轻放手柄）和汽动试验（每季度最后一个白班进行），以保持其灵敏可靠。

五、认真执行排污制度和操作要求，每次排污量以降低水位 25～30mm 为宜，应在高汽压、低负荷下运行。

六、值班人员应在锅炉内进行巡回检查，以便及时掌握锅炉本体安全附件和各附属设备（如省煤器、水泵、电机、阀门等）的运行情况。一旦发现不能向锅炉给水或其他危及锅炉安全运行的情况，应立即停止运行。

七、经常与水质化验人员取得联系，掌握水质情况；严格执行国家工业水质标准，加强水质管理，避免锅筒内结生水垢和腐蚀。

八、精心操作。除值班司炉人员外，其他任何人不得乱动控制台的按、旋钮和锅炉内的阀门、仪表等，并应认真填写锅炉运行记录。

说明：本操作规程仅供参考，实践中应根据锅炉型号具体编制。

5.2.2 锅炉自动控制箱操作规程

略，应根据锅炉自动控制箱型号具体编制。

5.2.3 软化水操作规程

略，应根据软化水设备型号具体编制。

5.2.4 空压机操作规程

略，应根据空压机型号具体编制。

5.2.5 清洗机安装使用操作规程

略，应根据清洗机型号和规格具体编制。

5.2.6 在线气体检测操作规程

略，应根据在线气体检测仪型号和规格具体编制。

5.3 风险识别与削减措施

略，应根据不同的储罐、机械清洗设备及工艺情况具体编制《风险识别与削减手册》。

6 岗位条件与规定

6.1 岗位条件

1）新上岗的操作人员必须接受安全培训，方允许上岗。

2）锅炉、吊装特种作业人员持证上岗操作，持证率为100％。

3）从业人员调整工作岗位或离岗半年以上重新上岗时，必须进行相应的安全培训，经考试合格方允许上岗。

4）其他特殊要求：①身体健康；②听力、视力、嗅觉正常，反应灵敏；③心理健康、乐观向上、关心团结他人、乐于助人。

6.2 岗位规定

6.2.1 标准规范

1）SY/T 6696—2014《储罐机械清洗作业规范》；

2）SY 65 03—2016《石油天然气工程可燃气体检测报警系统安全规范》；

3）GB/T 1576—2018《工业锅炉水质》；

4）Q/SY 1244—2009《临时用电安全管理规范》；

5）SY/T 5225—2019《石油天然气钻井、开发、储运防火防爆安全生产技术规程》。

6.2.2 岗位操作卡规定

一般操作需要操作人员依照“一般操作卡”的要求与步骤进行，不需要签字确认。关键操作要求操作人员与监控人员携带“关键操作卡”一同到现场，按照“关键操作卡”的要求与步骤，一人操作，一人监控，逐项完成；执行正常打“√”，执行异常打“×”，未执行打“/”，同时备注说明。执行完后，操作人与监控人分别签字确认，同时将操作卡存档备案。

7 岗位记录

1）清罐工综合记录；

2）锅炉岗综合记录；

3）清洗机运转记录；

4）接地电阻、管道试压记录；

5）检尺记录；

6）领导干部检查记录；

7）班组应急演练记录；

8）开机令；

9）进入受限空间检测表；

10）水质化验记录。

8 附件

岗位操作卡目录：

序号	岗位	操作卡名称	操作类别
1	清罐工	清罐工班组油移送作业操作卡	一般
2	清罐工	清罐工班组循环式油搅拌作业操作卡	一般
3	清罐工	清罐工班组对流式油搅拌作业操作卡	一般
4	清罐工	清罐工班组油清洗作业操作卡	一般
5	清罐工	清罐工班组温水清洗作业操作卡	一般
6	清罐工	清罐工岗位打开人孔操作卡	一般
7	清罐工	清罐工岗位罐顶开孔作业操作卡	关键
8	锅炉岗	清罐工岗位气体检测操作卡	一般
9	锅炉岗	清罐工岗位气体对比检测操作卡	关键
10	清罐工	厂房吊装作业操作卡	关键
11	清罐工	清罐工班组点炉操作卡	关键
12	清罐工	清罐工班组停炉操作卡	关键
13	清罐工	清罐工班组测定水质硬度操作卡	一般
14	清罐工	清罐工班组测定水质硬度操作卡(新)	一般

应急处置卡目录：

序号	名称
1	锅炉岗爆炸应急处置程序卡
2	锅炉岗严重缺水处置程序卡
3	锅炉岗突发原油泄漏及火灾应急处置程序卡
4	锅炉岗机械伤害应急处置程序卡
5	锅炉岗人员触电应急处置卡
6	锅炉岗烫伤应急处置程序卡
7	清罐工电气火灾应急处置程序卡
8	清罐工高空坠落应急处置程序卡
9	清罐工突发原油泄漏及火灾应急处置程序卡
10	清罐工机械伤害应急处置程序卡
11	清罐工人员触电应急处置卡
12	清罐工受限空间中毒、窒息应急处置程序卡
13	锅炉爆管应急处置程序卡
14	锅炉爆炸应急处置程序卡
15	锅炉超压应急处置程序卡
16	锅炉停电应急处置程序卡
17	蒸汽锅炉严重满水应急处置程序卡
18	蒸汽锅炉严重缺水应急处置程序卡

8.2 作业计划书

8.2.1 项目概述

此次施工主要为××××厂10号联合站2#10000m^{3}原油拱顶罐1座，根据×××××××公司储油罐清洗维修计划安排，由×××××××公司技术服务中心项目二部负责此项目施工。该储油罐罐内附件已陈旧老化，无法正常运行，需要进行清洗维修，要求对2#储罐进行清淤工作。生产物资、生活用品均由×××××××公司技术服务中心提供。

施工过程中有设备吊装拉运至作业场所、设备管网安装、罐内油品移送、温水清洗、罐内最终清理、设备管网解体、搬出等施工工序。

8.2.2 作业现场及周边环境

8.2.2.1 作业现场

××××厂10号联合站位于××市××县×××镇，公路交通便利。该联合站位于平原地带，厂区自然地坪平坦，施工区域内地下有消防水线管网，地面有输油管网、蒸汽管网，附近无采油井、加热炉、抽油机，无伴生气、明火等事项。

当地居民主要为汉族居住区，行走道路为沥青路，交通状况良好，施工中自备车辆。紧急联络时使用移动电话通信方式，施工中通信联络使用防爆对讲机。当地治安情况较为良好，施工区域内无地方病、传染病，医疗卫生条件良好。

8.2.2.2 周边环境

施工现场位于联合站区内，属于易燃易爆场所，周边500m内没有居民住宅、学校、国防设施、文物古迹、高压电线等设施存在，附近没有河流资源存在，常年降雨、雪量较少，气温在－30～＋40℃范围，春秋季有大风，年最大风力7级，雷电在520次/年左右，洪水、沙尘暴不常发生。

8.2.3 人员能力及设备状况

8.2.3.1 人员能力评价情况

人员能力评价情况见表8-1、表8-2。

表8-1 关键岗位人员一览表

序号	姓名	年龄	岗位职务	岗位培训情况	能力测评	联系方式
1	×××	××	项目经理	合格	合格	×××××××××××
2	×××	××	生产副经理	合格	合格	×××××××××××

续表

序号	姓名	年龄	岗位职务	岗位培训情况	能力测评	联系方式
3	×××	××	技术员	合格	合格	×××××××××××××
4	×××	××	施工现场负责人	合格	合格	×××××××××××××
5	×××	××	材料员	合格	合格	×××××××××××××
6	×××	××	班长	合格	合格	×××××××××××××

表 8-2　清罐班组人员一览表

序号	岗位	姓名	性别	年龄	工作年限		文化程度	培训情况	综合测评
					工龄	本岗位			
1	班长	×××	男	××	××	××	技校	×××××××HSE 培训	合格
2	清罐工	×××	男	××	××	××	技校	×××××××HSE 培训	合格
3	清罐工	×××	男	××	××	××	技校	×××××××HSE 培训	合格
4	清罐工	×××	男	××	××	××	技校	×××××××HSE 培训	合格
5	清罐工	×××	男	××	××	××	技校	×××××××HSE 培训	合格
6	清罐工	×××	男	××	××	××	技校	×××××××HSE 培训	合格
7	清罐工	×××	男	××	××	××	技校	×××××××HSE 培训	合格
8	清罐工	×××	男	××	××	××	技校	×××××××HSE 培训	合格
9	清罐工	×××	男	××	××	××	技校	×××××××HSE 培训	合格
10	清罐工	×××	男	××	××	××	技校	×××××××HSE 培训	合格
11	清罐工	×××	男	××	××	××	高中	×××××××HSE 培训	合格
12	清罐工	×××	男	××	××	××	大专	×××××××HSE 培训	合格
13	清罐工	×××	男	××	××	××	专科	×××××××HSE 培训	合格

8.2.3.2　设备设施评估情况

设备设施评估情况见表 8-3、表 8-4。

表 8-3　主要施工机械设备一览表

序号	设备名称	设备型号	数量	产地	保养周期	上次保养时间	性能评估
1	抽吸设备	模块式	1	中国	每年	××××年××月	良好
2	移送设备	模块式	1	中国	每年	××××年××月	良好
3	清洗机	AM 式	45	中国	每年	××××年××月	良好
4	惰性气体发生器	模块式	1	中国	每年	××××年××月	良好
5	在线式气体检测仪	SRM-580-CRN	1	中国	每年	××××年××月	良好
6	油水分离槽		1	中国	每年	××××年××月	良好

表 8-4 HSE 设施及备品一览表

序号	器材名称	型号	数量	完好情况	检查时间	性能评估
1	灭火器	干粉(8kg)	10	完好	××××年××月	可以使用
2	锹	×××	4	完好	××××年××月	可以使用
3	气体检测仪	×××	1	完好	××××年××月	可以使用
4	对讲机	×××	2	完好	××××年××月	可以使用
5	急救箱	×××	1	完好	××××年××月	可以使用
6	呼吸机	×××	2	完好	××××年××月	可以使用
7	编织袋	×××	100	完好	××××年××月	可以使用

施工过程中有设备吊装拉运至作业场所、设备管网安装、罐内油品移送、温水清洗、罐内最终清理、设备管网解体/搬出等施工工序。需吊装的物件明细见表 8-5、表 8-6。

表 8-5 吊装主要大件设备物件

吊件名称	A 设备	B 设备	锅炉	软化水装置	燃料油罐	水箱	作业室
尺寸(长×宽×高)/m	6.5×2.2×2.42	6.5×2.2×1.85	8.5×2.4×2.81	4.6×2.25×2.75	5.66×1.17×1.16	6×1.9×1.9	8.3×3×2.9
重量/t	8.6	8	10	5	5	3	7

表 8-6 其他大件设备物件

吊件名称	驻地板房	空压机	检测仪	管架 A	管架 B	管架 C	管架 D
尺寸(长×宽×高)/m	8.3×3×2.9	2.6×2×2.1	1.7×0.8×1.6	6×0.9×0.8	6×0.9×1	6.2×1×0.9	6.2×1×0.9
重量/t	6	1.5	0.3	1.5	1.5	1.5	1.5

8.2.4 机械清洗作业程序

(1) 制定施工计划，确定需清洗的罐号、容量、数量、设备临时管线分布图、工期、清洗运行时间及材料消耗等，并制定施工作业指导书。

(2) 备齐所需材料。

(3) 根据原油储罐的容量确定液氮（氮气）的使用量及使用时间。

(4) 根据储油罐的容量确定使用的清洗机数量。

(5) 根据清洗机的有效射程确定清洗机分布图。

(6) 根据储罐内部结构，清洗机的分布应避开加热盘管、中央排水管及热油喷洒管。

(7) 设备、管道的配置与组装。

(8) 罐顶支柱的拔出。根据清洗机数量、检尺孔数量、注氮气和监测罐内气体点数量确定支柱拔出数量，并确定其位置，标上标志。用拔支柱三脚架将有标志的支柱从支柱套管中拔出，同时擦净支柱外周上的原油。将支柱放置在罐顶上之前应用塑料包住其端部。

(9) 清洗机的安装。确定清洗底板及单盘所需的清洗机安装高度，并加以标记。有加热盘管及热油喷洒管的油罐，须考虑加热盘管及热油喷洒管路的高度，不能与之接触。插入清洗机前，喷嘴角度与喷嘴指示刻度设置为零，清洗机的离合器设定为空挡。根据技术要求应固定清洗机。清洗机安装完毕，对支柱套管与固定件的间隙及浮船与罐壁的间隙进行密封，设定为底板清洗方式，使其离合器啮合。在制定运行计划时，给清洗机编上号码。

(10) 电缆布置。电缆布置按电气安装有关规程进行。

(11) 罐内气体浓度测量装置的配置与检查。气体测量装置应设置在离清洗油罐较近处。气体取样软管须固定在距罐顶 200mm 的位置上。测试点最少 3 个，编上号码，均匀分布。

(12) 油中搅拌作业。搅拌前应检测罐底淤渣高度、数量及分布状况，并做好记录。根据淤渣堆积高度及数量，可选择不同的搅拌方式：①循环方式，利用清洗油罐内本身的原油搅拌的方式；②对流方式，利用供给油罐原油搅拌的方式。

(13) 油移送作业。输送工艺为：清洗油罐—过滤器—抽吸装置—回收泵—接收油罐。

(14) 氮气注入作业。将罐内空间的氧气浓度（体积分数）控制在 8%以下。从注入氮气开始，储罐机械清洗作业的全过程都要保持氮气注入，直到温水作业结束。同时注入氮气过程中要记录氮气注入量，保持氮气均衡注入。

(15) 原油清洗作业。用清洗机喷射清洗油，溶解、打碎、分散淤渣，回收有用成分的作业。清洗工艺为：清洗油供给罐—B 设备—清洗机—清洗油罐—过滤器—A 设备—清洗油回收罐。清洗机可 1 台单独运行，但若 2 台同时运转，须避免连接在同一支管上。清洗机运行应从吸口开始，依次移向中央。清洗作业中，应着重检查临时敷设管道有无漏处，密封处有无渗油，过滤器有无堵塞，机器运行有无异响，氧气浓度（体积分数）是否高于 8%以上，清洗机有无下沉。

(16) 温水清洗作业。确认原油清洗时回收的淤渣量与预计的储罐淤渣量基本一致后，可转入温水清洗作业。温水清洗工艺为：油水分离槽—B 设备—清洗机—清洗油罐—过滤器—A 设备—油水分离槽。即向清洗油罐中注入循环清洗所需的温水，并使其循环。温水清洗作业时，也须将油罐内的氧气浓度（体积分数）控制在 8%以下。注入温水量应为罐内液位达到吸口高度以上 20～30mm 时的罐容量、循环系统管道容量与油水分离槽容量之和。温水清洗的进罐水温宜为 50～60℃，并应保证出罐水温高于原油凝固点 5℃以上，以 45～50℃为宜。清洗机的运转应从中央开始，然后依次移向外周。温水清洗应先清洗顶板，再清洗底板，最后全面清洗。

（17）油水分离作业。温水清洗开始后，经过初期残油回收阶段就可进行油水分离作业。油水分离作业中，应随时注意油水分离槽中的油量，及时回收分离出的原油。

（18）收尾作业。拆除与储罐相连的所有临时管道，对储罐进行自然换气或强制换气。使用可燃气体和有害气体检测工具检测确认安全后，换气结束，进行罐内清扫。罐内无残留油渣，满足动火条件时，罐内清扫工作结束。罐内清扫工作结束后，拆除罐外所有设施，清扫罐外清洗现场，转移所有清洗设施，清洗作业结束。

8.2.5 危害因素辨识与主要风险提示

8.2.5.1 危害因素辨识与主要风险评价

这里主要从人员、财产、环境、影响四个方面对风险进行评价，具体内容见表 8-7（表中内容仅供参考）。

表 8-7 风险识别与评价表

序号	风险预想	原因分析	潜在后果	危害程度
1	火灾爆炸	1. 可燃气体浓度升高，氧气浓度控制失常 2. 现场意外出现明火 3. 电气机器接地保护失效 4. 人员穿戴非静电服	造成人员伤亡、设备损坏	▲
2	中毒窒息	1. 人员未经允许进入到未检测的罐内 2. 罐顶或罐四周有毒有害气体浓度超标未检测到 3. 出现中毒窒息事故时，施救人员未按要求穿戴合适的呼吸防护用品	造成人员伤亡	▲
3	高空坠物	1. 物品从罐顶失手掉落到罐周或罐内 2. 大风导致物品从罐顶掉落到罐周或罐内	造成人员伤亡、设备损坏	●
4	高空坠落	1. 人员向储油罐上运送物品时从梯子上摔倒 2. 人员在罐上操作清洗机时高空跌落	造成人员受伤	●
5	人员触电	1. 电气机器发生壳体漏电 2. 电气机器电源发生漏电 3. 施工电缆绝缘层损坏，接头处密封不合乎规定	造成人员伤亡、设备损坏	◆
6	人员外伤及设备损失	1. 设备车辆进、出现场损伤设备 2. 上罐作业时，人员或物品高空跌落 3. 非工作人员进入现场 4. 有倒翻危险的器材砸伤员工 5. 罐顶器材超重，使拱顶、浮顶塌陷 6. 罐上作业时，与地面联系不紧密	造成人员伤亡、设备损坏	◆

续表

序号	风险预想	原因分析	潜在后果	危害程度
7	锅炉事故	1. 自动上水系统出现故障,致使锅炉缺水 2. 压力释放、保护系统出现故障,致使锅炉超压 3. 水垢较多或锅炉缺水后进水致使锅炉爆管 4. 锅炉烟道二次燃烧或烟气爆炸事故	造成人员伤亡、设备损坏	▲

注:▲—高;◆—中;●—低。

8.2.5.2 本项目危害因素辨识与主要风险提示

危害因素辨识与主要风险提示见表8-8。

表8-8 危害因素辨识与主要风险提示

序号	新增风险	危害因素	风险提示
1	火灾爆炸	1. 可燃气体浓度升高,氧气浓度控制失常 2. 现场意外出现明火 3. 电气机器接地保护失效 4. 人员穿戴非静电服	1. 现场严禁烟火,提示明显 2. 清洗作业现场非工作人员严禁入内,提示明显。设置无线监控等方式将作业现场有效隔离,人员意外闯入立即报警 3. 对可燃气体、氧气浓度进行实时监控,超过安全浓度立即发出警报 4. 对现场设备进行定期巡视,确保各种保护措施正常有效
2	中毒窒息	1. 人员未经允许进入到未检测的罐内 2. 罐顶或罐四周有毒有害气体浓度超标未检测到 3. 出现中毒窒息事故时,施救人员未按要求穿戴合适的呼吸防护用品	1. 储罐所有入口关闭,设立警示牌,未经批准不得入内 2. 清洗作业现场非工作人员严禁入内,提示明显。设置无线监控等方式将作业现场有效隔离,人员意外闯入立即报警 3. 对可燃气体、氧气浓度进行实时监控,超过安全浓度立即发出警报 4. 配备足够级别的防护用品,进入现场的人员必须培训合格
3	高空坠物	1. 物品从罐顶失手掉落到罐周或罐内 2. 大风导致物品从罐顶掉落到罐周或罐内	1. 进入现场必须佩戴安全帽,提示明显 2. 高空作业做到有人监护。人员必须系安全带,携带物品必须防坠落 3. 高空使用的设备或附件确保紧固,不会意外坠落 4. 五级以上大风严禁在罐周围停留
4	高空坠落	1. 人员向储油罐上运送物品时从梯子上摔倒 2. 人员在罐上操作清洗机时高空跌落	1. 被清洗罐罐顶上安装燕尾旗,标志明显 2. 高空作业做到有人监护。如需要进行高空作业,作业人员必须系安全带 3. 五级以上大风严禁上罐 4. 严禁五人以上同时登罐

续表

序号	新增风险	危害因素	风险提示
5	人员触电	1. 机器电气设备，发生跑电漏电 2. 机器电源发生跑漏电 3. 施工电缆绝缘层损坏，接头处密封不合乎规定	1. 电气机器全部用接地线连接到接地棒上，插到地里 2. 电气机器的配线必须合乎规格 3. 电气设备的绝缘阻抗值须在 0.5MΩ 以上，接地阻抗值须在 10Ω 以内 4. 电气机器的电源须安装漏电断路器 5. 电工严格按照操作规程连接电缆
6	人员外伤及设备损失	1. 设备进、出现场损伤设备 2. 上罐作业时，人员或物品高空跌落 3. 非工作人员进入现场 4. 有倒翻危险的器材砸伤员工 5. 罐顶器材超重、违规操作，使拱顶、浮顶塌陷 6. 罐上作业时，与地面联系不紧密	1. 注意车辆的通行、器材的装卸等，不要损伤原有设备 2. 用五彩带、彩旗、栅栏、绳索等区分、隔离危险场所，竖起禁止入内、严禁烟火等安全标志 3. 有倒翻危险的器材，采取防止倒翻对策 4. 作业人员佩戴安全帽，穿工鞋 5. 拱顶储罐罐顶拉防护绳，挂防护网 6. 罐顶上的器材须分散放置，以免局部荷重太大。另外，撤除时的堆放亦同 7. 禁止将浮顶油罐单盘支柱同时拔出相邻的两根或更多 8. 在往罐顶上卸器材时，须在防风壁上配置信号员，密切保持罐顶与地面的联系，明确信号 9. 罐顶及罐下作业时，要先对作业环境气体进行取样检测，可燃气体浓度在允许范围内方可进行操作。作业环境不符合安全要求，应关闭设备、撤离人员，待作业环境的可燃气体浓度经检测在允许范围内后再重新作业 10. 重要场所均须树立安全标志，标明管理负责人 11. 确保作业人员、检查人员进出和疏散的安全通路畅通 12. 与原有管道的连接，为了不损伤原有管道而使用挠性软管 13. 挠性软管安装时，严守最大安装偏位 14. 拱顶储罐清洗管线使用软管时在罐顶用 45°弯头过渡连接 15. 需用甲方流程时，在其原有阀门后加一临时阀门，并在需要时由甲方自己控制其阀门开关情况，我方人员禁止改变甲方的阀门状态
7	锅炉事故	1. 自动上水系统及防护系统出现故障，致使锅炉缺水 2. 压力释放、保护系统出现故障，用汽设备发生故障或突然停止用汽，主汽阀未打开，致使锅炉超压 3. 水垢或杂物较多，水循环不良或完全破坏，炉管磨损严重或锅炉缺水后进水致使锅炉爆管	1. 岗位员工对锅炉及附属设备每 2h 进行巡检一次，记录相关数据。发现异常情况及时处理并上报 2. 燃烧器部分： ①燃烧器火焰呈橙黄色，无偏移现象； ②风门指示在设定开度； ③气连杆、风连杆无松动现象，润滑正常； ④炉前控制柜门关闭，各指示灯正常； ⑤炉前各管线、法兰连接处无漏气现象 3. 各控制阀接线无松动现象，各阀门与锅炉状态相符，无渗漏现象

续表

序号	新增风险	危害因素	风险提示
7	锅炉事故	4. 锅炉燃烧室、烟道内积存未燃尽的油雾，与空气形成爆炸混合物遇到明火引起爆燃；点火或停炉操作方法不当，使炉膛或烟道内积存大量的油雾等可燃气体，再次点火时易发生烟气爆炸；停炉时，燃油阀门未关闭；烟道尾部长期不检查清理，积存大量的油垢	4. 注意水位计的水位在30%～70%之间，水位计阀门位置正确，玻璃板表面清洁，红绿界限清晰，两个水位计显示的水位一致，水位计无渗漏现象 5. 锅炉压力在0.5MPa以内，三通旋塞位置正确，标签及红线值无脱落，两块压力表显示一致 6. 安全阀法兰无渗漏，运行完好，铅封完好，在检定期内使用 7. 压力开关、浮球、探针报警器正常工作，连接处无渗漏 8. 锅检所每年对锅炉进行检验，符合要求后允许使用 9. 各类仪表已检定，符合要求，在有效期内使用

8.2.6 应急处置程序

8.2.6.1 外部依托

外部依托及联系方式见表8-9。

表8-9 外部依托及联系方式

序号	急救机构	名称	地址	电话
1	医疗急救	X医院	×××××××× ××××××××	××××××××
		Y医院	×××××××× ××××××××	××××××××
		Z医院	×××××××× ××××××××	××××××××
2	消防急救	×××消防指挥中心	×××××××× ××××××××	119
3	治安管理	×××公安分局	×××××××× ××××××××	110
4	生产应急	×××公司应急办公室	×××××××× ××××××××	×××××××× ×××××××× ××××××××
		×××应急办公室	×××××××× ××××××××	×××××××× ××××××××

8.2.6.2 应急预案

（1）中毒窒息应急预案　发生中毒窒息事故时，现场作业人员立即按以下预案对伤员进行抢救，并有一人向第一责任人报告，同时拨打急救电话120。

① 救护人员在进入危险区域前必须戴好防毒面具、正压式呼吸器等防毒防护用品，避免成为新的受害者。必要时也应给中毒者戴上，迅速将中毒者小心地从危险的环境转移到一个安全的、通风的地方。

② 加强全面通风或局部通风，用大量新鲜空气对事发地点有毒有害气体的浓度进行稀释冲淡，以达到或接近卫生标准。

③ 对中毒窒息者进行现场急救：

如果是一氧化碳中毒，中毒者还没有停止呼吸，则脱去中毒者被污染的衣服，松开其领口、腰带，使中毒者能够顺畅地呼吸新鲜空气；如果呼吸已停止但心脏还在跳动，则立即进行人工呼吸，同时针刺人中穴；若心脏跳动也停止了，应迅速进行心脏胸外挤压，同时进行人工呼吸。

对于硫化氢中毒者，在进行人工呼吸之前，要用浸透食盐溶液的棉花或手帕盖住中毒者口鼻。

如果是二氧化碳窒息，情况不太严重时，可把窒息者移到空气新鲜的场所稍作休息；若窒息时间较长，就要进行人工呼吸抢救。

如果毒物污染了眼部、皮肤，应立即用水冲洗。对于口服毒物的中毒者，应设法催吐，简单有效的办法是用手指刺激舌根；对于腐蚀性毒物，可口服牛奶、蛋清、植物油等进行保护。

（2）火灾爆炸应急预案　发生火灾爆炸等意外事故时，应执行以下应急预案：

① 应立即停止现场机械清洗作业，切断总电源，关闭储罐阀门，并启动储罐灭火程序，利用储罐现场灭火装置进行灭火；

② 罐外着火时，应利用现场灭火装置对初始着火点进行消灭，防止火势扩大；

③ 现场作业人员立即拨打“119”报警电话，并向上级领导报告事故情况，请求支援；

④ 如火灾较大或发生爆炸，现场各种灭火装置无法消除火灾时，应立即撤离现场，进行逃生；

⑤ 现场如有人员伤亡，应立即拨打“120”急救电话；

⑥ 撤离现场时，应对火灾爆炸现场进行警戒，同时疏散周边车辆和居民。

（3）人员外伤应急预案

① 发生人员外伤时，现场作业人员立即对伤员进行抢救，并有一人向第一责任人报告，同时拨打急救电话120。

② 迅速进行止血，并用纱布包扎伤口，等待救护车或由现场服务车将人员送往附近医院进行抢救。

（4）触电急救预案

① 触电急救必须分秒必争，立即就地用心肺复苏法进行抢救，并坚持不断地进行，同时应及早与医疗部门联系，争取医务人员接替救治；

② 触电急救首先要使触电者迅速脱离电源，越快越好；

③ 脱离电源就是要把触电者接触的那一部分带电设备的开关、刀闸或其他断路设备断开，或者设法将触电者与带电设备脱离；

④ 触电者未脱离电源前，救护人员不准直接用手触及伤员，因为有触电的危险；

⑤ 如果触电者处于高处，脱离电源后会自高处坠落，因此要采取预防措施。

伤员脱离电源后的处理：

① 触电伤员如果神志清醒，应使其就地躺平，严密观察，暂时不要站立或走动。

② 触电伤员如果神志不清醒，应使其就地仰面躺平，且保持气道通畅，并用5s时间呼叫伤员或轻拍其肩部，以判断伤员是否丧失意识。禁止摇动伤员的头部呼叫伤员。

③ 判断伤员的呼吸心跳情况。用看、听、试的方法，看伤员的胸部、腹部有无起伏动作；听伤员有无呼吸声；试其喉结凹陷处的颈动脉有无脉搏。

④ 如果伤员还没停止呼吸，立即采用人工呼吸的办法进行急救。人工呼吸的方法有口对口吹气法、俯卧压背法、仰卧压胸法，但口对口吹气式人工呼吸最为方便和有效。

（5）骨折急救预案

① 怀疑肢体骨折，可用夹板或木棍、竹竿等将断骨上、下方两个关节固定，也可利用伤员的身体进行固定，避免骨折部位移动，以减少疼痛，防止伤势恶化。

② 怀疑颈椎骨折，应使伤员平卧后用沙土袋（或其他代替物）放置在其头部两侧，以使伤员颈部固定不动。

③ 怀疑椎骨折，应将伤员平卧在平硬木板上，并将其腰椎躯干及两侧下肢一同固定，预防瘫痪。搬动时应数人合作，保持平稳，不能扭曲。平地搬运时，应保持伤员头部在后；上楼或上坡、下楼或下坡时，应保持伤员头部在上。在搬运中应严密观察伤员，防止伤情突变。

④ 开放性骨折伴有大出血时，应先止血再固定，并用干净布片或纱布覆盖伤口，然后速送医院救治，切勿将外露的断骨推回伤口内。若在包扎伤口时骨折端已自行滑回创口内，到医院后须向医生说明，提请医生注意。

⑤ 采取必要措施后，应及时送医院诊治。

（6）锅炉事故应急预案

① 蒸汽锅炉发生缺水事故预案：

a. 值班人员停止给水泵，关闭给水泵出口阀；

b. 值班人员到炉前按下急停按钮，关闭燃油切断阀，从前观火口观察炉膛内是否还有火焰；

c. 值班人员关闭连续排污阀、主汽阀；

d. 当运行锅炉发出低水位报警，锅炉未自动熄火保护或者观测发现锅炉实际水位低于安全水位线却未发出报警时，应由值班主岗组织紧急停炉，并向现场负责人及调度人员汇报；

e. 记录故障时间、现象汇报现场负责人。

② 锅炉发生超压事故预案：

a. 减弱燃烧；

b. 开启锅炉排空阀或安全阀；

c. 加大排污同时加大进水（此时应保证锅炉正常水位），以降低炉水温度；

d. 注意监视压力和水位，发现出现假水位时，立即冲洗水位表；

e. 压力稳定后，复位安全阀，调整燃烧。

③ 锅炉发生爆管事故预案：

a. 值班人员首先停止事故炉，汇报现场负责人；

b. 值班员工关闭事故锅炉所有的上水阀，检查事故锅炉内是否有明火；

c. 值班员工关闭事故炉的主汽阀。

④ 锅炉烟道二次燃烧或烟气爆炸事故预案：

a. 值班人员立即按下停炉按钮紧急停炉，然后切断燃烧器电源和燃油阀；

b. 加强锅炉给水并监视水位，汇报现场负责人；

c. 可投入干粉灭火器进行灭火，禁止使用水灭火；

d. 员工观察炉膛确认无火焰，并检查排烟温度在150℃以下后给燃烧器送电，启动鼓风机排出烟道中的气体给烟道降温；

e. 当排烟温度恢复至室温时，进入烟道做全面检查，在没有异常的情况下按正常程序点炉并汇报现场负责人及调度。

8.3 现场安全应急预案及演练计划

8.3.1 编制现场应急预案的目的

事故应急预案的编制和实施是落实我国安全生产方针的重大举措。应急救援预案对于应急事件的应急管理工作具有重要的指导意义，它有利于应急行动快速、有序和高效地进行，充分体现了应急救援的“应急”精神。编制应急预案是应急救援准备工作的核心内容，是及时、有序、有效地开展应急救援工作的重要保障。

编制应急预案有利于作出及时的应急响应，减小事故后果。编制储罐机械清洗作业现场应急预案就是为了在储罐机械清洗作业现场发生安全事故时，完善应急工作机制，迅速有序地开展事故的应急救援工作，抢救伤员，防止事故扩大，最大可能地降低事故损失。

国家标准《生产经营单位生产安全事故应急预案编制导则》（GB/T 29639—2020）规定了生产经营单位生产安全事故应急预案的编制程序、体系构成和综合应急预案、专项应急预案、现场处置方案的主要内容以及附件信息，适用于生产经营单位生产安全事故应急预案（以下简称应急预案）编制工作，核电厂、其他社会组织和单位的应急预案编制可参照该标准执行。企业应根据项目现场的实际情况和企业管理的特点，制定企业应急预案的编制程序、体系构成，以确定编制综合应急预案还是专项应急预案。

8.3.2 储罐机械清洗作业现场应急预案举例

文件编号：××××－××　　　　　　　　　　　　　　发放编号：

××项目储罐机械清洗作业现场应急预案

编制：
日期：
审核：
日期：
批准：
日期：

×××××××××××××公司

××××年××月××日发布　　　　　　　　××××年××月××日实施

目录

1 简介

本预案是在标准 GB/T 29639—2020《生产经营单位生产安全事故应急预案编制导则》、GB/T 50484—2019《石油化工建设工程施工安全技术标准》、SY/T 6696—2014《储罐机械清洗作业规范》、SY 6503—2016《石油天然气工程可燃气体检测报警系统安全规范》、Q/SY 1244—2009《临时用电安全管理规范》、SY/T 5225—2019《石油天然气钻井、开发、储运防火防爆安全生产技术规程》的基础上编制的，编制时参考了本公司多年来进行保运检修服务的工作经验。

2 危险源分析

2.1 项目概况

本项目为×××采油厂第五油矿联合站3#、4# 5000m^3原油拱顶罐2座，根据××××××公司储油罐清洗维修计划安排，由××××××公司技术服务中心项目二部负责此项目施工。该储油罐罐内附件已陈旧老化，无法正常运行，需要进行清洗维修。要求清洗后，罐壁、罐顶清洁无杂质、无油污，可以进行正常的动火维修工作。生产物资、生活用品均由××××××公司技术服务中心提供。

2.2 危险源情况

经现场勘察，该项目的危险源见下表。

工作步骤	危险/潜在危险	可能涉及的人员或设备	控制方法/补救方法
1 工作前准备			
1.1 设备的进场	1. 工作人员碰伤 2. 与其他设备碰撞 3. 与其他车辆碰撞	吊车、工作人员、车辆、设备	1. 严格控制进场车辆及装卸节奏 2. 现场严禁交叉作业 3. 工作时,以警示带将工作区域围起
1.2 设备的停放	1. 工作人员碰伤 2. 与其他设备碰撞 3. 与其他车辆碰撞	工作人员、车辆、设备	1. 提前规划好位置 2. 按步骤停放 3. 工作时,以警示带将工作区域围起
1.3 管路连接	1. 管路脱落 2. 高空坠物	设备、工作人员	1. 启动前仔细检查所有连接处 2. 以钢丝或绳索补加固定 3. 在工作区域周围设置警示标志与路障 4. 未授权人员不得入内。悬挂警示牌 5. 工作时工作人员必须佩戴防护器具
1.4 气体检测	油气中毒	工作人员	1. 强调口鼻勿直对取样口 2. 站在上风口处量油、取样,严格遵守化验操作规程 3. 佩戴防护器具
2 作业工序			
2.1 抽取支柱、安装清洗枪	1. 油气中毒 2. 高处坠落	设备、工作人员	1. 佩戴防护器具 2. 注入惰性气体
2.2 登高作业	高处坠落	工作人员	1. 所有工作人员必须经过登高作业的培训 2. 在工作前,必须按规定搭设脚手架及操作平台,并进行安全检查 3. 在高于1.8m处工作时须穿戴五点式双钩安全带

续表

工作步骤	危险/潜在危险	可能涉及的人员或设备	控制方法/补救方法
2.3 夜间工作	人员伤害	工作人员	提供充足照明，工作区域水雾较大时，照明设备应该加装防护罩
2.4 受限空间	人员伤害	工作人员	1. 工作前进行空气检测。工作时设立1～2名监护人 2. 所有工作人员必须知道急救电话120
2.5 吊装作业	人员、设备伤害	施工现场的人员、设备	1. 吊装前必须检查设备、吊带是否正常完好 2. 吊装时有专人进行指挥 3. 严格遵守吊装作业的相关规定，杜绝违章作业
3 撤离现场		工作人员、设备	1. 拆除管线时必须先泄压 2. 撤离后做到工完场地清

2.3 安全组织机构及专业人员

××××公司一贯认为最重要的资源是人类自身和人类赖以生存的自然环境，因此保护员工的健康、保护环境是本公司的核心工作之一。为了获得和保护良好的健康、安全与环境表现，本公司向员工、雇员、客户及社会郑重承诺：

（1）持以预防为主，追求无事故、无伤害、无损失的目标；

（2）所有作业都要以保护环境为宗旨；

（3）遵守所在国家和地区的法律、法规，尊重当地的风俗习惯；

（4）优化配置人力、物力和财力资源，持续改进HSE管理；

（5）满足顾客要求，保持良好的社会形象，提高市场竞争力；

（6）实施HSE培训，使每位员工都积极参与，将HSE管理融入公司的企业文化之中；

施工项目HSE组织机构见下图。

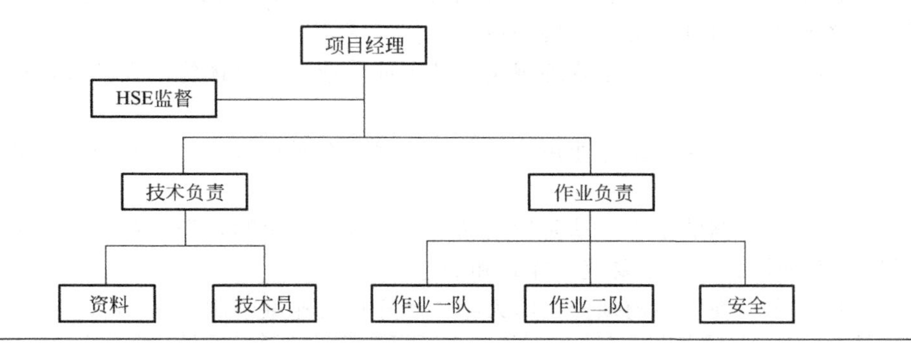

现场成立应急指挥中心，应急指挥中心总指挥由项目经理担任，副总指挥由安全经理担任。现场如发生紧急情况，应优先应对紧急情况并向业主报告。处理完毕后向公司报告事故情况并备案总结。

公司应急办公室联系电话：×××-×××××××××；

总指挥（项目经理）：×××；联系电话：×××××××××××××××；

副总指挥（安全经理）：×××；联系电话：×××××××××××××××。

2.4 安全及环保措施

保护员工的健康、保护环境是本公司的核心工作之一。为了获得和保护良好的健康、安全与环境表现，本公司向员工、雇员、客户及社会郑重承诺实施HSE培训，使每位员工都积极参与，将HSE管理融入公司的企业文化之中，每次施工前确保所有施工人员正确合理地佩戴PPE。

2.4.1 管理措施

公司要把HSE工作放在第一位，建立健全HSE管理体系，推行“一岗双责”“两书一表”管理，明确各级人员HSE职责；配备项目健康、安全、环境管理资源，每50人至少配置1名专职HSE管理人员，组建专职、兼职两级安全监督管理体系，HSE专职管理人员应具有3年以上石油化工生产施工HSE管理经验。HSE检查记录应每天由安全经理或安全员进行检查，并填写表格。

（1）安全教育。对作业人员进行三级安全教育和企业规章制度及《HSE作业指导书》培训，提高作业人员的安全意识和安全技能；对参与本项目的所有员工进行HSE基础教育和培训，使其熟悉HSE管理要求；施工人员进入作业现场须接受业主组织的HSE培训，并且考试合格。特种作业人员应具有有效的特种作业操作证。

（2）组织全体施工人员学习清洗施工设备安全操作的有关规定。开展风险管理，对作业内容开展涉及人、物、环境和管理方面的危害识别、风险评价，风险控制措施；制定重大风险清单，编制《HSE作业计划书》采取对策，进行风险消除/削减和控制。《HSE作业计划书》应按照程序审批、备案，并办理相关作业许可证后方可开展作业。

（3）熟悉施工区安全管理规定。开工前由业主给全体施工人员讲解有关装置安全注意事项。

（4）遵守业主安全作业规定。严格遵守安全操作规程，由专职安全员检查监督。

（5）必须佩戴个人劳动防护用品（工作服，安全帽，安全鞋，安全带、绳等），安全帽、工作服要统一样式和颜色。

（6）车辆在场地内须安装防火帽，严守场内速度限制。

(7) 有专人管理消防器材和救护设备。

(8) 自然条件恶劣时中止作业。

(9) 阵风5级以上（风速8.0m/s）时，中止高处作业、起重机作业。

(10) 发生4级以上地震时，中止全部作业，进行现场巡回检查。

(11) 再次开始作业时，须事先确认现场安全。

(12) 严禁将火种（火柴、打火机等）带入作业场地。

(13) 起重作业时事先检查吊具、吊钩等是否满足荷重要求，并由专人指挥。

(14) 高处作业须系安全带，禁止投递物品。

(15) 现场使用的电气设备、工具等，须是耐压防爆品。

(16) 泵、过滤器等有可能漏油等污物的机器，在其下面铺防火片。

(17) 作业场所设置施工标志牌，张贴安全标志，禁止无关人员入内。

(18) 每天开工前，由安全员对各个作业项目讲解安全注意事项。

(19) 随时留意施工人员的健康状况，生病或身体不适者不准从事涉及登高、进入受限空间和值班工作。

2.4.2 清洗作业常用防护安全用品

劳保用品包括头盔、眼（风）镜、耳塞、防护服、手套、鞋和呼吸罩等。除呼吸罩在有毒或强烈异味的特定环境下佩戴外，其他均为基本劳保用品，操作者在作业时必须对其检查和正确穿戴。进入作业场地的其他人员也必须穿戴相应的劳保用品，如眼（风）罩、耳塞、防护服等。需要特别指出的是，劳保用品也有局限性，其不能防止高压水射流的直接冲击或射流冲击反溅出的碎屑对操作者及其他工作人员造成的伤害。

(1) 头部防护。头部防护主要使用头盔、面罩、带边挡的风镜等。眼镜或风镜的边挡应能阻止液体穿透。当液体会对眼部造成损害时，必须使用组合护目镜，或戴全防护面罩的头盔。

(2) 听力保护。佩戴听力防护用品是保护劳动者听觉器官的一项有效措施。各种设计的护耳器可以供不同作业人员选用，如果选择、使用和维护得当，可以达到很好的降噪效果。

(3) 身体防护。身体防护用品主要指防护服。防护服应遮盖操作者、防水并能挡住射流反溅的碎屑冲击。

(4) 手防护。手防护用品主要为手套。手套的类型包括涂塑手套、橡胶手套和金属丝网增强手套。

(5) 脚防护。脚防护主要使用防水靴。防水靴可使用一般劳保靴，持枪作业者则应该在防水靴上加装金属防护片。

(6) 呼吸保护。呼吸保护用品主要指各种呼吸保护器。在有毒有害气体场合应戴防毒面具，它既能提供新鲜空气，又具备面部防护功能。

(7) 专用防护服。主要用于清洗空间狭小，人员容易受到伤害的地方。

2.4.3　文明施工及环境保护要求和措施

（1）开始作业前进行相关教育，了解甲方及当地政府的环保要求，明确防止污染的办法；

（2）对清洗作业区进行围挡，确保污油、污水不外溢，将污水组织引导至业主指定的排放点；

（3）在高层格栅式平台作业时，需要事先准备接水槽、引水管、防止污水下漏的塑料薄膜，防止作业中的污水飞溅和漫流；

（4）锅炉工要经常检查消防带是否有滴水情况，发现问题及时处理；

（5）清罐工要正确操作设备，防止设备在不良状态下运转，产生大量浓烟，造成室内污染；

（6）在清洗作业区施工用具物品集中存放，禁止随地乱扔废物；

（7）现场就餐后，将餐盒等废物集中，送至甲方指定的地点，禁止乱扔；

（8）施工结束后，应彻底清理现场，做到工完、料净、场地清；

（9）严格着装要求，进入现场必须戴安全帽、穿工作服，作业时必须穿雨衣和带保护钢板的雨靴；

（10）清洗含硫较高的原油时，操作人员外露的皮肤需要进行涂抹凡士林的防护处理，防止发生化学灼伤。

2.4.4　奖惩措施

为了保障公司的职工和业主在劳动过程中的安全、健康，为劳动者创造一个良好的施工环境，促进项目施工顺利进行，防止和杜绝各类人身事故和设备事故及对环境造成破坏的事故发生，特制定安全环保文明施工管理奖惩条例。

适用范围：本条例适用于项目部全体人员、临时雇工及承包商。

引用标准：《×××××公司 HSE 管理体系实施指南》《×××××公司 HSE 管理规范》《×××××公司关于印发安全健康环保绩效年度考核办法的通知》《×××××公司 HSE 纪律处罚规定》《×××××公司××事业部 HSE 管理规定》。

（1）安全环保奖惩贯彻“以责论处”的原则。对认真履行安全环保职责并在安全环保工作中取得成绩的项目部与有关人员予以表彰和奖励；对发生事故的项目部和有关责任人给予批评和处罚；对失职、渎职或违反规章制度虽未造成严重后果的，也要给予批评和处罚。

（2）实行奖惩制度，要把思想工作同行政、经济手段结合起来。在奖励上，坚持精神奖励与物质奖励相结合；在处罚上，要坚持以教育为主，惩教相结合的原则，行政处分和经济处罚可以并处。

（3）对于违章违规行为重复发生的做加倍处罚或停工整顿。

（4）受罚的个人、班组、项目部、事业部领导应从接到罚单的时间起，至施工结束回公司 7 日内将罚款缴到公司×××部门。超期未交罚款将以 7 日为一个周期进行加倍处罚。

2.5 现场应急预案

针对本项目可能遇到的险情类型，应急预案可分为环境灾害应急预案（地震、洪水、高温）、施工作业事故应急预案（有毒有害物质泄漏、火灾爆炸、中毒窒息、蒸汽灼伤、高空坠落、砸伤、触电、高压水射伤等）。相关应急预案简要介绍如下：

2.5.1 有毒有害物质泄漏

清洗施工中有毒有害物质泄漏主要是储罐中的油品挥发出来。清洗前使用氮气置换储罐，降低储罐中的有害气体含量。清洗过程中如有毒有害物质泄漏，迅速穿戴呼吸保护装置至有毒物质泄漏的上风区。泄漏区域严禁明火，并配备消防器材，以防止发生次生灾害。

2.5.2 可燃气体燃烧爆炸

清洗前使用氮气置换系统，保证可燃气体的含量降低到安全值；清洗过程中实时监控，保证系统安全；使用防爆设备清洗；如清洗现场发生油气挥发导致火灾或爆炸，爆炸发现人应立即报警并应以最快的速度疏散无关人员，最大限度地减少人员伤亡。相关责任人要以处置重大紧急情况为压倒一切的首要任务，绝不能以任何理由推诿拖延。根据不同类型火灾组织实施抢险，控制火势蔓延，防止事态扩大。同时，做好与消防部门的配合，确保抢险救灾工作顺利进行。火灾爆炸应以预防为主，严格按操作规程动火，防止意外事故发生。

在急救过程中，遇有威胁人身安全的情况时，应首先确保人身安全，迅速组织脱离危险区域或场所后，再采取急救措施，把火灾事故损失降低到最低水平。应避免的行为因素如下：

① 人员聚集。灾难发生时，由于人的生理反应和心理反应，受灾人员的行为具明显的向光性、盲从性。向光性是指在黑暗中，尤其是辨不清方向，走投无路时，只要有一丝光亮，人们就会迫不及待地向光亮处走去。盲从性是指事件突变，生命受到威胁时，人们由于过分紧张、恐慌而失去正确的理解和判断能力，只要有人一声招呼，就会导致不少人跟随、拥挤逃生，这会影响疏散甚至造成人员伤亡。

② 恐慌行为。这是一种过分和不明智的逃离行为，它极易导致各种伤害性情感行动，如绝望、歇斯底里等。这种行为若导致“竞争性”拥挤、再进入火场、穿越烟气空间及跳楼等行动，时常带来灾难性后果。

③ 再进火场行为。受灾人已经撤离或将要撤离火场时，由于某些特殊原因驱使他们再度进入火场，这也属于一种危险行为。在实际火灾案例中，由于再进火场而导致灾难性后果的占有相当大的比例。

2.5.3 中毒窒息

进罐前首先应对氧气和挥发气体进行检测。操作人员应佩戴防护眼镜、呼吸保护装备和其他必要装备，若挥发性气体使人感到不适，刺激眼睛及呼吸系统时，应立即撤离现场至空气新鲜及空旷处。

对于重度中毒、窒息人员，应立即将其移至空气新鲜及空旷处，松开衣领，保持呼吸道通畅，并注意保暖，密切观察意识状态，迅速送往厂方医务室或医院急救。

2.5.4 蒸汽灼伤

清洗现场应用盆或水桶盛有充足的冲洗用清水，急救药箱应有充足的急救药品，如毛巾、药棉、纱布以及各种药品等。先将烫伤创面在自来水龙头下淋洗或浸入水中（水温以伤员能忍受为准，一般为15～20℃，热天可在水中加冰块），然后用冷水浸湿的毛巾、纱垫等敷于创面，最后再敷防烫伤的药膏。若烫伤严重应立即送往厂方医务室急救。

2.5.5 高空坠落

去除伤员身上的用具和口袋中的硬物，并快速平稳地送医院救治。在搬运和转送过程中，应按照伤员情况，通过担架或模板等方式妥善转移。禁止一个抬肩一个抬腿等简单粗暴的搬法，以免发生或加重截瘫。

出现创伤时，应根据条件妥善包扎伤员的创伤局部，但对疑颅底骨折和脑脊液漏患者切忌自行填塞，以免导致颅内感染。颌面部伤员首先应保持呼吸道畅通，清除移位的组织碎片、血凝块、口腔分泌物等，同时松解伤员的颈、胸部纽扣。复合伤要求平仰卧位，保持呼吸道畅通，解开衣领扣。周围血管伤，压迫伤部以上动脉干至骨骼。直接在伤口上放置厚敷料，绷带加压包扎以不出血和不影响肢体血循环为宜。当上述方法无效时可慎用止血带，原则上尽量缩短使用时间，一般以不超过1h为宜，做好标记，注明上止血带时间。

2.5.6 砸伤

作业人员若受到现场硬物砸伤、磕伤，情节较轻的将伤口消毒后包扎或使用创可贴即可；若流血不止或造成骨折等情节严重的，应派人将伤员送往附近医院治疗。

2.5.7 触电

立即切断电源。可以关闭电源开关，用干燥木棍挑开电线或拉下电闸。救护人员注意穿上胶底鞋或站在干燥木板上，想方设法使伤员脱离电源。高压线需移开10m方能接近伤员。脱离电源后立即检查伤员，若发现心跳呼吸已停，应立即进行口对口人工呼吸和胸外心脏按压等复苏措施。除少数确实已证明被电死者外，一般抢救维持时间不得少于60～90min，直到医生到达。对已恢复心跳的伤员，千万不要随意搬动，以防心室颤动再次发生而导致心脏停跳。应该等医生到达或伤员完全清醒后再搬动。

对触电造成的局部电灼伤，其处理原则同烧伤，可用盐水棉球洗净创口，覆盖凡士林油纱布。为预防感染，应到医院注射破伤风抗毒血清，并及早选用抗生素。另外，应仔细检查有无内脏损伤，以便及早处理。

触电应以预防为主，严格按操作规程用电，防止意外事故发生。

2.5.8 水射流伤人

根据人员受伤部位，判断伤损严重性。

头部、胸部重要器官受伤时不可擅自作预处理，应及时转移到附近医院进行处理。

背部、手臂与腿部受伤时，应对受伤肿胀部位进行挤压，排除积水，禁止受伤部位继续活动，并尽快转移到附近医院外科进行处理，且建议医生对伤员注射破伤风类疫苗。

2.5.9 高温中暑

夏季施工气温炎热，施工时极易发生人员中暑情况。项目部应做好防暑降温措施，主动热心关怀施工人员的身体健康，积极调整夏季工作期间的作息制度，使工人有足够的休息时间；按时足额发放防暑降温用品（饮用水、仁丹、藿香正气水），并积极落实相应急救措施（搭建遮阳棚等）。出现中暑现象时，应将中暑人员安置在通风阴凉处，并及时送医。

2.5.10 台风或洪涝灾害

项目负责人应及时关注天气预报，一旦有发生台风或水汛的可能，应急预案领导小组成员应立即奔赴现场，组织抢险工作。要求施工人员切断一切电源，同时有序疏散人员和物资到安全区域。若发现人员伤亡应及时组织抢救，并向上级领导及时汇报。所有机械设备、电气箱做好用电安全检查工作，做好防汛防台的多项设备保护工作。尤其是架空电缆、过路电缆要专门检查，确保其具备抗风抗暴雨能力。做好仓库、办公室的抗灾能力，对存在隐患的住房及时做好修理和预防措施。备足水泵，做好暴雨排水准备。

发生台风和洪涝灾害时，应根据“救人重于救灾”的原则和公司防灾演练操作规程拨打救护电话及抢救被灾害围困的工作人员，与此同时有序疏散人员和物资至安全区域。

3 现场应急预案的演练

项目部应根据受训人员和工作岗位的不同，从项目现场实际情况需要选择培训内容，制定培训计划。

培训内容有：鉴别异常情况并及时上报的能力与意识；如何正确处理各种事故；自救与互救能力；各种救援器材和工具使用知识；与上下级联系的方法和各种信号的含义；工作岗位存在哪些危险隐患；防护用具的使用和自制简单防护用具；紧急状态下如何行动。

各清洗作业项目部应按照储罐机械清洗项目现场的隐患和风险情况，结合常见的事故预设情景做好应急演练计划（填写××××年度应急演练计划表），每月至少组织一次桌演，每季度至少组织一次现场实际演练，并将演练方案及经过记录在案（见应急演习训练记录表）。

××××公司已进行了原油泄漏及火灾应急演练、储油罐着火爆炸应急演练、锅炉满水应急演练、锅炉缺水应急演练、受限空间中毒窒息应急演练、人员触电应急演练、锅炉停电应急演练、锅炉超压应急演练、高空坠落应急演练、机械伤害应急演练、锅炉爆炸应急演练、锅炉爆管应急演练等必要的应急培训和演习，项目部现场操作人员对现场出现的上述险情应能及时处理，并按下图的程序进行。

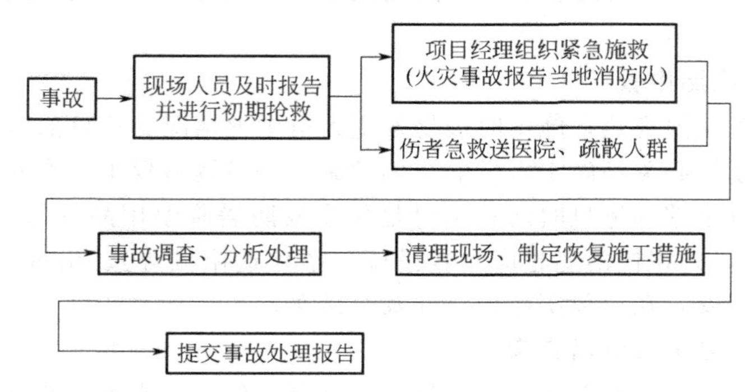

4 应急物资及装备

公司应保障各项目的应急物资及装备的配备和使用，包括但不限于下列应急物质与装备：

（1）防护人员的装备：头盔、防护服、防护靴、防护手套、安全带、呼吸保护器具等；

（2）灭火剂：水、泡沫、CO_2、卤代烷、干粉、惰性气体等；

（3）灭火器：干粉、泡沫、1211、气体灭火器等；

（4）简易灭火工具：扫帚、铁锹、水桶、脸盆、沙箱、石棉被、湿布、干粉袋等；

（5）消防救护器材：救生梯、救生绳等；

（6）急救箱：配有适用于割伤、烫伤、烧伤、中暑、砸伤等急救处理的药品；

（7）通信器材：防爆移动电话（原则上管理人员一人一个），防爆对讲机若干。

5 预案修订与完善

随着技术的进步与国家政策的调整，本应急预案的要求可能会出现内容的滞后。储罐机械清洗项目部应及时学习最新储罐机械清洗技术，掌握国家、地方、用户和公司在储罐机械清洗作业相关的政策变化，根据项目现场的实际情况，进行新技术、新方法、新设备、新工艺的创新与应用，对项目现场的危险源进行重新识别，并对危害风险进行重新评估，进而不断提升应急预案的合理性、科学性和先进性。

公司各储罐机械清洗项目部也可以根据项目现场处置紧急情况或演习中的实践经验，对应急预案的修订和完善提出合理化的建议。

附录

××××年度应急演练计划表

单位：××××部

序号	单位名称	演练计划名称	演练内容	实施时间	演练方式	参演人数	备注
1	×××部 ××组	原油泄漏及火灾应急演练	原油泄漏及火灾	×月第×周	实战/桌演	×	
2	×××部 ××组	储油罐着火爆炸应急演练	储油罐着火爆炸	×月第×周	实战/桌演	×	
3	×××部 ××组	锅炉满水应急演练	锅炉满水	×月第×周	实战/桌演	×	
4	×××部 ××组	锅炉缺水应急演练	锅炉缺水	×月第×周	实战/桌演	×	
5	×××部 ××组	受限空间中毒窒息应急演练	受限空间中毒、窒息	×月第×周	实战/桌演	×	
6	×××部 ××组	人员触电应急演练	人员触电	×月第×周	实战/桌演	×	
7	×××部 ××组	锅炉停电应急演练	锅炉停电	×月第×周	实战/桌演	×	
8	×××部 ××组	锅炉超压应急演练	锅炉超压	×月第×周	实战/桌演	×	
9	×××部 ××组	高空坠落应急演练	高空坠落	×月第×周	实战/桌演	×	
10	×××部 ××组	机械伤害应急演练	机械伤害	×月第×周	实战/桌演	×	
11	×××部 ××组	锅炉爆炸应急演练	锅炉爆炸	×月第×周	实战/桌演	×	
12	×××部 ××组	锅炉爆管应急演练	锅炉爆管	×月第×周	实战/桌演	×	

应急演习训练记录表

时间		地点		总指挥		协调员	
参加人							
演习内容							
演习总结							

保存部门：　　　　　　　　　　　　　　　　　　保存期限：

8.4 现场常用急救知识与急救措施

8.4.1 现场急救知识与实用方法

所谓现场急救，是指现场工作人员因意外事故或急症，在未获得医疗救助之前，为防止病情恶化而对患者采取的一系列急救措施。意外灾害和突发疾病大都发生在人们意想不到的情况下，而发生现场基本没有专业医护人员，因此使伤患在发生现场得到正确的、初级的现场抢救，会给医疗卫生单位进行抢救打下良好的基础，赢得宝贵的时间。

现场急救的目的主要是：维持、抢救伤病员的生命；改善病情，减轻病员痛苦；尽可能防止并发症和后遗症。

急救范围主要包括以下几个方面：流血不止，昏迷及呼吸心跳骤停，烧烫伤，外伤缝合，骨折固定及伤员搬运，触电，中暑，食物中毒，急性传染病，动物、昆虫的咬伤，硫化氢中毒，冻伤等。

现场急救的一般原则包括：

(1) 先确定伤员有无进一步的危险；

(2) 沉着、冷静，迅速地对危重病人给予优先紧急处理；

(3) 对呼吸、心力衰竭或停止的病人，应清理呼吸道，立即给予人工呼吸或胸外心脏按压，控制出血；

(4) 考虑有无中毒之可能；

(5) 急症患者易出现激动、痛苦和惊恐的现象，要安慰伤病员，减轻伤病员的焦虑；

(6) 预防及抗休克处理；

(7) 搬运伤病员之前应将骨折及创伤部位予以相应处理；

(8) 对神志不清的、疑有内伤或可能接受麻醉手术者，均不给予饮食；

(9) 尽快寻求援助或送往医疗部门。

8.4.2 几种常用急救方法

8.4.2.1 心肺复苏法

当心跳呼吸骤停后，循环呼吸即告终止。在呼吸循环停止后4～6min，脑组织即可发生不易逆转的损伤；心跳停止10min后，脑细胞基本死亡。所以对心跳呼吸骤停的伤员，必须争分夺秒，采用心肺复苏法进行现场急救。

人工呼吸法主要有两种，即口对口人工呼吸法和胸外心脏按压。口对口人工呼吸法的具体做法是，让伤员仰面平躺，头部尽量后仰，抢救者跪在伤员一侧，一只手捏紧伤员的鼻孔（避免漏气），并将手掌外缘压住其额部，另一只手掰开伤员的嘴并将其下颚托起；抢救者深呼吸后，紧贴伤员的口，用力将气吹入，同时仔细观察伤员的胸部是否扩张隆起，以确定吹气是否有效和吹气是否适度。当伤员的前胸壁扩张后，停止吹气，立即放松捏鼻子的手，并迅速移开紧贴的口，让伤员的胸廓自行弹回呼出空气。此时注意胸部复原情况，倾听呼气声。然后重复上述动作，并保持一定的节奏，每分钟均匀地做16～20次。

若感觉不到伤员的脉搏，说明心跳已经停止，须立即进行胸外心脏按压。其具体做法是，让伤员仰卧在地上，头部后仰；抢救者跪在伤员身旁或跨跪在伤员腰的两旁，一只手掌的根部放在伤员胸骨下1/3～1/2处，另一手重叠于前一手的手背上，两肘伸直，借自身体重和臂部、肩部肌肉的力量急促向下压迫胸骨，使其下陷3～4cm后迅速放松（注意掌根不能离开胸壁），依靠胸廓的弹性使胸骨复位。此时心脏舒张，大静脉的血液就回流到心脏。然后反复地有节律地进行挤压和放松，每分钟60～80次。在挤压的同时，要随时观察伤员的情况。如能摸到颈动脉和股动脉等搏动，而且瞳孔逐渐缩小，面有红润，说明心脏按压已有效，即可停止。

8.4.2.2 外伤急救技术

一般来说，一个人全身的血量在4500mL左右。出血量少时，一般不影响伤员的血压、脉搏变化；出血量中等时，伤员就有乏力、头昏、胸闷、心悸等不适，有轻度的脉搏加快和血压轻度的降低；若出血量超过1000mL，血压就会明显降低，肌肉抽搐，甚至神志不清，呈休克状态，若不迅速采取止血措施，就会有生命危险。

常用的止血方法主要是压迫止血法、止血带止血法、加压包扎止血法和加垫屈肢止血法等。

（1）压迫止血法。这是一种最常用、最有效的止血方法，适用于头、颈、四肢动脉大血管出血的临时止血等。当一个人负伤流血以后，只要立刻用手指或手掌用力压紧伤口附近靠近心脏一端的动脉跳动处，并把血管压紧在骨头上，就能很快起到临时止血的效果。

（2）加压包扎止血法。适用于小血管和毛细血管的止血。先用消毒纱布或干净毛巾盖在伤口上，再垫上棉花，然后用绷带紧紧包扎，即可达到止血的目的。若伤肢有骨折，还要另加夹板固定。

（3）加垫屈肢止血法。多用于小臂和小腿的止血。它是利用肘关节或膝关节的弯曲功能，压迫血管达到止血的目的。即先在肘窝或腘窝处放厚棉垫或布垫，然后使关节弯曲到最大限度，再用绷带将前臂与上臂（或小腿与大腿）固定。

8.4.2.3 断肢（指）与骨折处理方法

（1）断肢处理　发生断肢后，除做必要的急救外，还应注意保存断肢，以求进行再植。保存的方法是：用清洁纱布将断肢包好，放在塑料袋里。不要用水冲洗断肢，也不要用各种溶液浸泡。若有条件，可将包好的断肢置于冰块中（冰块不能直接接触断肢），然后将断肢随伤员一同送往医院进行修复手术。

（2）骨折的固定方法　对于骨折的伤员，不要进行现场复位，但在送往医院前，需对伤肢进行固定。搬运伤员时要注意以下几点：

① 在搬运转送之前，要先做好对伤员的检查和完成初步的急救处理，以保证转运途中的安全；

② 要根据受伤的部位和伤情的轻重选择适当的搬运方法；

③ 搬运行进中，动作要轻，脚步要稳，步调要一致，避免摇晃和震动；

④ 用担架抬运伤员时，要使伤员脚朝前、头在后，以便后面的抬送人员能及时看到伤员的面部。

8.4.3 作业现场常见突发事故及急救措施

8.4.3.1 触电事故与急救

当通过人体的电流强度接近或达到致命电流时，触电伤员会出现神经麻痹、血压降低、呼吸中断、心脏停止跳动等征象。这样的伤员必须立即在现场进行心肺复苏抢救。有资料表明，触电1min开始救治者，90%有良好的效果；触电后12min再开始救治，救活的可能性很小。

8.4.3.1.1 触电急救措施

（1）职工发现有人触电，首先要设法切断电源，切忌不能用手、脚去摸伤者，以免造成再次触电。

（2）电源控制器较远，应就近使用木、竹等绝缘器具给触电者切断电源。雨雪天气要采取措施防止再次触电。

（3）切断电源后，应立即检查伤者伤情，重点检查呼吸和心跳。

（4）需要时，要立即做心脏按压和口对口人工呼吸，并送往医院。

8.4.3.1.2 对触电者进行现场急救的方法

（1）如果触电者伤势不重、神志清醒，但有些心慌、四肢麻木、全身无力，或触电者曾一度昏迷，但已清醒过来，应让触电者安静休息，注意观察并请医生前来治疗。

（2）如果触电者伤势较重，已经失去知觉，但心脏跳动和呼吸尚未中断，应让触电者安静地平卧，解开其紧身衣服以利呼吸，保持空气流通（若天气寒冷，则注意保温），严密观察，速请医生治疗或送往医院。

（3）如果触电者伤势严重，呼吸停止或心脏跳动停止，应立即实施口对口人工呼吸或胸外心脏按压进行急救；若二者都已停止，则应同时进行口对口人工呼吸和胸外心脏按压急救，并速请医生治疗或送往医院。在送往医院的途中，不能中止急救。

（4）若触电的同时发生外伤，应根据情况酌情处理。对于不危及生命的轻度外伤，可以在触电急救之后处理；对于严重的外伤，在实施人工呼吸和胸外心脏按压的同时进行处理。如伤口出血，应予以止血，进行包扎，以防感染。

8.4.3.2 中毒窒息事故与急救

发生中毒窒息事故后，救援人员首先要做好预防工作，避免成为新的受害者。

8.4.3.2.1 中毒窒息急救措施

（1）救护人员在进入危险区域前必须戴好防毒面具、正压式呼吸器等防毒防护用品，必要时也应给中毒者戴上，然后迅速将中毒者小心地从危险的环境转移到一个安全的、通风的地方。

（2）加强全面通风或局部通风，用大量新鲜空气对事发地点有毒有害气体的浓度进行稀释冲淡，以达到或接近卫生标准。

8.4.3.2.2 对中毒窒息者进行现场急救的方法

（1）对于一氧化碳中毒者，如中毒者还没有停止呼吸，则脱去中毒者被污染的衣服，松开其领口、腰带，使中毒者能够顺畅地呼吸新鲜空气；如果呼吸已停止但心脏还在跳动，则立即进行人工呼吸，同时针刺人中穴；若心脏跳动也停止了，应迅速进行心脏胸外挤压，同时进行人工呼吸。

（2）对于硫化氢中毒者，在进行人工呼吸之前，要用浸透食盐溶液的棉花或手帕盖住中毒者口鼻。

（3）对于二氧化碳窒息者，情况不太严重时，可把窒息者移到空气新鲜的场所稍作休息；若窒息时间较长，就要进行人工呼吸抢救。

（4）如果毒物污染了眼部、皮肤，应立即用水冲洗。对于口服毒物的中毒者，应设法催吐，简单有效的办法是用手指刺激舌根；对于腐蚀性毒物，可口服牛奶、蛋清、植物油等进行保护。

8.4.3.3 热烧伤事故与急救

火焰、开水、蒸汽、热液体或固体直接接触人体引起的烧伤都属于热烧伤。

轻度烧伤尤其是不严重的肢体烧伤，应立即用清水冲洗或将患肢浸泡在冷水中10～20min。如不方便浸泡，可用湿毛巾或布单盖在患部，然后浇冷水，以使伤口尽快冷却降温，减轻热力引起的损伤。

若烧伤处已有水泡形成，小的水泡不要随便弄破，大的水泡应到医院处理或用消毒过的针刺一个小孔排出其中液体，以免影响创面修复，增加感染机会。

烧伤创面一般不作特殊处理，不要在创面上涂抹任何有刺激性的液体或不清洁的粉或油剂，只需保持创面及周围清洁即可。较大面积烧伤用清水冲洗清洁后，最好用干净纱布或布单覆盖创面，并尽快送往医院治疗。

火灾引起烧伤时，伤员身上燃烧着的衣服如果一时难以脱下来，可让伤员卧倒在地滚压灭火，或用水浇灭火焰。切勿带火奔跑或用手拍打，否则可能使得火借风势越烧越旺，使手被烧伤。也不可在火场大声呼喊，以免导致呼吸道烧伤。要用湿毛巾捂住口鼻，以防吸入烟雾导致窒息或中毒。

重要部位烧伤后，抢救时要特别注意，要密切观察伤员有无进展性呼吸困难，并及时护送到医院作进一步诊断治疗。

8.4.3.4 中暑事故与急救

(1) 轻度中暑进行自我调理。感到头疼、乏力、口渴等时，应自行离开高温环境到阴凉通风的地方适当休息，并可饮冷盐开水、洗冷水脸，进行通风降温等。

(2) 对中暑症状较重者，救护人员应将其移到阴凉通风处平卧，揭开衣服，立即采取冷湿毛巾敷头部、冷水擦身体及通风降温等方法降温。

(3) 对严重中暑者（体温较高者）还可用冷水冲淋或在头、颈、腋下、大腿放置冰袋等方法迅速降温。如中暑者能饮水，则应让其喝冷盐开水或其他清凉饮料，以补充水分和盐分。

对病情较重者，应迅速转送医院作进一步急救治疗。

第9章

储罐机械清洗施工安全

9.1 安全生产基本知识

9.1.1 安全生产方针和原则

安全生产是指在生产经营活动中，为了避免造成人员伤害和财产损失的事故而采取相应的事故预防和控制措施，使生产过程在符合规定的条件下进行，以保证从业人员的人身安全与健康，设备和设施免受损坏，环境免遭破坏，生产经营活动得以顺利进行的相关活动。

《中华人民共和国安全生产法》确定了“安全第一、预防为主、综合治理”的安全生产管理基本方针，在此方针的规约下形成了一定的管理体制和基本原则。

安全生产有以下几个基本原则：

(1)“以人为本”的原则。要求在生产过程中，必须坚持“以人为本”的原则。在生产与安全的关系中，一切以安全为重，安全必须排在第一位。必须预先分析危险源，预测和评价危险、有害因素，掌握危险出现的规律和变化，采取相应的预防措施，将危险和安全隐患消灭在萌芽状态。

(2)“谁主管、谁负责”的原则。安全生产的重要性要求主管者也必须是责任人，要全面履行安全生产责任。

(3)“管生产必须管安全”的原则。指工程项目各级领导和全体员工在生产过程中必须坚持抓生产的同时抓好安全工作。安全生产的这个原则实现了安全与生产的统一，生产和安全是一个有机的整体，两者不能分割，更不能对立起来，应将安全寓于生产之中。

(4)“安全具有否决权”的原则。指安全生产工作是衡量工程项目管理的一项基本内容，它要求对各项指标考核，评优创先时首先必须考虑安全指标的完成情况。安全指标没有实现，即使其他指标顺利完成，仍无法实现项目的最优化，安全具有一票否决的作用。

(5)“三同时”原则。基本建设项目中的职业安全、卫生技术和环境保护等措施和设施，必须与主体工程同时设计、同时施工、同时投产使用。

（6）“四不放过”原则。事故原因未查清不放过，当事人和群众没有受到教育不放过，事故责任人未受到处理不放过，没有制定切实可行的预防措施不放过。

（7）“三个同步”原则。安全生产与经济建设、深化改革、技术改造同步规划、同步发展、同步实施。

（8）安全生产要杜绝“三违”，即违章指挥、违章作业、违反劳动纪律，做到“三不伤害”，即不伤害自己、不伤害别人、不被别人伤害。

9.1.2 安全生产管理制度

安全生产管理制度可以保护劳动者在生产中的安全和健康，促进经济建设的发展。对于建设工程，基本的安全生产管理制度有：

9.1.2.1 安全生产责任制度

安全生产责任制是根据我国的安全生产方针“安全第一，预防为主，综合治理”和安全生产法规建立的各级领导、职能部门、工程技术人员、岗位操作人员在劳动生产过程中对安全生产层层负责的制度，是最基本的安全管理制度，是所有安全生产管理制度的核心。

9.1.2.2 安全生产许可制度

《安全生产许可证条例》规定国家对建筑施工企业实施安全生产许可证制度。其目的是严格规范安全生产条件，进一步加强安全生产监督管理，防止和减少生产安全事故。

9.1.2.3 政府安全生产监督检查制度

政府安全生产监督检查制度是指国家法律、法规授权的行政部门，代表政府对企业的安全生产过程实施监督管理。

9.1.2.4 安全生产教育培训制度

企业安全生产教育培训一般包括对管理人员、特种作业人员和企业员工的安全教育。

9.1.2.5 安全措施计划制度

安全措施计划制度是指企业进行生产活动时，必须编制安全措施计划。它是企业有计划地改善劳动条件和安全卫生设施，防止工伤事故和职业病的重要措施之一，对企业加强劳动保护，改善劳动条件，保障职工的安全和健康，促进企业生产经营的发展都起着积极作用。

9.1.2.6 特种作业人员持证上岗制度

特种作业人员必须按照国家有关规定经过专门的安全作业培训，并取得特种作业操作资格证书后，方可上岗作业。

9.1.2.7 专项施工方案专家论证制度

《建设工程安全生产管理条例》第二十六条规定，施工单位应当在施工组织设计中编制安全技术措施和施工现场临时用电方案，对下列达到一定规模的危险性较大的分部分项工程编制专项施工方案，并附具安全验算结果，经施工单位技术负责人、总监理工程师签字后实施，由专职安全生产管理人员进行现场监督：基坑支护与降水工程；土方开挖工程；模板工程；起重吊装工程；脚手架工程；拆除、爆破工程；国务院建设行政主管部门或其他有关部门规定的其他危险性较大的工程。

9.1.2.8 危及施工安全工艺、设备、材料淘汰制度

危及施工安全工艺、设备、材料淘汰制度一方面有利于保障安全生产；另一方面也体现了优胜劣汰的市场经济规律，有利于提高生产经营单位的工艺水平，促进设备更新。

9.1.2.9 施工起重机械使用登记制度

施工起重机械使用登记制度是对施工起重机械的使用进行监督管理的一项重要制度，能够有效防止不合格机械和设施投入使用；同时，还有利于监管部门及时掌握施工起重机械和整体提升脚手架、模板等自升式架设设施的使用情况，便于监督管理。

9.1.2.10 安全检查制度

安全检查制度是清除隐患、防止事故、改善劳动条件的重要手段，是企业安全生产管理工作的一项重要内容。通过安全检查可以发现企业及生产过程中的危险因素，便于有计划地采取措施，保证安全生产。检查的方式主要有定期安全检查、日常巡回检查、专业性检查、季节性检查、节假日前后安全检查等；检查内容包括查思想、查管理、查隐患、查整改、查伤亡事故处理等，重点是检查“三违”和安全责任制的落实。

9.1.2.11 生产安全事故报告和调查处理制度

关于生产安全事故报告和调查制度，《中华人民共和国安全生产法》《中华人民共和国建筑法》《建设工程安全生产管理条例》《生产安全事故报告和调查处理条例》《中华人民共和国特种设备安全法》等法律法规都对此做了相应的规定。

9.1.2.12 “三同时”制度

内容与“三同时”原则一致。

9.1.2.13 安全预评价制度

安全预评价是在建设工程项目前期，应用安全评价的原理和方法对工程项目的危险性、危害性进行预测性评价。

9.1.3 安全生产事故

安全生产事故是指生产经营单位在生产经营活动中发生的造成人身伤亡或者直接经济损失的事故。

9.1.3.1 事故分类

（1）按照事故发生的原因，我国《企业职工伤亡事故分类》（GB 6441）规定，职业伤害分为20类。其中与机械清洗行业相关的有物体打击、车辆伤害、机械伤害、起重伤害、触电、灼烫、火灾、高处坠落、坍塌、爆炸、中毒和窒息、其他伤害等。

（2）按照事故严重程度分为轻伤事故、重伤事故、死亡事故。

（3）按照事故造成的人员伤亡或直接经济损失分为特别重大事故、重大事故、较大事故、一般事故。

9.1.3.2 事故报告

事故发生后，事故现场的有关人员应当立即向本单位负责人报告；单位负责人接到报告后，应当在1h内向事故发生地县级以上人民政府安全生产监督管理部门和负有安全生产监督管理职责的有关部门报告。

情况紧急时，事故现场有关人员可以直接向事故发生地县级以上人民政府安全生产监督管理部门和负有安全生产监督管理职责的有关部门报告。事故报告后出现新情况的，应当及时补报。

报告事故应当包括下列内容：

（1）事故发生单位概况；

（2）事故发生的时间、地点以及事故现场情况；

（3）事故的简要经过；

（4）事故已经造成或者可能造成的伤亡人数（包括下落不明的人数）和初步估计的直接经济损失；

（5）已经采取的措施；

（6）其他应当报告的情况。

9.1.3.3 事故的调查与处理

事故的处理遵循“四不放过”原则。事故调查的主要内容包括：

（1）查明事故发生的经过、原因、人员伤亡情况及直接经济损失；

（2）认定事故的性质和事故责任；

（3）提出对事故责任者的处理建议；

（4）总结事故教训，提出防范和整改措施；

（5）提交事故调查报告。

9.1.4 安全生产隐患

隐患是指潜藏着的祸患，即隐藏不露、潜伏的危险性大的事情或灾害。事故隐患泛指生产系统中可导致事故发生的人的不安全行为、物的不安全状态和管理上的缺陷。

9.1.4.1 安全隐患

人的不安全行为是指造成人身伤亡事故的人为错误。包括引起事故发生的不安全动作；也包括应该按照安全规程去做，而没有去做的行为。其主要分为以下几类：

（1）操作错误，忽视安全，忽视警告；

（2）造成安全装置失效；

（3）使用不安全设备；

（4）手代替工具操作；

（5）物体（指成品、半成品、材料、工具等）存放不当；

（6）冒险进入危险场所；

（7）攀坐不安全位置（如平台护栏等）；

（8）在起吊物下作业、停留；

（9）机器运转时进行加油、修理、检查、调整、清扫等工作；

（10）有分散注意力的行为；

（11）在必须使用个人防护用品的作业或场合中，忽视个人防护用品和不安全装束；

（12）对易燃、易爆等危险品处理错误。

物的不安全状态是指能导致事故发生的物质条件，包括机械设备或环境所存在的不安全因素。物的不安全状态是构成事故的物质基础。其分为以下几类：

（1）材料、设备、器具堆放得不安全；

（2）防护、保险、信号装置和安全防护设施缺乏或有缺陷；

（3）设备、工具及附件中有缺陷，设计不当，结构不符合安全要求；

（4）机械强度、绝缘强度不够，起重绳索不符合安全要求；

（5）机具设备维修、保养、调整不当，在非正常状态下带“病”运转或机具超负荷运转；

（6）现场环境不良、光线不足、照度不够、通风不良、作业场所狭窄、作业场地杂乱、通道不畅等；

（7）个人防护用品缺乏或不符合安全要求；

（8）交通线路配置不合理，施工工序配置不安全；

（9）无防护措施的交叉作业；

（10）现场管理不善。

管理上的缺陷主要是指组织管理上的缺陷，也是事故潜在的不安全因素，作为间接原因主要有以下几个方面：

（1）技术上的缺陷；

（2）教育上的缺陷；

（3）生理上的缺陷；

（4）心理上的缺陷；

（5）管理工作上的缺陷；

（6）学校教育和社会、历史原因造成的缺陷。

9.1.4.2 隐患治理

隐患的治理原则主要有：

（1）冗余安全度治理原则；

（2）单项隐患综合治理原则；

（3）事故直接隐患与间接隐患并治原则；

（4）重点治理原则；

（5）动态治理原则。

隐患的处理包括：

（1）当场指正，限期纠正，预防隐患发生；

（2）作好记录，及时整改，消除安全隐患；

（3）分析统计，查找原因，制定预防措施；

（4）跟踪验证。

9.1.5 安全标志

由 GB 2894《安全标志及其使用导则》可知，安全标志是指用来表达特定安全信息的标志，由图形符号、安全色、几何形状（边框）或文字构成。

安全标志是向工作人员警示工作场所或周围环境的危险状况，指导人们采取合理行为的标志。安全标志能够提醒工作人员预防危险，从而避免事故发生；当危险发生时，能够指示人们尽快逃离，或者指示人们采取正确、有效、得力的措施，对危害加以遏制。安全标志不仅类型要与所警示的内容相吻合，而且设置位置要正确合理，否则就难以真正发挥其警示作用。

安全标志主要包括禁止标志、警告标志、指令标志和提示标志四种，如图 9-1 所示。

（1）禁止标志　是禁止人们不安全行为的图形标志，其基本形式是带斜杠的圆形边框，颜色为白底、红圈、红杠、黑图案。

（2）警告标志　是提醒人们对周围环境引起注意，以避免可能发生危险的图形标志，其基本形式是正三角形边框，颜色为黄底、黑边、黑图案。

（3）指令标志　是强制人们必须做出某种动作或采用防范措施的图形标志，

其基本形式是圆形边框，颜色为蓝底、白图案。

（4）提示标志　是向人们提供某种信息的图形符号，其基本形式是正方形边框，颜色为绿底图案。

图 9-1　安全色应用实例

9.2 消防安全

9.2.1 燃烧的基本条件

照前所述，物质燃烧必须具备的三个基本条件是：

（1）可燃物：有气体、液体和固体三态，如煤气、汽油、木材、塑料等；

（2）助燃物：泛指空气、氧气以及氧化剂；

（3）点火源：包括电点火源、高温点火源、冲击点火源和化学点火源等。

以上三个条件必须同时具备，并相互结合、相互作用，燃烧才能发生。

9.2.2 灭火的基本方法

9.2.2.1 冷却灭火法

这种灭火法的原理是将灭火剂直接喷射到燃烧的物体上，以降低燃烧物体的温度至其燃点之下，从而使燃烧停止；或者将灭火剂喷洒在火源附近的物资上，使其不因火焰热辐射作用而形成新的火点。冷却灭火法是一种灭火的主要方法，常用水和二氧化碳作灭火剂降温灭火。

灭火剂在灭火过程中不参与燃烧过程中的化学反应，此方法属于物理性灭火法。

9.2.2.2 隔离灭火法

这种灭火法的原理是将正在燃烧的物资和周围未燃烧的可燃物资隔离或移开，中断可燃物资的供给，使燃烧因缺少可燃物而停止。其具体方法有：

（1）将火源附近的可燃、易燃、易爆等物品搬走。

（2）关闭可燃气体、液体管道的阀门。

（3）设法阻拦流散的可燃、易燃物品。

（4）可能的话，拆除与火源毗邻的易燃建筑物，形成防止火势蔓延的空间地带。

9.2.2.3 窒息灭火法

这种灭火法的原理是阻止空气流入燃烧区域或用不燃物质冲淡空气中的氧气含量，使燃烧得不到足够的氧气而停止。其具体方法有：

（1）用沙土、水泥、湿麻袋、湿棉被等覆盖燃烧物。

（2）喷洒雾状水、干粉、泡沫等灭火剂覆盖燃烧物。

（3）用水蒸气或氮气、二氧化碳等惰性气体灌注发生火灾的容器、设备。

（4）密闭起火建筑、设备和孔洞。

9.2.2.4 抑制灭火法

这种灭火法的原理是使灭火剂参与到燃烧的反应过程中去，如使用1211灭火器向燃烧物喷射等。

9.2.3 常用灭火器的使用方法

9.2.3.1 二氧化碳灭火器

二氧化碳灭火器适用于扑救电气、精密仪器、油类和酸类火灾，不能扑救钾、钠、镁、铝物质火灾。

（1）使用方法：先拔出保险销，再压合压把，将喷嘴对准火焰根部喷射。

（2）注意事项：使用时要尽量防止皮肤因直接接触喷筒和喷射胶管而造成冻伤。扑救电器火灾时，如果电压超过600V，切记要先切断电源再灭火。

（3）应用范围：适用于A（固体）、B（液体）、C（气体）类火灾，不适用于D（金属）类火灾。扑救棉麻、纺织品火灾时，应注意防止复燃。由于二氧化碳灭火器灭火后不留痕迹，因此适宜扑救家用电器火灾。

9.2.3.2 干粉灭火器

不导电，可扑救电气设备火灾，但不宜扑救旋转电机火灾。另外，还可扑救石油、石油产品、油漆、有机溶剂、天然气和天然气设备火灾。一般公司的灭火器都是干粉灭火器。

（1）使用方法：与二氧化碳灭火器基本相同。但应注意的是，干粉灭火器在使用之前要颠倒几次，使筒内的干粉松动。使用ABC干粉灭火器扑救固体火灾时，应将喷嘴对准燃烧最猛烈处左右喷射，尽量使干粉均匀地喷洒在燃烧物表面，直至将火全部扑灭。因干粉冷却作用甚微，灭火后一定要防止复燃。

（2）应用范围：ABC干粉灭火器适用于各类初起火灾，BC干粉灭火器不适用于固体可燃物火灾，它们都不能用于扑救轻金属火灾。手提式ABC干粉灭火器使用方便、价格便宜、有效期长，既可以扑救燃气灶及液化气钢瓶角阀等处的初起火灾，也能扑救油锅起火和废纸篓等固体可燃物质的火灾。

9.2.3.3 泡沫灭火器

有一定的导电性，可扑救油类或其他易燃液体火灾，不能扑救忌水和带电物火灾。

（1）使用方法：用手握住灭火器的提环，平稳、快捷地提往火场，不要横扛、横拿。灭火时，一手握住提环，另一手握住筒身的底部，将灭火器颠倒过来，喷嘴对准火源，用力摇晃几下即可灭火。

（2）注意事项：具有一定的导电性，不可扑救忌水和带电物的火灾。

9.3 储罐机械清洗施工安全管理

虽然储油罐采用机械清洗方式相比人工清理方式在安全性、效率上都有了质的飞跃，但仍然属于高风险作业，因此在施工中必须时刻注意安全管理工作。

9.3.1 储罐机械清洗主要风险

储罐机械清洗现场施工存在的安全风险除了常规风险外，突出的风险主要有火灾爆炸和人员窒息中毒两个。

9.3.1.1 火灾爆炸

（1）产生的主要原因

① 罐内存在爆炸性混合气体；

② 设备管线的油气泄漏；

③ 静电。

（2）防护措施　只要控制着火的三个基本要素之一即可防止火灾爆炸事故的发生。在整个储罐机械清洗过程中，只要罐内存在气相空间，就需控制罐内可燃气体和氧气的浓度。通常控制氧气的浓度（体积分数）小于8%。另外，加强巡检也是避免火灾爆炸事故发生的有效途径。

9.3.1.2 人员窒息中毒

无论采取什么施工工艺，在清洗过程中，大都需要作业人员在罐顶作业，机械清洗结束后，也均需人员进罐做最终的擦拭工作，这些都存在着极大的人员窒息中毒风险。

防护措施：加强通风，并做好可燃气体、氧气及有毒有害气体浓度检测，如有必要，需规范佩戴防毒面具、呼吸器等作业。

9.3.2 现场安全作业的基本要求

9.3.2.1 作业人员的基本要求

（1）作业人员应经过油罐机械清洗设备操作培训合格后上岗；

（2）伤疮口尚未愈合者，油品过敏者，职业禁忌者，在经期、孕期、哺乳期的妇女，有聋、哑、呆傻等严重生理缺陷者，患有深度近视、癫痫、高血压、过敏性气管炎、哮喘、心脏病和其他严重慢性病以及年老体弱不适应清罐作业等人员，不应进入现场。

9.3.2.2 清洗设备的基本要求

储油罐机械清洗设备应具备的基本能力包括：

（1）对清洗介质的抽吸、升压、换热、喷射能力；

（2）用惰性气体对清洗罐内气体置换的能力；

（3）对清洗罐内可燃气体、氧气、硫化氢气体浓度监测的能力；

（4）热水清洗过程中的回收油品能力，热水清洗结束后的污水处理能力。

9.3.2.3 作业环境的基本要求

（1）作业现场应配备消防器材；

（2）作业区域应设置警戒线和禁止烟火、禁止启动、禁止携带金属物、禁止穿化纤服装、当心触电、当心落物、当心吊物、当心烫伤、当心坠落、当心障碍物、当心碰头等安全标识，并应有专人负责监护；

（3）作业现场使用防爆通信器材；

（4）进入罐内作业应事先办理受限空间作业许可证；

（5）作业人员进罐时，罐内应经过清洗或置换。

9.3.2.4 作业防护的基本要求

（1）现场作业人员应配备符合国家标准的劳动防护用品和应急救援器具；

（2）呼吸器在使用前应进行检查，使用中应严格遵守产品说明书中的事项；

（3）作业人员应穿戴符合国家标准的防静电鞋、防静电阻燃型服装和防静电手套；

（4）现场安全监护人员应对作业人员穿戴劳动防护用品的正确性进行检查；

（5）作业场所应备有人员抢救用急救箱，并由专人保管；

（6）作业人员在清洗储罐前应进行安全教育。

9.3.2.5 作业人员上下罐基本要求

（1）作业人员上罐前应释放自身（包括携带物品）的静电；

（2）同时在盘梯上的人数不应超过5人；

（3）夜间上罐应使用防爆照明器具；

（4）不应穿带铁钉的鞋和非防静电服装上罐；

（5）遇有雷雨或5级以上大风时，不应上罐；

（6）雪天应先清扫扶梯上的积雪后再上罐。

9.3.2.6 设备接地的基本要求

（1）各电气设备均应独立或相互用接地线与接地体进行电气连接；

（2）接地电阻值小于4Ω；

（3）临时设置的输送清洗介质的管道，每隔200m至少应有一处与管道固定连接的接地线，且将接地线的端部与油罐接地体连接；

（4）金属管道配管中的非导体管段，在两侧的金属管上应分别连接接地线，并将接地线的另一端与油罐接地体连接。

9.3.2.7 工艺切换、故障停机的基本要求

（1）将电源完全断开，在设备周围和停电线路上的配电箱上悬挂“禁止启动”和“禁止合闸”的警示牌；

（2）应使用惰性气体、水或水蒸气等吹扫管线；

（3）应关闭进出设备的清洗介质、水蒸气等进出口阀门；

（4）清洗系统的工艺管道和阀门不应发生压力急增、冻凝等情况；

（5）切换流程时，应按照“先开后关、缓开缓关”的原则开关阀门；

（6）具有高低压衔接部位的流程切换，应先导通低压部位，切断流程时，应先切断高压部位；

（7）泵出现异常震动或泵轴承温度超过65℃时，应停止泵的运行。

9.3.2.8 其他基本要求

（1）设备运行期间，每班值班人数应不少于4人，其中2人操作设备，2人巡检和切换流程；

（2）对作业区域进行巡检时，每次巡检人数不应少于2人，且应携带无线防爆通信工具，巡检应有记录；

（3）所使用的仪器仪表、安全阀、计量器具应在校验有效期内，使用前应保证其处于正常工作状态；

（4）凡在走台上和其他高处作业的人员均应系安全带；

（5）作业前后应清点作业人员和作业工器具，作业人员出罐时应带出作业工器具；

（6）作业中不得抛掷材料、工器具等物品；

（7）不应在现场穿脱、拍打衣物，并应避免剧烈的身体运动；

（8）不应使用易燃、易爆、腐蚀性溶剂及化纤抹布等易产生静电的物品擦拭设备、服装和地面；

（9）罐内作业照明应使用防爆安全型灯。

9.3.3 临时安装作业安全

（1）清洗系统安装前，应停止被清洗罐的运行，宜隔离被清洗罐。

（2）起重人员和起重机应符合安全要求。

（3）竖管作业过程中应保证起重机司机，地面、罐顶走台和罐内浮顶上四点作业人员的通信畅通。

（4） 吊装过程中，设备和材料应避免与罐体磕碰。

（5） 清洗系统现场应满足下述要求：

① 放置设备的地面应平整；

② 避开罐区的消防通道，同时应选择有利于安全撤离的区域；

③ 避开低洼、沼泽和下雨后可能存在塌陷风险的区域；

④ 安装设备周围的管线时，应考虑避免巡检和操作时造成绊倒、烫伤和污染；

⑤ 非防爆设备均应设置在防火堤以外。

（6） 罐顶的设备、器材应分散放置。

（7） 竖管安装作业安全主要有：

① 沿清洗罐罐壁架设的内外竖管应相互平行；

② 清洗罐内侧竖管下端部，应安装不小于 6m 长的挠性软管；

③ 竖管严禁直接搭在罐体上；

④ 清洗罐内侧竖管的连接和安装应避免磕碰、坠落和划伤罐体；

⑤ 外部竖管的底部应固定牢靠。

（8） 支柱拔除作业安全主要有：

① 提拔支柱作业应使用防爆工具，如需敲击，应加垫木；

② 提拔支柱之前应将浮顶上有可能泄漏油气的地方用密封材料密封；

③ 往上提拔支柱的过程中，支柱与支柱套管之间不宜发生摩擦和碰撞，并应同时用纯棉抹布清理支柱上的油污；

④ 支柱拔出后，应及时用密封材料封住支柱下端管口和支柱套管管口；

⑤ 拔出的支柱数量应控制在支柱总数量的 20%以下。

9.3.4 检尺作业安全

（1） 检尺作业宜使用绝缘检尺杆，其任何部位都不宜存在金属。若使用金属检尺杆，则检尺杆应与罐体做电气连接。

（2） 以支柱套管、量油口、人孔作为检尺口，检尺前、后检尺口都应处在密封状态。

（3） 检尺前，检尺人员应释放自身及所有携带物的静电。

（4） 作业时，作业人员的身上不应有金属存在。

（5） 作业应至少 2 人进行，且作业人员应站在上风向进行检尺。

9.3.5 同质油清洗及移送作业安全

（1） 移送作业期间应在罐顶设专人监视浮顶的升降过程，若有不均匀升降或卡死现象发生，则应立即通知地面操作人员停止作业；

（2） 降罐位之前应确定清洗罐内沉积物最高点距浮顶内顶板的距离，降罐位期间应将该距离控制在 500mm 以上；

(3) 降罐位期间，在罐内油品表面与浮顶内顶板之间出现 200mm 的气相空间距离之前，应开始向清洗罐内注入惰性气体；

(4) 从清洗机上拆下的挠性软管自由端的敞口处应用盲板封住；

(5) 清洗机在清洗罐内喷射搅拌时，清洗罐内的氧气浓度（体积分数）应控制在 8%以下；

(6) 如需给清洗罐内的油加热，加热前应对该油品进行分析，并结合对该油品的分析结果制定油品升温方案；

(7) 残油移送过程中，安排人员定时对移送管线进行巡检，确保移送管线无泄漏；

(8) 残油移送结束后，清洗罐侧壁人孔附近的残油深度不应高于人孔的下缘；

(9) 残油移送过程中，在残油油位不低于罐内加热盘管的高度时，可不关闭清洗罐内的加热盘管，应确保清洗罐内的环境温度大于该油品凝固点 10℃以上。

9.3.6 热水清洗作业安全

(1) 在拆卸人孔的螺栓时，作业人员应在安全人员的监护下佩戴呼吸器进行；

(2) 拆卸人孔螺栓时，留下均布的 6 个螺栓，卸掉其余螺栓；

(3) 卸松预留的 6 个螺栓，确认无漏油后，再将螺栓完全卸掉；

(4) 打开人孔后，在进行下一步作业之前，先用湿毛毡密封人孔；

(5) 向被清洗罐内运送抽头之前，先用毛毡将人孔下部边缘盖上；

(6) 安装清底管嘴的作业人员应使用防爆工具缓慢操作，身上不应有任何金属或导体，打开人孔之后，严禁穿脱所穿服装；

(7) 安装抽头时避免金属与油罐剧烈碰撞；

(8) 热水清洗期间，作业人员不应进入清洗罐内；

(9) 清洗罐内的氧气浓度应控制在 8%以下。

9.3.7 受限空间作业安全

(1) 排水结束后，应关闭被清洗罐的所有热源，然后再打开人孔。

(2) 应隔断（拆断或加盲板）与清洗罐相连的所有管路。

(3) 应在清洗罐壁人孔处安装气动或防爆轴流风机进行机械通风。

(4) 轴流风机的风量宜按每小时最少换 5 次气计算选配。

(5) 每次通风（包括间隙通风后的再通风）前都应认真进行油气浓度和有毒气体浓度的测试，并应做好详细记录。

(6) 检测人员应在进罐作业前进行油气和有毒气体浓度检测，浓度符合规定的允许值方可进入，并做好记录。

(7) 作业期间，应定时进行清洗罐内油气和有毒气体浓度的测试，并做好记录。

(8) 凡有作业人员进罐检查或作业时，清洗罐人孔外均应设专职监护人员，且一名监护人员不应同时监护两个作业点。

(9) 如需作业人员进罐作业时，应佩戴呼吸器，且应30min轮换一次人员。

(10) 应使用防爆工具清理和盛装罐底与罐壁的残留物。

(11) 所有包装封闭后运至罐外的残留物宜分类放置，并按预先制定好的方案进行处理。

(12) 人孔附近至少应配置2支干粉灭火器，现场监护人员应时刻做好灭火的准备。

(13) 罐内应使用防爆通信工具和防爆照明灯具，照明电压应低于12V。

(14) 人员安全进罐作业，罐内的气体浓度应符合下列要求：

① 氧气浓度（体积分数）19.5%～23.5%；

② 可燃气体浓度（体积分数）低于10% LEL；

③ 硫化氢气体浓度低于10×10^{-6}；

④ 一氧化碳气体浓度低于35×10^{-6}；

⑤ 苯蒸气浓度低于1×10^{-6}。

本章主要阐述了大型储油罐机械清洗的现场作业安全，同时也简要介绍了安全生产、安全管理制度和消防安全等基本知识。

第 10 章

储罐清洗各种记录样表

储罐清洗环境基本上都是石油石化的易燃易爆场所，对质量、健康、安全、环境管理要求很高，因此在施工过程中的记录报表是非常重要的。它能体现出整个施工过程中的运行状况、巡检情况等，其记录的完整性也体现了一个施工企业对质量、健康、安全、环境管理的管理水平。本章提供了一些有着多年储罐清洗经验的企业拟定的施工过程中具有代表性的记录表样，供读者在实际清洗工程中参考使用。

10.1 施工作业安全管理检查细则样表

<table>
<tr><th>使用类别</th><th>检查类别</th><th>检查项目</th><th>检查内容</th></tr>
<tr><td rowspan="12">通用</td><td rowspan="12">基础资料</td><td rowspan="4">安全合同</td><td>1. 施工项目开工前是否办理了安全合同或合同是否超期</td></tr>
<tr><td>2. 施工项目开工前是否完成了准入评估</td></tr>
<tr><td>3. 属地单位基础资料保存是否完整，包含施工合同、两书一表（HSE 作业计划书、HSE 作业指导书、HSE 现场检查表）、项目风险分析报告、风险预管理控制方案、入场施工作业安全许可证、承包商施工作业前能力评估表、承包商工程项目 HSE 承诺书</td></tr>
<tr><td>4. 项目主管部门基础资料是否完整，包含入场施工作业安全许可证、承包商施工作业前能力评估表、承包商工程项目 HSE 承诺书、承包商施工作业过程中监督检查表、承包商竣工后安全绩效评估表</td></tr>
<tr><td rowspan="8">作业许可</td><td>1. 属地单位是否建立了作业许可台账并进行更新</td></tr>
<tr><td>2. 属地单位是否按要求对所有高危作业分级办理作业许可证</td></tr>
<tr><td>3. 施工单位现场是否留有作业许可证备查</td></tr>
<tr><td>4. 完工后，作业许可证是否及时关闭</td></tr>
<tr><td>5. 作业许可证的内容有无缺失</td></tr>
<tr><td>6. 作业许可证的内容与实际是否相符</td></tr>
<tr><td>7. A 级高危作业是否有经过审批的详实的施工方案</td></tr>
<tr><td>8. 作业许可证中日期有无涂改</td></tr>
</table>

续表

使用类别	检查类别	检查项目	检查内容
通用	基础资料	作业许可	9. 作业许可证审批栏责任人是否手写确认
			10. 动火作业是否要求办理作业申请
			11. 动火作业许可证是否现场核实后签批
		人员培训	1. 特种作业人员是否持有有效证件
			2. 进入施工现场前是否对所有入场人员进行了安全教育记录，作业人员与培训人员是否相符
			3. 培训内容是否涵盖入场须知、健康知识、施工安全、施工环境等方面内容
			4. 培训时长是否不低于2课时
			5. 培训是否留有试卷及影音资料
			6. 是否给培训合格的施工人员配发了准入证，有无无证人员进入库区
		监督检查	1. 属地单位施工作业区域管理带班长是否按要求填写上下午准入单
			2. 属地单位是否按要求填写施工监督检查记录
			3. 项目管理部门是否定期监督检查施工现场，及时填写承包商施工作业过程中监督检查表
			4. 作业许可归口管理部门是否定期监督检查施工现场，留有检查记录
			5. 施工单位、监理单位是否定期对施工现场进行监督检查并留有记录
			6. 所有监督检查记录是否与实际相符
	员工健康	劳动保护	1. 是否根据现场配备了相应护品、护具，有无过期损坏，是否能正确使用
			2. 护品、护具是否安全有效(必须有生产许可证、产品合格证、质量检验证)
		暂设食堂	1. 电源布置是否合理无隐患
			2. 是否清洁、卫生，应无易燃易爆物品堆放
			3. 炊间、灶具设专人负责，气罐检定合格，与火源的距离不少于7m，周边配有灭火器材、灭火毯
		健康状态	1. 是否有员工带病作业
			2. 有无传染病人员(以健康档案为准)
			3. 现场是否设有保健医药箱或急救器材，是否有经过培训的急救人员
			4. 施工人员在上班前和工作中均不能饮酒，禁止在库区吸烟
	施工安全	警示标示	1. 是否摆放了“施工重地，闲人免进”和“进入施工现场，必须戴好安全帽”等标识
			2. 高危作业重点区域是否悬挂“小心触电”“禁止烟火”“当心坠落”等警告标识
			3. 是否在醒目的地方挂五牌一图(工程概况牌、管理人员名单及监督电话牌、消防保卫牌、安全生产牌、文明施工牌、施工现场平面图)

续表

使用类别	检查类别	检查项目	检查内容
通用	施工安全	施工机具	1. 施工用设备是否符合现场要求，设备上的安全防护装置是否完好、可靠，并按规定定期校准或检定
			2. 施工机具（包括电锯、电刨、钢筋切断机、钢筋弯曲机、卷扬机、搅拌机等）操作是否严格按相关操作规程执行
			3. 设备的电气线路应绝缘良好，电气控制、液压、润滑系统工作性能应正常、可靠；设备外壳应有符合要求的接地（或接零）保护
			4. 固定式设备是否固定在牢固的基础上，移动式设备的电源线是否使用了橡胶护套软电缆，并有可靠的防雨、防潮设施
			5. 设备是否有专人负责，是否定期检修、检查，是否存在带病运转或超负荷使用情况
		器材堆放	1. 施工器材是否按施工总图规定的地点堆放，保持整齐稳固、安全可靠；建筑物与可燃材料堆置场地的防火间距是否符合规范要求；管材堆放位置距作业点是否有足够的安全距离；砖材堆放是否低于 1.6m 的安全高度
			2. 储存气瓶的场所应通风良好，空瓶与实瓶应分开存放，气瓶应有瓶帽和防震胶圈；氧气瓶、乙炔瓶存放是否相隔 5m 以上，距明火 10m 以外；不能暴晒，乙炔瓶不能平放
			3. 瓶内气体相互接触能引起燃烧、爆炸，产生毒物的气瓶不允许同库存放；气瓶是否定期检验
		交叉作业	1. 是否存在交叉作业现象；是否制定了安全措施；安全措施的执行情况
			2. 在建工程不得在外电架空线路正下方作业、搭设作业棚或堆放构件、材料
			3. 在建工程（含脚手架）的周边与外电架空线路的边线之间最小 6m
		季节性施工	1. 雨季施工通道、脚手板是否采取了防滑措施；避雷及接地装置在雨季前是否进行了接地电阻测定；雷雨时不应露天作业
			2. 暑季是否做好了防暑降温、饮食卫生工作，防止中暑和传染病
			3. 五级大风禁止室外动火、高空、吊装作业
			4. 寒冷季节施工现场的道路、脚手板是否及时清除了积水、冰、雪
		现场防火	1. 重点部位是否按规定配置了足额的消防器材
			2. 是否设有消防通道，消防通道是否畅通
高危作业		临时用电	1. 履行临时用电审批手续，现场符合临时用电组织设计，无私接乱接现象
			2. 电力操作至少两名电工，必须持有特种作业操作证，并且证件有效
			3. 电工操作前穿戴工服、手套、绝缘靴，配备完好的验电、试验等工具
			4. 所有临时用电设备必须执行“一箱、一机、一闸、一漏”制
			5. 所有临时用电配电箱必须设置漏电保护装置

续表

使用类别	检查类别	检查项目	检查内容
高危作业	施工安全	临时用电	6. 配电箱、开关箱必须符合公司要求，并应设有安全锁具，有防雨、防潮措施
			7. 所有临时用电配电箱、开关箱、设备电动机均设有接地装置，阻值小于10Ω
			8. 所有临时配电箱内外干净整洁，开关贴标签注明回路、设备
			9. 临时电缆穿越道路或有重物挤压危险的部位需要加装套管保护
			10. 电缆外观无老化破损，接头处已做绝缘包扎并使用支架支起
			11. 临时线路不得搭设在树木、脚手架及临时设施上
			12. 临时照明满足现场防水、防爆要求，潮湿环境和金属结构内的电源电压不得超过36V
			13. 使用潜水泵时应确保电动机及接头绝缘良好，电缆不得有接头
			14. 使用潜水泵时必须设置非金属的提泵拉绳
			15. 检修电气设备、线路时，是否悬挂警告牌和装设遮栏
			16. 罐区内的临时用电是否按要求办理了动火作业许可
		吊装作业	1. 是否有起重方案，现场情况是否相符，吊物重量、角度是否满足起重机额定载荷
			2. 特种作业人员持证上岗，现场有专人指挥，特殊情况配备通信工具
			3. 是否在起重机吊臂回转半径以内进行了有效警戒、隔离
			4. 起重设备性能完好，吊带索具配备齐全并完好，安全插销和舌片良好
			5. 货物捆扎方式牢固可靠
			6. 支腿处地面平整、坚实，垫木齐全，大于支腿三倍
			7. 作业人员必须佩戴安全帽，重物起吊后严禁人员在重物下方进行作业
			8. 严禁作业人员手扶重物，严禁作业人员随吊物升降移动
			9. 吊装前是否按规定执行了试吊操作
			10. 吊装完毕后应及时回收吊臂，严禁操作司机在吊臂支起状态下离开驾驶室
		动火作业	1. 是否履行了动火审批手续；动火现场是否是在作业许可证有效期内
			2. 动火现场是否有指定的动火作业监督人和监护人
			3. 动火现场是否配备了足够的灭火器材
			4. 氧气瓶、乙炔气瓶间隔大于5m，距动火点大于10m，气瓶检验合格；设置调压阀是否合格，气管有无老化破损
			5. 设备是否按方案排空、置换、吹扫
			6. 电焊工具是否完好，电焊机外壳必须接地

续表

使用类别	检查类别	检查项目	检查内容
高危作业	施工安全	动火作业	7. 气瓶不能放置在受限空间内
			8. 动火作业人员是否在动火点的上风向作业
			9. 电焊、气焊作业人员证件齐全
			10. 当气焊、气割产生有毒、有害气体时，通风是否良好，周边的可燃物是否已清除
			11. 作业人员穿戴个人防护装备
		挖掘作业	1. 新老地下管线复杂环境机械挖槽前，是否对地下情况进行了调查，是否有因施工不当造成管线内介质泄漏而采取的相应措施
			2. 土方开挖超过2m时是否满足边坡放坡45°要求，不满足的情况下有无其他支护措施
			3. 挖掘现场是否拉设了警戒隔离带
			4. 涉及2m以下坑内作业的，是否同时办理了受限空间作业许可证，是否有应急逃生措施
			5. 沟边2m以内禁止堆放土料，放置设备、设施、车辆等一切可能导致土方滑坡的重物
			6. 挖掘机正在挖掘或回填的过程中，坑下是否有人进行作业
			7. 拆除围墙或防火堤是否办理了挖掘作业许可证
			8. 拆除围墙作业是否按照先上后下的破坏方式，围墙以下的挖掘是否有支护措施
		高空作业	1. 高处作业是否使用了合格的脚手杆、吊架、梯子、安全网、脚手板、防护围栏、挡脚板和安全带；作业前检查安全设施是否坚固、牢靠，并应有检查记录
			2. 在3m以上高处作业时，是否按要求设置了防护网、围栏、警戒线
			3. 高处作业人员是否正确佩戴安全带，不准穿硬底鞋和易滑鞋；安全带是否按要求高挂低用
			4. 是否存在不安全作业行为(工具、材料上下投掷，骑坐在栏杆上，攀爬栏杆、绳索、高杆)
			5. 通道口搭设防护棚，棚宽大于道口，棚顶满铺脚手笆(板)，棚长5m以上；楼高24m以上设双层防护，间隔不小于70cm，棚长10m以上
			6. 30m以上高处作业与地面的联系，应由专人负责通信联络
			7. 作业平台上物料是否分散放置，严禁堆放物料
			8. 高处作业人员是否佩戴安全帽，使用工具袋

续表

使用类别	检查类别	检查项目	检查内容
高危作业	施工安全	高空作业	9. 作业平台上踏板是否齐全、固定牢固，选材严禁钢竹混用，脚手架未拆除，边上不准挖基础
			10. 作业平台底部是否按要求设置支撑，是否有控制底部滑动偏移的措施，当有作业人员在平台上时，严禁移动作业平台
			11. 安全绳是否不超过 1.8m，是否是机械钩锁并满足双锁式钩锁
			12. 悬挂式高处作业是否配备安全绳
			13. 安全绳是否与主绳分开设置牢固的锚固点
			14. 安全带与安全绳是否采取了有效的固定措施，固定点高于肩部
			15. 安全绳是否有缓冲装置
		受限空间作业	1. 需人员进入的塔罐容器或地沟作业地点是否进行了气体检测，各项取样数值是否满足人员进入条件
			2. 作业过程中是否采取了通风措施和专人监护
			3. 施工区域内是否清除了易燃易爆物资
			4. 设备、管道是否断开或用盲板隔离
			5. 系统是否已排空、吹扫、置换，是否有分析检验记录
			6. 每次进、出受限空间的人员以及携带物品都要清点和登记
			7. 空气呼吸器、防毒面具、急救箱等应急物资配备到位
			8. 受限空间内环境温度是否适宜
			9. 电气设备绝缘是否完好，接地和漏电保护是否完好
			10. 金属储罐内的临时照明行灯安全电压低于 24V
			11. 是否按要求进行了实时气体检测，每半小时填写检查记录
			12. 罐口是否设置了警戒标识以及消防器材
		管线打开	1. 是否采取了双重隔离措施
			2. 相应阀门是否挂牌上锁
			3. 使用工具是否满足防爆要求
			4. 气体检测是否合格
		压力试验	1. 试压区域是否设置了围栏、警戒标识
			2. 压力表满值为试验压力的 1.5 倍
			3. 管道的盲板是否紧固
			4. 是否已拆除或隔离安全阀
			5. 打压过程是否缓慢提压
			6. 出气短接是否牢固，加装管线放气时必须采取固定措施

续表

使用类别	检查类别	检查项目	检查内容
环境污染	环境检查	施工现场环境	1. 施工过程是否对环境造成损害，是否有恢复措施
			2. 施工残渣和废物是否集中堆放在指定地点，并按规定及时处理
			3. 施工过程有无产生落地油，是否进行了及时清理
			4. 施工单位是否按照要求落实了油污防渗处理，防渗布铺设是否满足现场要求
		营地暂设	1. 营地生活污水优先考虑排入污水管网，严禁自然排放；不能排入管网的应修建生活污水池，生活污水采用暗管进行收集，排入池内，池四周设围栏和警示标志
			2. 施工结束后对暂设现场遗留的污水、垃圾及其他废弃物进行合理处置，平整现场，恢复原有地貌

10.2 库区施工开工报告样表

<table>
<tr><td>工程名称</td><td colspan="3"></td></tr>
<tr><td colspan="4">工程概况（规格、内容）：</td></tr>
<tr><td>建设单位</td><td></td><td>施工单位</td><td></td></tr>
<tr><td>设计单位</td><td></td><td>合同造价</td><td></td></tr>
<tr><td>工程地点</td><td></td><td>计划开、竣工时间</td><td></td></tr>
<tr><td>开工条件具备情况</td><td colspan="3">1. 合同或协议书是否签订 ………………………… □
2. 工程项目是否列入计划 ………………………… □
3. 施工组织设计或施工方案是否编审 ………………… □
4. 安全风险评估是否编审 ………………………… □
5. 施工临设道路、水、电等条件是否具备 ……………… □
6. 施工机械是否落实 ……………………………… □
7. 主要材料是否到位 ……………………………… □
8. 施工管理机构及劳动力是否到 …………………… □
＊注：如资料齐全，在□上打√</td></tr>
<tr><td colspan="4">申报单位（章）：
项目负责人签字：
年　月　日</td></tr>
<tr><td colspan="4">审批单位：
设备部意见：
负责人签字：　　日期：　年　月　日
业务部或其他部门意见：
负责人签字：　　日期：　年　月　日
生产部意见：
负责人签字：　　日期：　年　月　日
HSE 部意见：
负责人签字：　　日期：　年　月　日</td></tr>
</table>

10.3 接地电阻测量记录样表

<table>
<tr><td colspan="2">接地电阻测量记录</td><td colspan="2"></td><td colspan="2">工程名称：
单元名称：</td></tr>
<tr><td>专业工程</td><td></td><td>施工图号</td><td></td><td>测量日期</td><td>年　月　日</td></tr>
<tr><td>接地种类</td><td></td><td>测量仪表</td><td></td><td>允许值</td><td></td></tr>
</table>

接地电阻测量记录

序号	测量位置	实测值/Ω	环境相对湿度/%	测量时间	当天及前三天的天气情况

测量结论：

测量位置示意图：

建设/监理单位	总承包单位	施工单位
专业工程师： 日期：　年　月　日	专业工程师： 日期：　年　月　日	专业工程师： 质量检查员： 测　量　人： 日期：　年　月　日

10.4 技术交底记录样表

技术交底记录			工程名称： 单元名称：
技术文件 名　称		交底日期	年　　月　　日
主持人		交底人	
参加交底 人员签字			

交底主要内容：

记录人： 日期：　　　　年　　月　　日	审核人： 日期：　　　　年　　月　　日

10.5 吊装作业许可证样表

<table>
<tr><td>申请单位/部门</td><td></td><td>申请人</td><td></td><td>作业区域</td><td></td></tr>
<tr><td>操作人员</td><td></td><td>指挥人员</td><td></td><td>司索人员</td><td></td></tr>
<tr><td>特种作业操作证编号</td><td></td><td>起重车型</td><td></td><td>起重车号</td><td></td></tr>
<tr><td>监护人</td><td colspan="2"></td><td colspan="2">现场安全负责人</td><td></td></tr>
<tr><td>作业内容</td><td colspan="5"></td></tr>
<tr><td colspan="6">批准作业时间：　年　月　日　时　分至　年　月　日　时　分</td></tr>
<tr><td rowspan="2">危害辨识</td><td colspan="2">□无证操作
□指挥混乱
□无警戒线或警示标志
□未严格执行吊装作业“十不吊”</td><td colspan="3">□起重机与输电线路的安全距离不符合规范要求
□涉及危险作业组合，未落实相应安全措施，办理相应许可证
□施工条件发生重大变化，未重新办理许可证
□其他</td></tr>
<tr><td colspan="5">辨识人：</td></tr>
</table>

序号	安全措施	确认人签字
1	作业人员持有有效特种设备操作证书、起重机械检验合格证书	
2	吊装40t以上重物，施工方案、安全措施、应急预案经过审批	
3	警戒区域及吊装现场应设置安全警戒标志	
4	起重机具制动、液压、吊具、钢索等要符合安全技术要求	
5	作业人员清楚起重物件重量和地面附着物情况及周围作业环境情况	
6	起重作业时指挥人员和指挥信号要明确、清楚	
7	指派专人监护，并坚守岗位，非作业人员禁止入内	
8	穿戴个体防护用品，做好必要的防护措施	
9	夜间抢修吊装现场要有足够的照明	
10	严禁利用管道、管架、电杆、机电设备等作吊装锚点	
11	遇六级以上强风或在其他恶劣气候条件下时，禁止起重作业	
12	吊装过程中如需阻断道路交通，应办理《断路作业许可证》；作业人员登2m以上高处作业时，应办理《高处作业许可证》；涉及其他危险作业须办理相关许可证	
13	其他安全措施（可另附）	

所需安全防护装备（请在适用的方框中打钩）：
□工作服　□安全鞋　□安全帽　□安全带　□防尘口罩　□防护手套
□防毒面具　□护目镜　□护耳器具　□防护服　□其他

施工单位/部门	作业点管辖部门	设备/工程管理部门	HSE管理部门
签字 年　月　日	签字 年　月　日	签字 年　月　日	签字 年　月　日

完工验收
本证所列之吊装作业已于　日　时结束，作业现场已经清理
监护人（施工单位）：　时间：　日　时　分；监护人（公司）：　时间：　日　时　分

10.6 动火作业许可证样表

申请单位/部门		现场安全负责人	
动火区域、设备位号及内容			
动火人		特殊工程类别及编号	
动火监护人		动火监护人工种	
动火方式	□电焊□气焊[割]□喷砂□防爆区使用非防爆电器□铁锤击(产生火花)物件□手持电动工具(砂轮机等)□风镐□防爆区内临时用电等其他产生火花或明火的作业		

动火点周围40m范围内未安排生产作业:是□　否□
本人已了解本次动火作业的详细内容,并随时将有关的生产作业动态通知监火人
动火作业属地管辖部门责任人:　　　　年　月　日

可燃气体检测分析(LEL%)记录;危害辨识另附

批准动火时间	年　月　日　时　分至　年　月　日　时　分

序号	主要安全措施	确认人签字
1	作业人员持有效的特种作业操作证,并已经安全培训教育	
2	已接受作业点管辖部门对动火现场的工艺生产情况和周围环境的交底,并向作业人员进行了安全技术措施交底	
3	作业所用机具进行了安全检查并合格	
4	动火设备内部的物料清理干净,蒸汽吹扫或水洗合格,达到动火条件	
5	断开与动火设备相连接的所有管线,断开方式:□加盲板;□采用介质封堵	
6	高处动火作业采取防火花飞溅措施:□摊放石棉防火布、金属等不燃物;□周围拉设警戒线;□其他	
7	电焊回路线应接在焊件上,电焊机电缆(焊把线)不得穿过下水井或与其他设备搭接	
8	乙炔气瓶(禁止卧放)、氧气瓶与火源间的距离不得少于10m	
9	临时用电实行三级配电、二级保护,满足“一机一闸一漏”配电原则	
10	动火点周围(最小半径15m)的下水井、地漏、地沟、电缆沟等已清除易燃物,并已采取覆盖、铺湿土、水封等手段进行有效隔离	
11	罐区防火堤内动火时,动火点同一围堰内的油罐不得进行脱水作业	
12	油轮靠泊,从油轮边缘向外延伸40m内区域禁止动火作业	
13	现场配备消防带(　)根、灭火器(　)具、防火毯(　)块、消防车(　)辆,消防道路畅通	
14	发现异常,立即停止动火作业	
15	动火结束熄灭残火,清理好残渣	
16	其他安全措施(可另附)	

续表

所需安全防护装备(请在适用的方框中打钩):
□工作服 □安全鞋 □安全帽 □安全带 □防毒面具 □防尘口罩 □空气呼吸器
□焊接面罩 □防护手套 □护目镜 □护耳器具 □防护服 □其他

施工单位/部门	作业点所在管辖部门	项目管理部门	HSE 管理部门	公司领导
签名: 年 月 日	签名: 年 月 日	签名: 年 月 日	签名: 年 月 日	签名: 年 月 日

完工验收
本证所列之吊装作业已于 日 时结束,作业现场已经清理
监护人(施工单位): 时间: 日 时 分;监护人(公司): 时间: 日 时 分

10.7 特种设备作业人员登记样表

特种设备作业人员登记表			工程名称: 工程类别:		
序号	姓名	工种	证书编号	批准日期	有效期
编制人: 日期: 年 月 日			审核人: 日期: 年 月 日		

10.8 临时用电作业许可证样表

申请单位/部门		现场安全负责人	
作业内容		作业/施工地点	
用电设备及功率		工作电压	
电源接入点			
临时用电人		作业电工操作证号	
对应动火作业票编号			
批准临时用电时间	年　月　日　时　分至　年　月　日　时　分		

危害辨识		
	□无证操作 □指挥混乱 □无警戒线或警示标志 □未严格执行吊装作业“十不吊”	□起重机与输电线路的安全距离不符合规范要求 □涉及危险作业组合，未落实相应安全措施，办理相应许可证 □施工条件发生重大变化，未重新办理许可证 □其他
	辨识人：	

序号	主要安全措施	确认人
1	现场安全负责人已向作业人员进行安全交底	
2	安装临时线路人员持有电工作业操作证	
3	在防爆场所使用的临时电源、电气元件和线路达到相应的防爆等级要求（储罐、油管线等储存可燃、易燃介质的设备设施大修时前期开罐、抽油、照明、通风作业必须使用防爆设备，后期施工作业经过安全管理部门检测合格后方可将非防爆设备带入划定的施工现场）	
4	临时用电的单相和混用线路采用五线制，线路电压等级符合要求，绝缘测试合格	
5	临时用电线路架设位置、支撑符合要求，架空高度在装置内不低于2.5m，道路不低于5m	
6	临时用电线路架空进线不得采用裸线，不得在树上或脚手架上架设	
7	暗管埋设及地下电缆线路设有“走向标志”和安全标志，电缆埋深大于0.7m	
8	现场临时用电配电盘、箱应有防雨措施并编号，盘、柜门能可靠关闭并有标志	
9	临时用电设施安有漏电保护器，移动工具、手持工具应一机一闸一保护	
10	用电设备、线路容量、负荷符合要求	
11	行灯电压符合要求，电气元件符合要求	
12	其他安全措施（可另附）	

所需安全防护装备（请在适用的方框中打钩）：

□工作服　□绝缘　□安全帽　□安全带　□防毒面具　□防尘口罩　□空气呼吸器
□绝缘手套　□护目镜　□护耳器具　□防护服　□其他

续表

施工单位/部门	电气运行主管人员(变配电)	设备/工程管理部门
签名： 年 月 日	签名： 年 月 日	签名： 年 月 日

用电开始： 送电执行人： 年 月 日 时 分 临时用电负责人： 年 月 日 时 分	施工结束：临时用电设备已拆除，现场已清理 停电执行人： 年 月 日 时 分 临时用电负责人： 年 月 日 时 分

10.9 动土作业许可证样表

申请单位/部门		施工地点	
项目名称		现场监护人	
作业人员	(总数人)		
作业内容		现场安全负责人	
批准作业时间	年 月 日 时 分至 年 月 日 时 分		

危害辨识	□开挖破坏管线、电缆(人工开挖、机械开挖) □开挖方式或边坡处理不当，发生坍塌	□深度开挖，出现中毒 □深度开挖，造成坠落
	辨识人：	

序号	主要安全措施	确认人签名
1	电力电缆已确认，保护措施已落实	
2	电信电缆已确定，保护措施已落实	
3	地下供排水管线、工艺管线已确认，保护措施已落实	
4	挖掘方式：□人工；□机械(经确认存在地下电力电缆、电信电缆、供排水管线、工艺管线等设施)	
5	作业前，现场安全负责人向作业人员进行安全交底，施工机具检查合格	
6	已按施工方案图划线施工，并已办理断路/占道许可证	
7	作业现场围栏、警戒线警告牌、夜间警示灯已按要求设置	
8	已进行放坡处理和固壁支撑	
9	道路施工作业已报交通、消防、保卫、生产调度、安全监督管理部门	
10	人员进出口和撤离保护措施已落实：A. 梯子；B. 修坡道	
11	备有可燃气体检测仪、有毒介质检测仪	
12	作业现场夜间有充足照明：A. 普通灯；B. 防爆灯	
13	作业人员必须佩戴防护用具、用品	
14	作业器械符合安全要求	
15	挖掘机进入库区道路行驶对路面采取保护措施	
16	其他安全措施(可另附)	

所需安全防护装备(请在适用的方框中打钩):
□工作服 □安全鞋 □安全帽 □安全带 □防毒面具 □防尘口罩
□防护手套 □护目镜 □护耳器具 □防护服 □其他

	相关部门意见	签字
地下设备设施审核	电力电缆主管人员意见:	
	电信电缆主管人员意见:	
	供排水主管人员意见:	
	工艺管线主管人员意见:	
	消防管线主管人员意见:	

施工单位/部门	作业点管辖部门	HSE 管理部门	设备/工程管理部门
签名: 年 月 日	签名: 年 月 日	签名: 年 月 日	签名: 年 月 日

完工验收
本证所列之吊装作业已于 日 时结束,作业现场已经清理
监护人(施工单位): 时间: 日 时 分
监护人(公司): 时间: 日 时 分

10.10 高处作业许可证样表

申请单位/部门		现场安全负责人	
施工地点		作业点管辖部门	
作业内容			
作业高度	m	作业级别:□一级 □二级 □三级 □特级	
作业人			
批准作业时间	年 月 日 时 分至 年 月 日 时 分		
危害辨识	□作业人员患禁忌证或不熟悉作业环境或不具备安全技能 □防坠落、防滑用品未佩戴或使用不当 □脚手架搭设不规范,存在缺陷 □登高过程中人员坠落或机具、材料掉落 □作业下方站位不当或未采取隔离措施	□作业周边有带电的电气设备 □现场照明亮度不良 □30m 以上高处作业无通信工具或联络不良 □未派监护人或未能履行监护职责 □涉及危险作业组合,未落实相应安全措施,办理相应许可证 □作业条件发生重大变化,未重新办理许可证 □其他	
	辨识人:		

续表

序号	主要安全措施	确认人签名
1	作业人员身体条件符合要求	
2	作业人员着装符合工作要求，做好必要的防护措施	
3	作业人员佩戴安全带，要系在垂直的上方且系挂位置无尖锐锋利的棱角，不能低挂高用	
4	作业人员携带有工具袋，不准在高处投掷材料、工具或杂物	
5	高处作业采用的登高设备：□固定式脚手架；□移动式脚手架；□梯子；□绳索或吊篮；□其他	
6	现场搭设的脚手架、防护围栏符合安全规程，搭设不影响现场生产操作和巡回检查	
7	作业中使用的梯子要牢固，并设防滑装置。人字梯拉绳须牢固。金属梯不应在电气设备附近使用。梯角不稳固时，须有专人在扶梯旁监护	
8	垂直分层作业中间有隔离设施	
9	梯子或绳梯符合安全规程规定	
10	在石棉瓦等不承重物上作业应搭设平台并站在固定承重板上	
11	高处作业有充足照明，安装临时灯，防火防爆区域使用防爆灯	
12	在六级以上强风、浓雾等恶劣气候下的露天攀登与悬空高处作业，应严格落实拟定的安全措施，但不得进行特级高处作业。抢险需要时，必须采取可靠的安全措施，此时负责人需亲临现场指导，以确保安全	
13	进行30m以上高处作业配备通信、联络工具	
14	其他安全措施(可另附)	

所需安全防护装备(请在适用的方框中打钩)：

□工作服　□安全鞋　□安全帽　□安全带　□防毒面具　□防尘口罩　□空气呼吸器

□防护手套　□护目镜　□护耳器具　□防护服　□其他

施工单位/部门	作业点管辖部门	设备/工程管理部门	HSE管理部门
签名： 年　月　日	签名： 年　月　日	签名： 年　月　日	签名： 年　月　日

完工验收

本证所列之吊装作业已于　　日　　时结束，作业现场已经清理

监护人(施工单位)：　　　　时间：　日　时　分

监护人(公司)：　　　　时间：　日　时　分

10.11 人孔开启作业许可证样表

申请单位/部门		现场安全负责人	
作业地点			
作业内容			
作业人			
批准作业时间	年 月 日 时 分至 年 日 时 分		
危害辨识（打“√”）	□罐内储存物料未确认，盲目开启 □使用非防爆工具作业 □在暴雨、雷电天气下作业 □周边有明火及其他火源	□涉及危险作业组合，未落实相应安全措施，办理相应许可证 □作业条件发生重大变化，未重新办理许可证 □其他	
	辨识人（施工单位）：	确认人（签发部门）：	

序号	主要安全措施	确认人签名
1	作业人员清楚储罐曾储存的介质（施工单位、监护人）	
2	暴雨、雷电天气停止作业（施工单位、监护人）	
3	□作业人员确认使用工具防爆；□已落实防爆措施（打钩）（施工单位）	
4	作业人员劳防用品穿戴符合要求（工作服、呼吸面具）（施工单位、监护人）	
5	作业场所拉好警戒线或挂上警示牌（人孔开启后人孔口挂“危险！严禁入内”警示牌，人孔周围5m内可燃气浓度低于爆炸下限的20%可拆除警戒线）（施工单位、属地单位）	
6	作业管辖部门落实加强巡检频次（施工单位、生产管理部门）	
7	联络工具通信畅通（施工单位）	
8	夜间作业必须有足够的照明、防爆灯具（施工单位、监护人）	
9	与储罐相连的工艺管线已做隔离（施工单位、监护人、HSE）	
10	监护人落实到位（施工单位、监护人）	
11	作业过程不影响现场生产操作和保证消防通道畅通（施工单位、监护人）	
12	补充安全措施（可另附）	

所需安全防护装备（请在适用的方框中打钩）：
□工作服 □安全鞋 □安全帽 □安全带 □防毒面具
□防护手套 □护目镜 □护耳器具 □防护服 □其他

施工单位/部门	HSE管理部门	生产管理部门
签名： 年 月 日	签名： 年 月 日	签名： 年 月 日

完工验收
本证所列之吊装作业已于 日 时结束，作业现场已经清理
监护人（施工单位）： 时间： 日 时 分；监护人（公司）： 时间： 日 时 分

10.12 受限空间作业许可证样表

<table>
<tr><td>申请单位/部门</td><td colspan="2"></td><td>现场安全负责人</td><td colspan="2"></td></tr>
<tr><td>作业点属地
管辖部门</td><td colspan="2"></td><td>设备设施名称</td><td colspan="2"></td></tr>
<tr><td>内部原有介质</td><td colspan="2"></td><td>主要危险因素</td><td colspan="2">□窒息；□中毒；
□触电等人身伤害</td></tr>
<tr><td>作业内容</td><td colspan="5"></td></tr>
<tr><td>作业人</td><td colspan="3"></td><td>监护人</td><td></td></tr>
<tr><td colspan="6">气体检测记录、危害辨识另附</td></tr>
<tr><td>批准作业时间</td><td colspan="5">年　月　日　时　分至　年　月　日　时　分</td></tr>
<tr><td>序号</td><td colspan="4">主要安全措施</td><td>确认人签名</td></tr>
<tr><td>1</td><td colspan="4">作业人员已经过安全培训教育</td><td></td></tr>
<tr><td>2</td><td colspan="4">作业前对进入受限空间的危险性进行分析，并向作业人员进行安全交底</td><td></td></tr>
<tr><td>3</td><td colspan="4">所有与受限空间有关联的阀门、管线均加盲板隔离，列出盲板清单，并落实拆装盲板责任人</td><td></td></tr>
<tr><td>4</td><td colspan="4">受限空间设备经过置换、吹扫、蒸煮，并检测合格</td><td></td></tr>
<tr><td>5</td><td colspan="4">设备打开通风孔进行自然通风，内部温度适合人员作业进入；必要时采用强制通风或佩戴空气呼吸器，但设备内缺氧时，严禁用通氧气的方法补充氧</td><td></td></tr>
<tr><td>6</td><td colspan="4">相关设备进行处理，带搅拌机的设备应切断电源，挂“禁止合闸”标志牌，上锁或设专人监护</td><td></td></tr>
<tr><td>7</td><td colspan="4">检查受限空间内部，要具备安全作业条件。在清洗储罐的过程中必须使用防爆工具</td><td></td></tr>
<tr><td>8</td><td colspan="4">检查受限空间进出口通道，不得有阻碍人员进出的障碍物</td><td></td></tr>
<tr><td>9</td><td colspan="4">盛装过可燃有毒液体、气体的受限空间，还应分析可燃、有毒有害气体的含量</td><td></td></tr>
<tr><td>10</td><td colspan="4">作业人员清楚受限空间内存在的其他危害因素，如内部附件、集渣坑等</td><td></td></tr>
<tr><td>11</td><td colspan="4">作业人员必须穿符合安全规定的劳动保护着装和防护器具</td><td></td></tr>
<tr><td>12</td><td colspan="4">作业前后登记清点人员、工具、材料等，防止遗留在设备内</td><td></td></tr>
<tr><td>13</td><td colspan="4">所有照明均应使用安全电压，电线绝缘良好。特别潮湿场所和金属设备内作业，行灯电压应<12V，使用手持电动工具应有漏电保护</td><td></td></tr>
<tr><td>14</td><td colspan="4">受限空间作业每次进人不得超过 3 人，外面需有专人监护，并规定互相联络方法和信号（　）</td><td></td></tr>
<tr><td>15</td><td colspan="4">监护措施：消防器材（　）、救生绳（　）、气防装备（　）</td><td></td></tr>
<tr><td>16</td><td colspan="4">其他安全措施（可另附）</td><td></td></tr>
</table>

续表

所需安全防护装备(请在适用的方框中打钩): □工作服 □安全鞋 □安全帽 □安全带 □防毒面具 □防尘口罩 □空气呼吸器 □防护手套 □护目镜 □护耳器具 □防护服 □其他			
施工单位/部门	作业点管辖部门	设备/工程管理部门	HSE管理部门
签名: 年 月 日	签名: 年 月 日	签名: 年 月 日	签名: 年 月 日
完工验收 本证所列之吊装作业已于 日 时结束,作业现场已经清理 监护人(施工单位): 时间: 日 时 分;监护人(公司): 时间: 日 时 分			

10.13 盲板封堵作业许可证样表

申请单位/部门				设备、管线名称				
现场安全负责人				监护人				
设备、管线情况	原有介质	温度	压力	盲板	材质	规格	数量	编号
加装盲板	年 月 日 时 分				作业人员			
拆卸盲板	年 月 日 时 分							

盲板位置示意图(可另附): 编制人: 年 月 日		
危害辨识	□盲板有缺陷 □危险有害物质(能量)释放 □周边有明火及其他火源 □操作失误 □通风不良	□监护不当 □应急设施不足或措施不当 □涉及危险作业组合,未落实相应安全措施,办理相应许可证 □作业条件发生重大变化,未重新办理许可证 □其他
	辨识人(施工单位):	确认人(签发部门):

序号	主要安全措施	确认人签名
1	关闭待检维修设备管线仪表出入口阀门(施工单位、HSE)	
2	在拆装盲板前,将管道压力泄至常压或微正压(施工单位、监护人)	
3	盲板按编号挂牌(施工单位)	
4	已确认与作业点相关设备管线物料走向和加、拆盲板的法兰位置(施工单位、监护人)	
5	严禁在同一管道上同时进行两处及两处以上抽堵盲板作业(施工单位、监护人)	
6	距作业地点30m内停止所有动火作业(施工单位、监护人、HSE)	

续表

7	作业前，现场安全负责人向作业人员进行安全交底，施工机具检查合格（施工单位、HSE）	
8	作业时站在上风向，并背向作业（施工单位、监护人）	
9	作业人员劳动防护品配备、佩戴符合要求（在有毒物料环境中，佩戴防毒面具或空气呼吸器；在腐蚀性物料环境中，佩戴防酸碱护目镜等防护用具、用品）（施工单位、监护人）	
10	高处作业时系挂安全带（施工单位、监护人）	
11	工作照明使用防爆灯具（施工单位、监护人）	
12	使用防爆工具，严禁使用产生火花的工具作业，禁止用铁器敲打管线、法兰等（施工单位）	
13	其他安全措施（可另附）	

所需安全防护装备（请在适用的方框中打钩）：
□工作服 □安全鞋 □安全帽 □安全带 □空气呼吸器 □防护手套
□防毒面具 □护目镜 □防护服 □其他

施工单位/部门	HSE管理部门	生产管理部门
签名： 年 月 日	签名： 年 月 日	签名： 年 月 日

完工验收
本证所列之吊装作业已于 日 时结束，作业现场已经清理
监护人（施工单位）： 时间： 日 时 分；监护人（公司）： 时间： 日 时 分

10.14 断路作业许可证样表

申请单位/部门			
作业人员		监护人	
断路原因			
堵塞（开挖）路段	断路地段示意图（可另附）：		
批准作业时间	年 月 日 时 分至 年 月 日 时 分		
危害辨识（打“√”）	□标识不明，信息沟通不畅，影响交通 □作业期间无适当安全措施或不到位 □单向道路临时应急措施失效 □作业结束后，现场清理不彻底，阻碍交通	□变更未经审批 □涉及危险作业组合，未落实相应安全措施，办理相应许可证 □施工条件发生重大变化，未重新办理许可证 □其他	
	辨识人（施工单位）：	确认人（签发部门）：	

续表

序号	主要安全措施	确认人签名
1	与作业道路相连的道路设置相应的标志与设施(施工单位、HSE)	
2	如作业路段为单向道路,分段作业,现场已采取临时应急措施,保证消防车的通行(施工单位、HSE)	
3	开挖部位周围用围栏封闭,夜间用红灯警示,并落实好开挖破土作业相应防范措施(施工单位、HSE)	
4	吊装作业临时断路,驾驶员不能离开作业车辆,作业结束车辆不得停放现场,保持道路畅通(施工单位、监护人)	
5	遇到火警立即让道停止作业(施工单位、监护人)	
6	其他安全措施(可另附)	

所需安全防护装备(请在适用的方框中打钩):
□工作服 □安全鞋 □安全帽 □防护手套 □护目镜 □护耳器具 □防护服 □其他

施工单位/部门	作业点管辖部门	HSE管理部门
签名: 年 月 日	签名: 年 月 日	签名: 年 月 日

完工验收
本证所列之吊装作业已于 日 时结束,作业现场已经清理
监护人(施工单位): 时间: 日 时 分;监护人(公司): 时间: 日 时 分

10.15 夜间作业许可证样表

夜间作业许可证		项目名称	
		编码	
作业单位			
作业地点			
作业内容			
是否附安全工作方案	是□ 否□	是否附应急救援预案	是□ 否□
是否附图纸	是□ 否□	图纸说明	
申请有效期	年 月 日 时 分至 年 月 日 时 分		

序号	作业开工条件	确认结果	确认人
1	夜间是否有充足、合格的照明	□是 □否	
2	是否有作业管理人员、HSE人员、电工和值班司机	□是 □否	
3	现场的孔洞等隐患是否已提前得到消除	□是 □否	
4	夜间作业的专用设施是否已经配备	□是 □否	
5	作业风险是否已经得到辨识	□是 □否	

续表

6	作业风险是否已采取控制措施并向作业人员交底	□是　□否	
7	是否制定了夜间作业管理方案或应急预案	□是　□否	
8	作业现场是否检查并消除了安全隐患	□是　□否	
9	使用的机具、设备是否满足安全要求	□是　□否	
10	补充的要求和措施：	□是　□否	
施工单位作业人监护人	该项作业将在我的全权负责下展开，我明白自己肩负的责任。我将确保在我的监管下，每项防范措施都得到落实，每个人都得到充分的指导，项目的各项HSE管理制度得到严格的贯彻和执行 作业负责人(签字)：　　年　月　日 作业监护人(签字)：　　年　月　日		
许可证申请与审批	本人已同施工单位(人员)讨论了该工作及安全计划，并对工作内容进行了检查，我对本工作及工作人员的安全负责 批准人(建设/监理工程师)：　　年　月　日		
许可证关闭	工作结束，本人已经确认现场没有遗留任何安全隐患，申请本许可证关闭 申请人(施工单位负责人)：　　年　月　日 相关方(确认人)：　　年　月　日 批准人(建设/监理工程师)：　　年　月　日		
许可证取消	因以下原因，许可证取消： 申请人(施工单位负责人)：　　年　月　日 相关方(确认人)：　　年　月　日 批准人(建设/监理工程师)：　　年　月　日		

10.16 淤渣测量样表

测定日：　年　月　日

测定时间：　时　分至　时　分

续表

序号	总深度/mm	原油深度/mm	淤渣深度/mm	序号	总深度/mm	原油深度/mm	淤渣深度/mm	序号	总深度/mm	原油深度/mm	淤渣深度/mm
1				11				21			
2				12				22			
3				13				23			
4				14				24			
5				15				25			
6				16				26			
7				17				27			
8				18				28			
9				19				29			
10				20				30			

10.17 清洗机动作计划及运转记录样表

日期	喷嘴编号	开始时间	停止之间	转速/(r/min)	喷嘴角度	清洗方位	压力/MPa	操作人员

续表

日期	喷嘴编号	开始时间	停止之间	转速/(r/min)	喷嘴角度	清洗方位	压力/MPa	操作人员

注：清洗机的旋转时间须进行充分确认。

10.18 设备运行记录表样

工程名称：

项目/时间		单位	8:00	10:00	12:00	14:00	16:00	18:00	20:00	22:00	0:00	2:00	4:00	6:00
环境温度		℃												
回收泵	出口压力	MPa												
	出口温度	℃												
	冲洗液压力	MPa												
	电流	A												
	轴承温度	℃												
	轴承箱油位													
	电动机温度	℃												
清洗泵	出口压力	MPa												
	冲洗液压力	MPa												
	电流	A												
	轴承温度	℃												
	轴承箱油位													
	电动机温度	℃												
分离罐液位														
循环水罐液位														
罐顶管路压力		MPa												
制氮机	空压机温度	℃												
	电流	A												
	氮气压力	MPa												
	冷干机	m^3/h												
	排水													
管线巡检														

填表人： 班长： 时间：

10.19 储罐清洗作业前施工现场检查样表

检查内容	完成情况	施工单位	建设单位	备注
防火堤内：回收装置、清洗装置、撇油槽	位置正确，安装调试完毕			
防火堤外：制氮机、空压机	位置正确，安装调试完毕			
回收、清洗、移油引油管线	安装、试验完毕			
氮气、压缩空气抽吸管线	安装完毕			
与建设单位管线的连接是否为软连接	是			
与移送罐管线的连接是否安装了止回阀	已安装			
防火堤内电气设备防爆	防爆			
电气设备外壳是否接地	接地			
罐区地坪铺设的管线静电接地	接地			
浮盘上管线静电接地	接地			
管线(四条螺栓连接的)法兰跨接线	有			
动力电缆铺设	符合要求			
罐顶正压空气呼吸器	罐顶 2 台			
干粉灭火器	符合要求			
设备摆放整齐、现场文明卫生	符合要求			
有关作业票是否齐全	齐全			
施工现场围护栏	符合要求			
标示牌、安全警告牌	符合要求			

验收情况

施工单位：	建设单位：
验收人： 年　月　日	验收人： 年　月　日

10.20 罐顶外浮盘上氧气、可燃气体和硫化氢浓度记录样表

工程名称： 位号：

日期：			天气：																							
项目/时间		单位	8:00	9:00	10:00	11:00	12:00	13:00	14:00	15:00	16:00	17:00	18:00	19:00	20:00	21:00	22:00	23:00	0:00	1:00	2:00	3:00	4:00	5:00	6:00	7:00
环境温度		℃																								
氧气	1																									
	2																									
可燃气体	1																									
	2																									
硫化氢	1																									
	2																									
备注																										

注：1. 人员上罐顶浮盘作业时，首先一人到罐顶检测空气指标，合格后，再通知其他人员到罐顶浮盘上作业

2. 知人员在罐顶浮盘上连续作业1h以上，需检测并记录上述三种气体指标

填表人： 班长：

10.21 清罐岗综合记录样表

<table>
<tr><td rowspan="10">设备运转</td><td colspan="2">项目/时间</td><td>单位</td><td>8:00</td><td>10:00</td><td>12:00</td><td>14:00</td><td>16:00</td><td>18:00</td><td>20:00</td><td>22:00</td><td colspan="2">交接班记录</td></tr>
<tr><td colspan="2">氧气浓度(体积分数)/通道</td><td>%</td><td>/</td><td>/</td><td>/</td><td>/</td><td>/</td><td>/</td><td>/</td><td>/</td><td>地点：</td><td></td></tr>
<tr><td colspan="2">可燃气体浓度/通道</td><td>LEL</td><td>/</td><td>/</td><td>/</td><td>/</td><td>/</td><td>/</td><td>/</td><td>/</td><td>值班人：</td><td>月 日 时</td></tr>
<tr><td rowspan="2">移送泵</td><td>出口压力</td><td>MPa</td><td></td><td></td><td></td><td></td><td></td><td></td><td></td><td></td><td colspan="2" rowspan="16">交接内容：</td></tr>
<tr><td>电流</td><td>A</td><td></td><td></td><td></td><td></td><td></td><td></td><td></td><td></td></tr>
<tr><td rowspan="2">清洗泵</td><td>出口压力</td><td>MPa</td><td></td><td></td><td></td><td></td><td></td><td></td><td></td><td></td></tr>
<tr><td>电流</td><td>A</td><td></td><td></td><td></td><td></td><td></td><td></td><td></td><td></td></tr>
<tr><td>真空泵</td><td>压力表(—)</td><td>MPa</td><td></td><td></td><td></td><td></td><td></td><td></td><td></td><td></td></tr>
<tr><td rowspan="2">热交换器</td><td>进口温度</td><td>℃</td><td></td><td></td><td></td><td></td><td></td><td></td><td></td><td></td></tr>
<tr><td>出口温度</td><td>℃</td><td></td><td></td><td></td><td></td><td></td><td></td><td></td><td></td></tr>
<tr><td rowspan="9">HSE巡检</td><td>部位</td><td colspan="2">关键巡检点</td><td>8:00</td><td>10:00</td><td>12:00</td><td>14:00</td><td>16:00</td><td>18:00</td><td>20:00</td><td>22:00</td></tr>
<tr><td>移送设备</td><td colspan="2">机泵、负压罐、隔膜泵</td><td></td><td></td><td></td><td></td><td></td><td></td><td></td><td></td></tr>
<tr><td>清洗设备</td><td colspan="2">机泵、油水分离槽</td><td></td><td></td><td></td><td></td><td></td><td></td><td></td><td></td></tr>
<tr><td>临时用电</td><td colspan="2">电缆、电动机、照明、配电盘、接地</td><td></td><td></td><td></td><td></td><td></td><td></td><td></td><td></td></tr>
<tr><td>空压机</td><td colspan="2">压力、润滑油位、传动部位</td><td></td><td></td><td></td><td></td><td></td><td></td><td></td><td></td></tr>
<tr><td>罐上设施</td><td colspan="2">清洗机、风袋、检测点、气路管线</td><td></td><td></td><td></td><td></td><td></td><td></td><td></td><td></td></tr>
<tr><td rowspan="2">在线检测装置</td><td colspan="2">过滤杯、过滤网、气路管线连接</td><td></td><td></td><td></td><td></td><td></td><td></td><td></td><td></td></tr>
<tr><td colspan="2">显示器、气体检测</td><td></td><td></td><td></td><td></td><td></td><td></td><td></td><td></td></tr>
</table>

存在的问题及整改意见：

接班人：　　　　　　　　　　　　月　日　时

10.22 锅炉岗综合记录样表

项目			单位	8:00	10:00	12:00	14:00	16:00	18:00	20:00	22:00	交接班记录
锅炉运转	锅炉	蒸汽压力	MPa									地　点：
		锅炉水位	cm									值班人：　月　日　时
		排烟温度	℃									交接内容：
		加热器温度	℃									
		燃油压力	MPa									
		烟箱出口温度	℃									
	燃料油罐	循环压力	MPa									
		油温	℃									
	软化水箱液位		cm									
	排污	水位计冲洗										
		锅炉排污时间										
水质化验	软化水	硬度	mmol/L									
		氯离子	mg/L									
		pH 值										
	锅水	碱度	mmol/L									点炉时间：
		氯离子	mg/L									停炉时间：
		pH 值										锅炉运行时间：
	来水	硬度	mmol/L									安全阀手动排放试验时间：
		pH 值										

续表

HSE巡检	锅炉	燃烧器、火焰、观察窗、炉墙温度									存在的问题及整改意见：
		蒸汽压力表、排烟温度表、水位表									
		排污阀、安全阀、水位计、阀门开度									
	软化水装置	树脂罐、盐罐、水箱水位、机泵									
	燃料油罐	温度控制器、罐内油温、油位、机泵									
	临时用电	电缆、配电盘、控制柜、电动机、照明									接班人：　　月　日　时

注：来水硬度、pH值到新现场测试一次；水质化验每4h化验一次；安全阀手动排放试验每月1号进行一次。

10.23 应急物资检查记录样表

序号	检查项	检查内容	检查情况	备注
1	防毒面具	是否在有效期内		
		外观清洁完好，无破损		
		数量是否齐全		
2	防爆工具	外观清洁完好，无锈蚀、无破损		
		数量是否齐全		
3	铜锹、铜铲	外观清洁完好，无锈蚀、无破损		
		数量是否齐全		
4	多种气体检测仪	运行是否正常		
		外观清洁完好，无锈蚀、无破损		
5	隔离警示带	外观清洁完好，无破损		
		数量是否齐全		

续表

序号	检查项	检查内容	检查情况	备注
6	警示牌	外观清洁完好，无锈蚀、无破损		
		数量是否齐全		
7	急救包(小)	药品是否过期		
		数量是否齐全		
8	防爆手电筒	电量是否充足		
		外观清洁完好，无锈蚀、无破损		
9	编织袋	外观清洁完好，无破损		
		数量是否齐全		
10	防渗布	外观清洁完好，无破损		
		数量是否齐全		

10.24 健康安全与环境法律法规清样表

填写部门：　　编号：

序号	法律法规及其他要求名称	文号	实施日期	适用条款或简要内容	保存部门或岗位

续表

序号	法律法规及其他要求名称	文号	实施日期	适用条款或简要内容	保存部门或岗位

审核人：　　　　填写人：　　　　日期：

10.25 危害因素调查登记样表

单位（或部门）：　　　　编号：

序号	生产工作活动划分	危害因素		危害及影响	风险级别	评价或评估人	已采取控制措施	措施评审	日期	审核人
		单元	危害因素描述							

续表

序号	生产工作活动划分	危害因素		危害及影响	风险级别	评价或评估人	已采取控制措施	措施评审	日期	审核人
		单元	危害因素描述							

10.26 员工健康安全与环境能力评估汇总样表

序号	单位(单位)	姓名	性别	出生年月	文化程度	参加工作时间	岗位	职务	职称	工种工龄	健康状况	评估得分	备注

10.27 作业票记录样表

单位：

序号	作业内容	施工单位	作业起止时间	审批时间	审批人	作业票编号	完工报告人	作业收尾情况	对相关设备流程的影响

10.28 高处作业检查样表

执行人：　　　　　　　　　　　　检查人：

作业单位		作业地点	
作业单位监护人		设备名称	机械清洗设备
作业内容	储罐机械清洗	作业人	
作业起止时间	年　月　日　时至　年　月　日　时	检查时间	

检查内容	执行	检查结果
1. 作业人员身体情况符合要求		
2. 人孔周边作业人员佩戴安全带		
3. 员工清楚坠落风险		
4. 下罐人员梯子摆放牢靠		
5. 下罐人员佩戴安全带		
6. 施工人员穿防静电服装，劳动防护到位		
7. 连接部件已做定期检查		

检查情况和建议：

10.29 进罐作业记录样表

单位名称：　　　　　　　　　　　　记录人：

油罐编号		油罐类型		容积/m^3		储油品种	
作业日期		排油气方法				清洗方法	
作业时油气浓度			油气检测人员姓名				
作业负责人姓名			现场监护人姓名				

作业人员姓名	着装情况	进人孔井时间	出人孔井时间	工作内容

作业人员姓名	着装情况	进罐时间	出罐时间	工作内容

10.30 进入受限空间作业检查样表

执行人：　　　　　　　　检查人：

作业单位		作业地点		
作业单位监护人		设备名称	机械清洗设备	
作业内容	储罐机械清洗	作业人		
作业起止时间	年　月　日　时至　年　月　日　时	检查时间		
检查内容			执行	检查
1. 对作业人和监护人进行应急处理、救护方法等方面的安全知识教育，明确职责并对作业环境进行交底				
2. 要进入作业的设备，必须完全切断其与外部的连接或用盲板封堵				
3. 进入受限空间作业的常规条件应为：可燃气体浓度低于其爆炸下限的20%，氧含量达19.5%～23.5%，有毒有害物质含量不超标				
4. 进入缺氧设备，应采用强制通风或佩戴空气呼吸器等方法，严禁通氧气补氧				
5. 必须设专人监护，并与作业人规定相互联络的方法和信号				
6. 受限空间出入口内外应无障碍物，确保畅通无阻				
7. 作业人员必须穿戴符合要求的劳保用品，使用符合要求的工机具、照明设施				
8. 受限空间外，必须由监护人准备一定数量的应急救护用具				
9. 作业前后，监护人应登记清点人员、工机具、材料等，防止遗留在设备内				
10. 作业中可能产生易燃易爆介质、有毒有害气体或缺氧的受限空间，必须进行全过程气体监测分析				

检查情况和建议：

10.31 可燃气体检测样表

气体检测：

检测时间		
检测位置		
氧气检测浓度/%		
可燃气体浓度(LEL)/%		
有毒气体浓度/(mg/m)		

本人确认工作开始前气体检测已合格
检测人签字：

确认人签字：

工作过程中气体检测要求(位置、频次，另附气体检测记录表)：

10.32 清罐作业油气检测记录样表

单位：

罐编号		油罐类型			
容积/m³		储油品种			
测试用仪器型号					
仪器生产厂		出厂年月		检定时间	

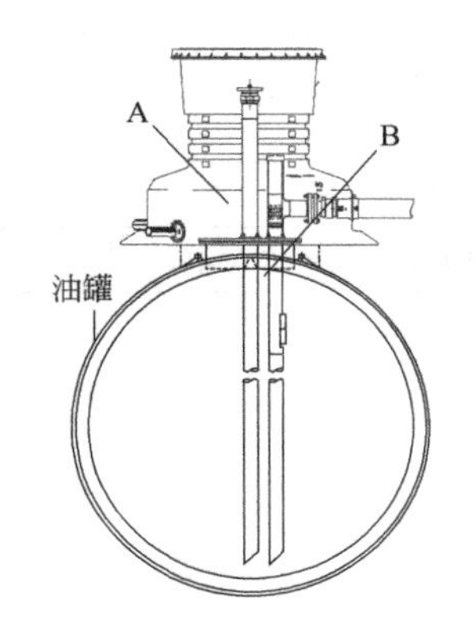

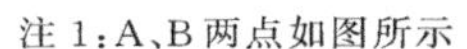

注 1:A、B两点如图所示
注 2:A点为油罐外人孔井区域;B点为油罐内人孔区域
注 3:浓度测试时应使用规格型号相同的两台以上仪器

测试时间（月日时分）	天气情况及气温	测点A数据/%		测点B数据/%		测试人员签字
		氧	可燃性气体	氧	可燃性气体	

10.33 事故记录样表

填表时间：　　年　　月　　日　　时　　分　　　　　　　　　　　　填表人：

事故单位		事故类型	
事故时间	年　　月　　日　　时　　分		
事故地点			
伤亡情况	死亡　　人，重伤　　人，轻伤　　人		
初步估计直接经济损失	元		

事故经过：

初步原因分析：

目前处理情况：

单位主管领导：　　　　安全环保负责人签字：　　　　安全环保科接收人：　　　　接收时间：

10.34 突发事件信息登记样表

<table>
<tr><td>报告单位</td><td colspan="2"></td><td>报告人姓名</td><td></td><td>职务</td><td></td></tr>
<tr><td>报告时间</td><td colspan="3">年　月　日　时　分</td><td>电话</td><td colspan="2"></td></tr>
<tr><td>事件发生时间</td><td colspan="3">年　月　日　时　分</td><td>事件类别</td><td colspan="2"></td></tr>
<tr><td>事件发生地点</td><td colspan="6">省(自治区)　县(市)　乡镇　区域</td></tr>
<tr><td>事件发生单位</td><td colspan="6">(企业)　(单位)　(基层)</td></tr>
<tr><td>事件发生初步原因</td><td colspan="6"></td></tr>
<tr><td>事件概况和已经采取的措施</td><td colspan="6"></td></tr>
<tr><td>现场人员伤亡及撤离情况(人数、程度、所属单位)</td><td colspan="6"></td></tr>
<tr><td>目前环境污染情况</td><td colspan="6"></td></tr>
<tr><td>目前造成周边影响情况</td><td colspan="6"></td></tr>
<tr><td>现场气象、主要自然情况</td><td colspan="6"></td></tr>
<tr><td>事态恢复的初步判断</td><td colspan="6"></td></tr>
</table>

10.35 新员工入厂三级健康安全与环境教育培训登记卡

单位：

<table>
<tr><td rowspan="2">员工基本概况</td><td>姓名</td><td></td><td>性别</td><td></td><td>年龄</td><td></td><td colspan="2">毕业院校</td><td colspan="2"></td></tr>
<tr><td>文化程度</td><td></td><td>来源</td><td></td><td>入厂时间</td><td colspan="2"></td><td>岗位</td><td colspan="2"></td></tr>
<tr><td rowspan="2">厂级教育培训</td><td colspan="10">培训内容：

培训时间：</td></tr>
<tr><td>讲课人</td><td></td><td>考核负责人</td><td></td><td>考核成绩</td><td></td><td>本人签字</td><td></td><td>考核时间</td><td></td></tr>
<tr><td rowspan="2">单位（车间）教育培训</td><td colspan="10">培训内容：

培训时间：</td></tr>
<tr><td>讲课人</td><td></td><td>考核负责人</td><td></td><td>考核成绩</td><td></td><td>本人签字</td><td></td><td>考核时间</td><td></td></tr>
<tr><td rowspan="2">班组教育培训</td><td colspan="10">培训内容：

培训时间：</td></tr>
<tr><td>讲课人</td><td></td><td>考核负责人</td><td></td><td>考核成绩</td><td></td><td>本人签字</td><td></td><td>考核时间</td><td></td></tr>
<tr><td>安全操作证取证考试</td><td>考试时间</td><td></td><td>成绩</td><td></td><td>考核负责人</td><td></td><td>本人签字</td><td></td><td>证号</td><td></td></tr>
</table>

附录

储罐清洗相关作业规范摘录

附录为清洗工作中常用的几个规范的重要内容，便于使用者阅读。

附1 储罐机械清洗作业规范

1 管理控制要求

1.1 清洗队伍的基本要求

a）通过ISO14001，OHSAS18001管理体系的认证。

b）具有相应资质的技术人员及装备。

c）使用专用机械装置完成储油罐的清洗。

d）具有完整的、功能齐备的技术、质量、安全、劳动卫生、环保和项目管理组织体系。

e）作业人员应身体健康，通过专业培训，持证上岗。

1.2 作业劳动防护用品的基本要求

1.2.1 劳动防护用品的配备

劳动防护用品应包括但不限于以下装备：安全帽、头罩、面罩、护目镜、防静电工作服、防毒面具、呼吸器、绝缘手套、绝缘鞋、安全带、保险绳、安全网。配备应符合SY/T 6524的相关规定。

1.2.2 防护服的要求

进罐人员应穿防护服。防护服的要求如下：

a）应保证密封性良好，防止皮肤接触罐内介质；

b）应颜色鲜艳以增加作业人员之间的相互识别；

c）应符合SY/T 6340的相关规定，具有防静电性能；

d）应配备防护帽、防护手套、防护鞋、防护眼镜等。

1.2.3 呼吸防护用具

1.2.3.1 佩戴空间

作业人员进入有毒有害气体的、需办理进入许可证的有限空间，应佩戴相应呼吸防护用具。

1.2.3.2　呼吸防护

呼吸防护应满足以下要求：

a）使用者应遵循防护用具的操作要求；

b）呼吸防护用具的选择应根据作业人员将要面对的危险等级而定；

c）使用者应经过正确使用呼吸防护用具方面的指导和培训；

d）呼吸防护用具应保持清洁，保存在一个取用方便、整洁、卫生的地方；

e）呼吸防护用具每次使用前后应进行检查，每月至少检查一次；

f）应对工作环境进行持续监测，作业人员在作业环境下的暴露时间和所受的危害程度应严加监视；

g）在没有证实作业人员的身体条件符合作业需要和设备使用需要的情况下，不应给这些作业人员分配呼吸防护用具；

h）佩戴呼吸防护用具使用者应接受配具合适性测试；

i）应通过空气罐、呼吸空气压缩机或是长管呼吸器等提供安全洁净的气源。

1.2.3.3　空气供给管路和接口

呼吸空气供给系统管路接口与其他供气系统的接口型号不应相同，以防止呼吸空气供给管路与其他非呼吸用气体相连接。监护人应保证新鲜空气进入呼吸空气储罐内。

1.3　作业工具用具的基本要求

1.3.1　作业设备、作业工具、照明工具、通信工具应符合防爆要求。

1.3.2　气体检测仪的基本要求：

a）气体检测仪应能够连续监测清洗储罐内的氧气浓度、可燃气体浓度。

b）手持式检测仪应能够监测氧、可燃气体、硫化氢、一氧化碳的浓度，仪器的配备应符合 GB 50493 的相关规定。

c）气体检测仪的配备，应根据清洗储罐的大小，监测点宜采取 3～6 处。

d）其他关于气体检测仪的要求参见 SY/T 6696—2014 附录 A。

1.4　清洗作业的一般要求

1.4.1　可清洗储罐的要求

可清洗储罐的要求包括：

a）储油罐罐壁和罐顶应满足安装清洗机所需的开孔，开孔需与业主方商议。

b）储油罐中应有足够数量、足够尺寸可连接上机械清洗装置的抽吸管口、开孔等。

c）储油罐具有良好的密封性，拱顶罐安全呼吸阀应正常运行。

d）储油罐防雷、防静电装置处于完好状态。

1.4.2　清洗油和清洗后回收混合油的性质要求

清洗油和清洗后回收混合油的性质要求包括：

a）清洗油的使用量宜为清洗储罐内沉淀淤油泥量的 8 倍以上。

b）在正常的同种油清洗操作温度下，清洗油应具有充分的流动性。

c）稀释混合后的混合油黏稠度不应过高，所含沉淀淤油泥宜控制在清洗油体积量的10%以下，

1.4.3 清洗储罐内沉积淤油泥的性质要求

清洗储罐内沉积淤油泥的性质要求有：

a）应预估罐内沉积淤油泥的分布状况及数量。

b）应确认罐内沉积淤油泥的凝固点、密度及黏度数值。

c）较高黏度的淤油泥应选择较低黏度的油品作为清洗油，且清洗油温度应高于淤油泥凝固点20℃以上。

1.4.4 作业现场要求

作业现场要求有：

a）应具备清洗用水、蒸汽热源、动力电源。

b）应有放置机械清洗装备及器材的场地，有易于操作、巡检及应急撤离的安全通道。

c）应有接收温水清洗后废水排放的条件。

d）业主方应负责最终罐底残余废物的环保无害化处理工作。

1.4.5 其他相关储罐的要求

其他相关储罐的要求包括：

a）接收容器应能够容纳清洗后的全部回收的油量，并且接收管口满足要求。

b）清洗油供给储罐提供的清洗用油量能够满足清洗要求，并且供给管口满足要求。

c）当清洗油供给储罐与接收回油储罐为同一储罐时，供油管口与接收油管口之间应尽可能远离。

1.4.6 储罐清洗作业危险及防范

1.4.6.1 火灾和爆炸危险

当可燃气体和空气达到一定的比例混合后，在遇明火时就会发生火灾。更加详细的描述参见SY/T 6696—2014附录B。

当进行罐内作业时，应采取措施控制火源以避免发生爆炸。储油罐内的气体应进行测试。

静电也有可能引起爆炸，防雷防静电接地装置应良好，防范措施及要求应符合SY/T 6319的相关规定。

1.4.6.2 缺氧

如果储罐被封闭，氧化过程（生锈过程）将会耗尽罐内的氧气。在工人进入储罐之前，储罐应进行氧浓度检测，并分析储罐内部的气体条件。当工人在罐内时，需要时应对罐内氧气含量进行监测，以确保罐内的氧气含量没有发生变化。

1.4.6.3 有毒、有害物质

有毒物质根据其毒性、浓度和暴露时间，可以造成刺激、伤害、疾病，甚至死亡。根据有毒物质的性质和特点，接触途径包括呼吸吸入、皮肤或眼睛吸收、

误食等。

硫化氢是一种剧毒、易燃的气体，它会出现在油品的生产、储存、酸性石油和石油组分的炼制过程。

储罐潜在危险的详细的描述参见 SY/T 6696—2014 附录 B。

1.4.7　器材吊装运输作业的要求

器材吊装运输应满足以下要求：

a）超出车厢外及有散落倾向的器材，应采取捆绑固定措施，并申请相关手续。

b）作业现场，用警示带进行隔离，禁止非作业人员入内，同时安装安全标志牌，预留进行作业、检查的安全通道。

c）吊具应确认无安全隐患。

d）指挥吊车作业、挂钩作业由起重工进行，应使用允许负荷以上的吊具。

e）在罐顶上硫化氢为 $10mg/m^3$ 以上时，应佩戴防护面具作业。

f）罐顶器材吊装时，应在防风壁上配置起重工，指挥作业。器材吊入作业时，器材应分散放置。

1.4.8　临时设置作业的要求

临时设置作业的要求：

a）各设备电机旁、清洗储罐检修孔旁及罐顶应配置足够的灭火器。

b）作业区域内应按规定使用防爆工具。

c）与业主方管线的连接，应安装临时阀门，与原有管线的连接，应使用挠性软管进行过渡连接。而且应在移送管线上安装止回阀，防止逆流。

d）使用挠性软管时，应在最大安装偏位范围之内。

e）电气机器的配线，应合格，并全部用接地线连接到储罐接地线上。

f）电气设备的绝缘阻抗位应在 $0.5M\Omega$ 以上，独立接地阻抗值在 10Ω 以内，接地线为 $14mm^2$ 以上。

g）电气机器的电源，应安装漏电断路器。

h）临时设置管线的连接部，应安装铜质接地线，其端部宜连接到储罐地线上。

i）高空作业时，应使用安全带进行防护。

j）在管道穿越通道时，应采取措施保证人、车通过。

k）蒸汽管道应采取保温措施，并设置警示标志，防止人员烫伤。

l）临时设置管线连接完成后，使用空气、水或氮气进行密闭性试验。

1.4.9　余油移送作业的要求

余油移送作业的要求如下：

a）业主方负责操作罐体本体设备，应确认阀门严密，进行锁定管理。

b）移送油时应定期巡视，检查无漏油。

c）各个泵投入运行时，应按照检查目录定时进行检查，运行中应确认电流与压力等正常并记录。

d）测定罐顶上的有毒有害气体浓度，确认安全。

e）在罐顶侧板上标上标记，确认罐顶各部均匀下降。

f）确认罐顶支柱已着底后，注入惰性气体。

1.4.10　油清洗作业的要求

油清洗作业的要求如下：

a）应对氧气浓度进行监测。

b）在移送油的过程中，应定期巡视，确保无漏油处。

c）在各个泵投入运行时，应按照运行记录进行检查，确保运行设备正常。

d）测量罐顶上的有毒有害气体、氧气及可燃气体浓度，确认安全。

1.4.11　温水清洗作业的要求

温水清洗作业的要求有：

a）应对氧气浓度进行监测。

b）应确定挠性软管无变形，法兰盘部有无渗漏。

c）应监视油水分离槽的液面高度，防止溢流。

1.4.12　通风作业的要求

通风作业的要求包括：

a）打开检修孔时，操作人员应佩戴呼吸防护用具，使用防爆工具，并有专人监护。

b）先打开罐顶检修孔，再打开侧壁检修孔。

c）检修孔打开后，均应标出“禁止入内”的标志。

d）打开侧壁检修孔时，应先从下风侧进行。

e）在打开检修孔时，应采取防止漏油措施。

f）强制换气应使用防爆换气扇。

1.4.13　储罐进入的要求

储罐进入的要求包括：

a）所有进罐作业均应获得业主方的批准，并办理好《受限空间作业许可证》。

b）应有人佩戴供氧呼吸装置先进入储罐，测量储罐内的气体浓度。

c）氧气体积浓度为20%以上、可燃气体体积浓度为0.01%以下时，可不戴面具作业，可燃气体体积浓度为0.01%以上时，应佩戴供氧呼吸装置、供氧管面具作业，硫化氢浓度在10mg/m^{3}以上时，禁止进罐作业。

d）在储罐进口处，应明示氧气浓度、可燃气体浓度和硫化氢浓度的记录及进罐人员的身份记录。

e）在储罐进口处，应配置监护人，同时常备呼吸防护用具和灭火器。

f）储罐内配备合适照明用具，完善作业环境。

2 清洗准备

2.1 勘查现场

勘查现场宜参见 SY/T 6696—2014 附录 C 中的表 C.1。

2.2 编制作业方案

根据现场调查表中业主储罐信息，确定清洗设备、作业材料、作业人员、清洗工期、安全防护措施、应急准备等项的安排选用。

2.3 办理作业手续

根据现场勘查的情况，确定可进行机械清洗后，办理相关手续。

2.4 器材的搬运

2.4.1 运输车辆的选择

运输车辆满足运输清罐器材的要求。

2.4.2 起重机械的要求

起重机械的要求：

a）起重机械的荷载应满足清罐设备吊装的要求。

b）起重机械的起重臂伸出高度应满足罐顶器材吊装的要求。

c）起重指挥、捆绑绳索工作应由获得特种上岗证人员进行作业，起重机的使用应满足 GB 6067 的相关要求。

2.4.3 设备、器材的布置及管理

设备、器材的布置及管理：

a）设备、器材的吊卸作业，应摆放成便于进行吊卸作业的状态。

c）较重物品的摆放就位应事先确认方向、位置，选择合适的放置点。

2.5 临时设置作业

临时设置作业见 SY/T 6696—2014 附录 D。

2.6 储罐气体监测

2.6.1 气体检测设备

气体检测设备要求如下：

a）在线式检测仪能够连续多点监测清洗储罐内的氧气浓度和可燃气体浓度。

b）移动手持式检测仪能够监测氧气浓度、可燃气体浓度、硫化氢气体浓度和一氧化碳气体浓度。

c）所有检测仪应获得相关主管部门的认可并定期进行校验。

2.6.2 气体检测

气体检测要求：

a）检测人员应经过特殊培训并能够正确操作检测设备。

b）手持式检测仪的使用应按 GB 50493 的有关规定选用。

c）在对罐内气体进行检测前，储罐应进行通风，以便使罐内气体达到平衡条件。

d）检测人员在进入储罐进行检测前，应佩戴呼吸防护用具。

e）储罐内氧气浓度，应用气体检测仪进行随时监测，通常测量储罐内3～6处氧气浓度指标。

3 清洗

3.1 油搅拌作业

3.1.1 作业的条件

在淤渣堆积高度阻挡清洗介质射流、清洗介质无法直接打在清洗储罐的罐底表面上时，为降低淤渣高度应进行油搅拌作业。成品油储罐、污水罐、罐内无淤渣的储罐不宜进行本作业。

3.1.2 检测

检测要求如下：

a）利用罐顶开口部的检测孔、检修孔、支柱套管孔等进行测量。

b）检测淤渣高度的分布状况并进行记录。

c）根据检测结果，确定搅拌方式、清洗机的配置、日程等作业方法。

d）检测应每天进行2次以上，根据油搅拌效果及堆积淤渣的溶解状况制定清洗机运行计划。

3.1.3 工艺运行方式

3.1.3.1 工艺运行方式的选择

根据淤渣的堆积高度分布，选择如下两种方式：

a）循环方式：淤渣量不多，但部分淤渣堆积高，使用回收装置，利用清洗储罐本身的油进行循环，从而进行搅拌的方式。

b）对流方式：罐内堆积淤渣高度均匀，但罐内淤渣量较多时，使用回收装置、清洗装置，利用油在清洗储罐与清洗油供给储罐间循环的方式。

3.1.3.2 循环工艺运行方式

循环工艺运行方式如下：

a）循环工艺：清洗储罐→回收装置→清洗机→清洗储罐。

b）管线通油作业：

——循环管线通油结束后进行移送管线的通油；

——泵的排出压力上升至额定压力后，打开泵的出口阀，利用管线末端的排气阀排空。

c）清洗机的运行：

——安装清洗机应避开罐内的障碍物；

——根据检测记录，决定运行时间和顺序。清洗机的运行，以底板清洗方式进行；

——每2h应检查清洗管线是否泄漏；

——罐内搅拌的进行状况、清洗机运行计划的变更等，应明确告知换班人员。

3.1.3.3 对流工艺运行方式

对流工艺运行方式如下：

a）对流工艺：

——清洗储罐→回收装置→回收容器；

——清洗油供给储罐→清洗装置→清洗机→清洗储罐。

b）管线通油作业：

——循环管线通油结束后进行移送管线的通油；

——泵的排出压力上升至额定压力后，打开泵的出口阀，利用管线末端的排气阀排空。

3.1.3.4 作业中油的移送

油搅拌时，罐内可流动油品在300mm以上时，罐内淤渣高度通过油搅拌作业已降低，宜暂时中止油搅拌作业，进行油的移送。

3.2 油移送作业

3.2.1 工艺运行方式

工艺运行方式包括：

a）移送工艺：清洗储罐→回收装置→回收容器。

b）移送要领：

——应在浮顶罐侧壁不少于4个位置上标上标志，确认浮船均匀下降；

——在开始移送余油之前，确认清洗储罐与移送对象的油面高度；

——移送过程中每2h确认侧壁标志与浮船高度差，检查浮船是否均匀下降。

c）移送结束：在真空抽吸装置真空度增高时或因余油黏度高而不能够移送时结束。

3.2.2 惰性气体的注入

3.2.2.1 准备作业

准备作业如下：

a）罐顶上的密封：

——用密封材料密封导向柱与罐顶的贯通部；

——密封罐顶浮船边缘与壁板之间的间隙。

b）储罐内气体浓度监测见SY/T 6696—2014附录D。

3.2.2.2 方法与顺序

3.2.2.2.1 注入开始时期

在罐内油移送作业中，当罐顶与液面间出现气层时，暂时停止油移送，在进行密封作业后，开始注入惰性气体。

3.2.2.2.2 气体浓度的控制

气体浓度的控制要求：

a）在油移送的同时，进行惰性气体的注入。

b）储罐内氧气浓度保持在体积浓度为8%以下视为安全作业环境，氧气浓度如超过11%，采取控制罐内可燃气体浓度处于过浓［大于10%（体积分数）］环境或过缺［小于1.5%（体积分数）］环境的措施。

c）调整注入量的基本准则：宜连续注入，不宜间断注入。氧气浓度超过8%，处于上升倾向时增加注入量；处于下降倾向时减少注入量，将氧气浓度保持在体积浓度为8%以下。

3.3 同种油清洗作业

3.3.1 计划事项

油移送作业结束后根据罐内淤渣量及分布情况，制定如下清洗机运行计划：

a）根据清洗机设置总数、清洗机运行数量、清洗机运行时间制定清洗机运行计划。

b）先从靠近抽吸口的清洗机开始运行，在抽吸口附近淤渣较多时，不用限定清洗机运行时间，一直持续到渣溶化为止。

c）清洗油的选择：应选择与清洗储罐的油黏度相同或黏度低的油，其凝固点应比环境温度低10℃以上；或选择流动点与清洗储罐中相同或较之低的油。

3.3.2 工艺运行方式

3.3.2.1 循环工艺

循环工艺：

a）清洗储罐→回收装置→接收容器。

b）清洗油供给→清洗装置→清洗机→清洗储罐。

3.3.2.2 清洗前的准备与确认事项

清洗前的准备与确认事项：

a）打开循环工艺线路上的阀门。

b）按照清洗机运行计划，最先运行的清洗机连接上驱动动力管线，打开油进口阀，确认其他清洗机的油进口阀关闭。

c）确认储罐内氧气浓度在体积浓度为8%以下。

3.3.2.3 清洗作业

清洗作业步骤如下：

a）开始同种油清洗作业时，应由罐顶人员与地面负责人员取得联系后进行。

b）启动清洗泵，确认下述事项：

——清洗机入口的压力应为不低于0.5MPa；

——清洗管线各部不得有漏油处；

——清洗泵无异常声响，运行正常；

——应向已做好准备的清洗机通油。

c）打开清洗机的驱动阀，确认运行正常。

d）启动回收装置。确认回收装置无异常声响，各部位无渗漏。

3.3.2.4 作业中的管理

3.3.2.4.1 清洗要点

进行同种油清洗作业，宜在储罐内淤渣上无液状油覆盖、处于裸露状态下清洗。因为清洗油的喷射能直接喷打到淤渣的表面上，击碎、溶解淤渣效果好。所以，应尽量减少储罐内可流动的油。

3.3.2.4.2 侧壁抽吸阀的运行管理

侧壁抽吸阀的运行管理：

a）淤渣等被清洗油溶解后的油，宜从侧壁抽吸阀均匀地抽吸、回收。

b）将运行中的清洗机附近的吸口阀开大，将远处的阀的开度关小。

c）在同种油清洗后期，回收不稳定时，应关闭吸入气体的阀门或将其开度关小。

3.3.2.5 结束同种油清洗的判断

确认各检测点无淤渣。

3.3.2.6 余油的移送

移送余油，直至最低处的吸口吸入气体为止。

3.4 温水清洗作业

3.4.1 作业计划

3.4.1.1 注水量的计算

所用水宜为清洁水。注入水量可根据储罐底面至清底吸口的高度来确定。

3.4.1.2 注水的温度

注水的温度宜在70℃。

3.4.1.3 清洗机控制运行原则

清洗机控制运行原则：

a）清洗机的运行应从储罐中央部依次移向外周部运行。

b）清洗机应先清洗顶板的油分、附着物，再进行壁板与底板清洗。

3.4.2 作业方法

3.4.2.1 初期罐内油的回收

初期罐内油的回收：

a）回收浮缸：储罐内注入温水，使用回收泵回收水上面的浮油。

b）余油回收工艺：清洗储罐→回收泵→接收容器。

c）结束回收的判断：定期从回收泵的排气孔中取样检查，清洗水中无油分后即可结束。

3.4.2.2 循环清洗与罐内油的回收

循环清洗与罐内油的回收：

a）循环工艺与油分回收工艺：

——循环工艺：清洗储罐→回收泵→油水分离槽→清洗泵→清洗机→清洗储罐；

——油分回收工艺：油水分离槽→浮油回收袋→接收容器。

b）开始温水清洗前的准备与确认事项：

——将清洗机设定清洗方式，并做好运行准备；

——循环工艺路线上的阀门处于打开状态；

——往油水分离槽中注入清水，并加温。

c）开始温水循环清洗：

——将清洗装置投入运行，并确认下述事项：

· 温水水压应逐渐上升，罐顶上的压力应不低于0.5MPa；

· 运行机器不得有异常声响。

——打开清洗机的驱动阀，开始运行清洗机。

——通过清洗罐顶的喷水声等确认清洗机在正常运行。

d）作业管理：

——罐内油回收：在温水清洗中，应适时地用浮油回收泵，抽吸在油水分离槽上浮的油，将其移送到接收容器；

——定期进行检测，检查储罐内的温水量、淤渣量、油分的状况。

3.4.2.3　结束温水清洗的判断

结束温水清洗的判断依据：

a）油水分离槽的浮油变少。

b）循环温水中已无油分。

c）储罐内已无浮油。

3.5　通风作业

通风作业按4.4.12的要求进行。

3.6　罐内作业

3.6.1　一般规定

罐内作业的条件和预防措施应根据储罐进入的潜在危险、气体检测结果、其他人身危险、作业现场的实际情况和限制条件而定。

3.6.2　储罐进入的风险与防范

储罐进入的风险与防范按照SY/T 6820的规定执行。

3.7　最终清扫

3.7.1　确认事项

确认事项包括：

a）确认储罐内残余油水量及淤渣量。

b）确认残油水及残余淤渣的形状，与业主方探讨处理方法。

3.7.2　残油水及残余淤渣的处理方法

残油水及残余淤渣的处理方法：

a）残油水的处理：

——能够回收的浮油，用小型泵移送到接收容器；

——残水的移送去向，应按照业主的要求，移送到指定地点。

b）残余淤渣的处理按 4.4.4 的要求执行。

3.7.3 最终清理

作业人员使用防爆工具清理罐内残余杂质。

3.8 临时设施拆除作业

3.8.1 临时管线拆除

临时管线拆除要求：

a）管线内的残存油水，在打开检修孔之前，排放到清洗储罐内统一处理。

b）临时设置的管线，在完成罐内残存油水移送，清扫干净后，可进行解体拆除。

3.8.2 正确拆除清洗机

正确拆除清洗机见 SY/T 6696—2014 附录 D。

3.8.3 竖管拆除

竖管拆除见 SY/T 6696—2014 附录 D。

3.8.4 解体器材的清理与整理

3.8.4.1 解体器材的清理要求：

a）管线、软管、油水分离槽、过滤器等器材应进行内部清理。

b）工业垃圾应搬运到业主指定场所存放。

3.8.4.2 解体器材的整理要求：

a）器材按种类、尺寸整理并进行包装。

b）对损毁器材及待检修器材进行统计。

c）对易漏油的器材及防水、防湿的器材进行防护。

3.8.5 器材的运出

采用与运进时相同的装车方法。

4 储罐清洗验收及作业资料管理

4.1 储罐清洗验收

储罐清洗验收条件如下：

a）作业现场恢复原貌。

b）储罐内部达到能够工业动火操作的条件。

4.2 作业资料管理

作业结束后应完善并妥善保管文件资料，记录包括但不限于：交接班记录、设备运行记录、清洗机运转记录、罐内液位检尺记录、接地电阻测试记录等。常用表格参见 SY/T 6696—2014 附录 C。

附2 加油站油罐机械清洗作业规范

1 基本要求

1.1 清洗队伍和组织基本要求

1.1.1 应具有《工业清洗企业资质证书》。

1.1.2 应具有《安全生产许可证》或《工业清洗安全作业证书》。

1.1.3 应具有完整的、功能齐备的技术、质量、安全和项目管理组织体系。

1.1.4 储罐清洗作业人员应持有储罐机械清洗职业技能证书，作业监护人及安全负责人应持有相应资格证书。作业中涉及其他特殊工种的，应持有有效的特种作业操作证。

1.1.5 应配备油罐机械清洗所需的专用清洗设备或装置。

1.2 安全监督基本要求

1.2.1 施工作业场所应设置警戒区，放置警戒线、警戒标志或安全围栏等。

1.2.2 安全员负责现场安全巡回检查，做好安全监督检查记录，及时制止违章作业行为，严禁非作业人员进入作业现场。

1.2.3 作业停工期间，为防止人员误入，作业现场应留设一名值班人员，并在施工区域设置“危险！严禁入内！”警示牌。

1.2.4 作业结束后，应做好现场的安全检查、人员清点及作业器材清理等工作。

1.3 劳动防护用品配备的基本要求

劳动防护用品的配备，应满足标准SY/T 6524—2017中6.4的要求。劳动防护用品应包括但不限于：防静电工作服、防静电劳保鞋、防护手套、安全帽、呼吸防护用具、安全带、安全绳等。

1.4 作业工具用具的基本要求

1.4.1 施工区域内的所有电气装置应具有防爆性能。

1.4.2 作业中的手持式工具应是防爆工具，不得使用铁质等非防爆工具作业。

1.4.3 作业中的照明灯具应是防爆灯具，且照明灯具的亮度应满足现场施工要求。

1.4.4 作业区域内的通信工具应是防爆工具。

1.4.5 应配备两台同型号且在计量检定有效期内的气体检测仪，可检测氧气、可燃性气体、硫化氢和一氧化碳的含量。气体检测仪的量程范围宜选择氧含量0～30%；可燃气体爆炸下限（LEL）0～100%；一氧化碳浓度0～1000mg/m^3；硫化氢浓度 0～100mg/m^3。

1.4.6 作业时需要影像采集拍摄时，影像采集设备应是防爆设备或安置在现场作业区域外。

1.5 油罐机械清洗设备的基本要求

用于油罐机械清洗作业的设备应满足以下要求：

a）洗罐器应具备低速稳定的旋转速度，可重复的全方位球面覆盖轨迹；

b）清洗泵应具备合适且稳定的工作压力和流量，以满足油罐的清洗距离和射流冲击力的要求，但工作压力不宜超过 1.6MPa；

c）抽污系统应具备真空抽吸性能，吸程应大于 6m，流量应大于清洗流量；

d）循环水处理工艺设备满足连续清洗的工作流量需求；

e）清洗软管应采用耐压带钢丝橡胶软管，耐压应大于 2MPa，末端应采用金属铝管插入油罐内并连接洗罐器；

f）抽吸软管宜采用透明带钢丝塑料软管，抽吸管路应设置观察孔，以便观察污水的洁净度，插入油罐的抽吸管应采用金属铝管；

g）所使用电气应符合国家标准 GB 50058 的规定。

1.6 清洗作业环境要求

1.6.1 待清洗油罐应满足：

a）油罐内油品已经转移。

b）若油罐内部含有防爆阻隔材料，防爆阻隔材料已取出。

c）应具有能够满足安装洗罐器所需的结构。

d）应具有足够尺寸和数量的抽吸管口。

e）防雷、防静电装置应能够正常运行。

f）清洗作业过程中油罐不进行卸油作业。

1.6.2 待清洗油罐周边场地应满足：

a）加油站处于停业状态；

b）放置机械清洗作业所需设备和工具的场地；

c）能够设置必要的应急安全通道。

1.6.3 水源和动力电源应满足：

a）有供给机械清洗作业的足量水源，水源符合 6.8 中表 1、表 2 的要求；

b）有动力电源供应，且容量满足清洗作业要求。

1.6.4 其他相关要求

加油站现场能够存放待清洗油罐内的残油。

2 作业前准备

2.1 现场勘查

现场勘查的内容应包括：

a）勘查油罐机械清洗设备运输路线以及沿途交通相关要求；

b）勘查待清洗油罐的体积、结构、数量以及罐内油品及剩余量、油罐清洗后的用途、业主期望的清洗效果等信息；

c）勘查作业现场环境情况，确认现场附近的主要医院、应急机构的地理位置和联系方式；

d）确定现场水源与动力电源的位置，重点是动力电源的电压、频率、容量；

e）确定与业主有关人员的联系方式，相关施工作业证书的办理要求和流程；

f）现场勘查宜形成记录性文件，作业单位和业主方双方签字确认。

2.2 编制清洗作业方案和现场应急预案

2.2.1 根据现场勘查获得的现场信息和业主的清洗需求，清洗作业单位应编制油罐清洗作业方案以及现场应急预案。清洗作业方案内容应包括但不限于：编制依据、工程概况（含详细作业范围）、作业人员、清洗设备、清洗工艺流程、清洗工期、安全防护措施等。现场应急预案内容应包括编制的目的、原则和依据、组织指挥体系及职责、预警预防机制、应急响应、后期处置等。

2.2.2 油罐清洗作业方案以及现场应急预案，应经清洗作业单位内部预审、技术负责人签字确认后，再送业主方批准。

2.2.3 经业主批准后的油罐清洗作业方案及现场应急预案，为油罐机械清洗作业的主要依据，清洗作业过程中若有修改变动，应及时提交业主方批准。

2.3 安全教育与危险危害识别

2.3.1 清洗作业单位应对拟参与油罐机械清洗作业的员工进行施工安全管理规章制度的培训，经考核合格后，方可作为拟入场清洗作业人员。

2.3.2 业主方应根据作业内容对清洗作业单位的人员进行安全技术交底和油罐现场管理规章制度培训，双方应做好记录。

2.3.3 业主方及清洗作业单位应共同对作业内容进行危险危害识别（常见作业危险可参考 T/QX 005—2021 附录 A），对包括清洗作业人员的职业健康和环境影响进行识别，制定应对措施，防止人员伤害、设备损坏或环境污染事故的发生。

2.4 作业许可证办理

清洗作业单位应根据油罐清洗作业内容，对涉及用火、临时用电、登高、受限空间等作业，按业主要求办理相应的作业许可证。

2.5 清洗作业入场前检查事项

清洗作业入场前应对以下事项进行检查：

a）油罐清洗设备应保持整洁、功能完好，各部件连接完好，无泄漏；

b）电气设备接线无破损，无漏电、短路现象；

c）作业使用的金属管线和挠性管线，应无破损、无泄漏，且防静电接地可靠；

d）作业使用的仪器仪表应经国家认可的检定机构检定合格，检定证书在有效期内。

3 储罐机械清洗作业

3.1 清洗作业现场布置

3.1.1 清罐作业前，应在作业区域的上风处配置适量的消防器材。

3.1.2 清罐作业区域外应配备急救箱、空气呼吸器、供风式防护面具、救生绳等应急救护器具，并派专人值守。作业区域出入口应保证畅通无阻，不得有障碍物。

3.2 油罐及现场气体检测

3.2.1 气体检测的准备工作，应在作业区域外进行。气体检测时，检测人员应站立于上风方向，呼吸平稳、动作平缓，以保证检测数据的准确性。

3.2.2 气体检测仪使用前应进行校准。

3.2.3 若现场两台气体检测仪检测数据相差较大时（误差超过5%），应更换仪器再次进行检测。

3.2.4 气体检测的范围，应包括油罐内、人孔井内、人孔井附近作业区域等可能存留油气的区域。清罐现场环境内若有其他通风不良处，也应进行油气浓度检测。

3.2.5 作业前应对作业区域进行气体检测，并做好记录。符合以下指标方可进行油罐清洗工作：

——氧气含量18%～21%；

——可燃气体爆炸下限（LEL）读数应低于4%；

——硫化氢气体浓度检测读数应低于10mg/m^3。

——一氧化碳气体浓度检测读数应低于1mg/m^3。

若气体指标不达标，严禁作业。进行通风，直到气体指标符合要求方可进行作业。

3.2.6 作业期间应对作业区域的气体监测宜优先选择连续监测方式。若采用间断性监测，间隔不应超过30min。气体监测不合格时，应立即停止作业。

3.2.7 出现作业中断，再次进行作业前应重新进行气体检测，若检测不合格，应进行通风，直至气体指标符合要求时，方可继续进行作业。

3.2.8 气体检测位置及结果应形成记录，记录格式可参考T/QX 005—2021附录B。

3.3 油站设备拆卸

3.3.1 油站设备拆卸前先切断电源开关，并挂警示牌上锁，以避免电源被误启动。

3.3.2 现场作业人员在人孔井内作业时，人孔井区域应设专职监护人员，一个监护人员同一时间只能监护一个作业点。

3.3.3 油站拆卸下的设备（潜油泵、液位探棒、卸油管、量油管等），应放置在事先与业主约定好的区域，摆放整齐并做好设备防护。

3.3.4 如果油罐清洗作业需移开人孔井大法兰盘，在移动人孔井大法兰盘之前，应先对油罐内部的人孔大法兰盘下方区域进行惰性化处理。当油罐内部人孔大法兰盘下方区域的可燃气体爆炸下限（LEL）读数降到10%以下时，才可以进行人孔井大法兰盖移除作业。

3.4 清洗设备安装

3.4.1 油罐机械清洗主体设备应放置在加油站油库防火墙外且通风良好、便于操作的地方。

3.4.2 洗罐器宜安装在大法兰盘上，洗罐器接地线要与油罐接地装置可靠连接。

3.4.3 清洗设备所用管线跨越现场设施或防火墙时，应使用挠性管线。

3.4.4 清洗设备及其管线应采取有效的接地措施。

3.4.5 清洗设备的电缆铺设与连接应符合JGJ 46中第7章的规定，相关作业由专业持证电工进行。

3.5 油罐清洗设备调试

3.5.1 油罐清洗设备的调试应在加油站油库防火墙外且通风良好的地方。

3.5.2 油罐清洗设备调试时应调试至设备各组成部分均运转正常。涉及电气设备的相关调试，应由专业持证电工进行。

3.5.3 设备管线连接完成后，应采用压缩空气或水进行管线试压，确保无泄漏。

3.6 管线吹扫与封堵

3.6.1 油罐清洗作业前，应将卸油管线、油气回收管线、输油管线等与油罐断开隔离并进行吹扫。

3.6.2 吹扫时应采用惰性气体进行吹扫，吹扫过程中要做好防护措施，以避免油品飞溅。

3.6.3 管线吹扫完毕后应按业主要求，在管线中注入清水或氮气，并采用法兰盲板进行管线封堵。

3.7 油品倒出

3.7.1 倒油操作前，应确保油罐车到位，且油罐车接地线与罐区接地装置可靠连接。

3.7.2 倒油管线应做可靠接地，确保倒油过程中及时释放静电。

3.7.3 倒油管路应做好密封，将油罐内油气以及残油一起移送到油罐车内，防止泄漏。

3.7.4 倒油操作前，应做好防油污措施并设置好消防器材。

3.7.5 倒油过程中，处于下风口的操作人员应佩戴呼吸防护用具。

3.7.6 倒油过程中，确保流速不能过快，并符合AQ 3010中5.2的规定。

3.8 油罐机械清洗

3.8.1 禁止在雷雨、大风天气时进行油罐机械清洗作业；汽油罐机械清洗作业时应避开夏季中午等高温时段。

3.8.2　油罐机械清洗作业宜用生产水、生活自来水或符合表1要求的清水作为清洗水源，用水量应根据油罐容积及清洗作业方案进行计算，保证用量及流量足够。

表1　油罐机械清洗清水水质要求

指标	数值
pH	6.5～8.5
油含量/(mg/L)	<5
浊度/NTU	<3

3.8.3　采用循环水机械清洗工艺，处理后的水质符合表2要求时，可作为清洗用循环水，水量不足时，补充水质应符合表1要求。

表2　油罐清洗循环水要求

指标	数值
pH	6～9
油含量/(mg/L)	<10
浊度/NTU	<10

3.8.4　油罐机械清洗时，污水不得随意排放，宜通过油水分离器及过滤设备进行处理，将污水中的污油及固废分离并收集，处理后水质符合表2要求时可循环使用。

3.8.5　油罐机械清洗操作的步骤为：

a）启动真空泵，待真空度超过0.06MPa之后，再启动清洗泵；

b）清洗作业过程中，应保持真空泵连续工作，依据真空抽吸的能力（流量）大小，清洗泵可采用连续工作或间歇工作方式；

c）清洗作业时，单个油罐的清洗时间应大于洗罐器球面覆盖周期的时间，并保证油罐内部得到全方位的清洗；

d）作业完成时，应先关闭清洗泵和清洗管线阀门，保持真空抽吸系统继续工作，并适当调整插入罐内抽吸铝管的位置，最后或更换小口径铝管进行抽吸，直到抽吸管线中流量下降为零。

3.8.6　清洗作业结束判定

油罐机械清洗作业结束时，应同时满足以下条件：

a）清洗时间满足3.8.5中c）的要求；

b）通过透明抽污软管或观察孔，目测抽污管线水质达到洁净或与循环清洗水质基本一致。

3.8.7　油罐机械清洗作业清出的含油污物，不得随意倾倒或遗洒，应从清洗设备稳妥转移并存放在加油站业主指定的容器内，并做好防雨措施。

3.8.8　油罐机械清洗作业结束后，作业人员应对作业工具、材料等进行清点，妥善收集处理。

3.9 油罐通风

3.9.1 油罐通风之前，应确保油罐已清洗完毕。

3.9.2 油罐通风之前，断开与油罐相连的所有清洗管路，打开罐体所有人孔；如需要打开大法兰，作业人员应在上风口进行操作。

3.9.3 油罐通风所用风管应使用电阻率不大于 $10^8\Omega \cdot m$ 的材质；风管应与接地装置做良好接地；应禁止使用塑料管通风。

3.9.4 油罐通风过程中，作业人员应在上风口进行操作。作业区域内应布置消防器材，并设专人监护。

3.9.5 油罐通风时间应控制在 2h 以上。从距罐底部 30cm 处测得的油罐内部的可燃气体爆炸下限（LEL）读数低于 4%，油罐通风工作可结束。

4 油罐验收

4.1 定期清洗、不改储其他油品的油罐：目视罐底、罐壁及其附件表面无沉渣油垢。

4.2 为了检修及内防腐需要而清洗的油罐：目视油污、锈蚀积垢清除干净，露出金属本色。

4.3 油罐机械清洗作业工作结束后，油罐应交由业主方进行竣工验收。验收合格后应在油罐清洗作业验收报告上签字确认，验收报告格式可参考 T/QX 005—2021 附录 C。

5 废物处理

5.1 油罐机械清洗收集的含油污垢应交由业主申报处理。

5.2 业主委托处理时，应选择当地具有相应危险品运输和危险废物处理资质的单位进行申报处理。

附 3 外浮顶原油储罐机械清洗安全作业要求

1 一般要求

1.1 作业人员和设备要求

作业人员和设备应符合下列基本要求：

a）作业人员应经过油罐机械清洗设备操作培训合格后上岗；

b）伤疮口尚未愈合者，油品过敏者，职业禁忌者，在经期、孕期、哺乳期的妇女，有聋、哑、呆傻等严重生理缺陷者，患有深度近视、癫痫、高血压、过敏性气管炎、哮喘、心脏病和其他严重慢性病以及年老体弱不适应清罐作业等人员，不应进入现场；

c）浮顶油罐机械清洗应具备对清洗介质的抽吸、升压、换热、喷射能力，用惰性气体对清洗罐内气体的置换能力，对清洗罐内的可燃气体、氧气、硫化氢气体浓度的监测能力，热水清洗过程中的回收油品能力，热水清洗结束后的污水处理能力；

d）其他可按照 SY/T 6696 标准规定执行。

1.2 作业环境基本要求

1.2.1 作业现场应配备消防器材。

1.2.2 作业区域应设置警戒线和禁止烟火、禁止启动、禁止携带金属物或手表、禁止穿化纤服装、当心触电、当心落物、当心吊物、当心烫伤、当心坠落、当心障碍物、当心碰头等安全标识，并应有专人负责监护。

1.2.3 爆炸性气体环境危险区域划分应符合 GB 50058—1992 第 2.2.1 条规定的分区方法，在 0 区、1 区和 2 区作业应使用符合防爆要求的防爆电器和防爆通信工具。在 0 区、1 区作业应使用符合防爆要求的防爆工具。

1.2.4 进入罐内作业应事先办理受限空间作业许可证，并按受限作业空间的有关规定制定方案，方案应明确在受限空间内的作业内容、作业方法和作业过程的安全控制方法。

1.2.5 作业人员进罐时，罐内应经过清洗或置换，并达到下列要求：

a）氧气体积浓度 19.5%～23.5%；

b）罐内苯、硫化氢、一氧化碳等有毒气体（物质）浓度应符合 GBZ 2.1 的规定；

c）可燃气体或蒸气体积浓度不大于 10%爆炸下限（LEL）。

1.2.6 罐内经过清洗或置换达不到 4.2.5 的要求时，作业人员进罐应佩戴正压式呼吸器。

1.2.7 罐内可燃气体或蒸气体积浓度大于等于爆炸下限的 10%时，应停止罐内人员作业，并及时撤出罐外，然后对罐内强制通风，确认可燃气体或蒸气体积浓度达到 4.2.5 的要求后方可进罐继续作业。

1.2.8 向清洗罐内注入惰性气体的过程中，应对清洗罐内气体体积浓度进行监测，并按时做好记录。

1.3 作业防护的基本要求

1.3.1 现场作业人员应配备符合国家标准的劳动防护用品和应急救援器具，如安全帽、作业手套、安全鞋（靴）、面罩、护目镜、安全带、担架、应急照明灯、过滤式和正压式呼吸器等。根据不同场所选择的防毒用具和防护用品，其规格尺寸应保证佩戴合适，性能良好。

1.3.2 呼吸器在使用前，应进行检查，使用中应严格遵守产品说明书中的事项，呼吸器软管内外表面不应被油污等污染。

1.3.3　在进入0区、1区和2区作业之前，作业人员应穿戴符合国家标准的防静电鞋、防静电阻燃型服装和防静电手套。

1.3.4　现场安全监护人员应对作业人员穿戴劳动防护用品的正确性进行检查。

1.3.5　作业场所应备有人员抢救用急救箱（包括止血绷带、碘酒、创可贴、治疗中暑用药等），并由专人保管。

1.3.6　作业人员在清洗储罐前应进行安全教育。

1.4　作业人员上、下罐基本要求

1.4.1　作业人员上罐前应按照GB 12158的要求释放自身包括携带物品的静电。

1.4.2　同时在盘梯上人数不应超过5人。

1.4.3　夜间上罐应使用防爆照明器具。

1.4.4　不应穿带铁钉的鞋和非防静电服装上罐。

1.4.5　遇有雷雨或5级以上大风时，不应上罐。

1.4.6　雪天应先清扫扶梯上的积雪后再上罐。

1.5　临时设施的接地要求

1.5.1　各电气设备均应独立或相互用接地线与接地体进行电气连接。

1.5.2　接地电阻值要求应符合SY 5984中的规定。

1.5.3　临时设置的输送清洗介质的管道，每隔200m至少应有一处与管道固定连接的接地线，且将接地线的端部与油罐接地体连接。

1.5.4　金属管道配管中的非导体管段，在两侧的金属管上应分别连接接地线，并将接地线的另一端与油罐接地体连接。

1.5.5　气体取样、惰性气体、废气等挠性非导体管路中的金属管段或金属接头处应与油罐接地装置电气连接。

1.6　工艺切换、故障停机要求

1.6.1　将电源完全断开，在设备周围和停电线路上的配电箱上悬挂“禁止启动”和“禁止合闸”的警示牌。

1.6.2　应使用惰性气体、水或水蒸气等吹扫管线。

1.6.3　应关闭进出设备的清洗介质、水蒸气等进出口阀门。

1.6.4　清洗系统的工艺管道和阀门，不应发生压力急增、冻凝等情况。

1.6.5　切换流程时，应按照“先开后关”的原则开关阀门。

1.6.6　具有高低压衔接部位的流程切换，应先导通低压部位。切断流程时，应先切断高压部位。

1.6.7　泵出现异常震动或泵轴承温度超过65℃时，应停止泵的运行。

1.7　其他要求

1.7.1　设备运行期间，每班值班人数应不少于4人，其中2人操作设备，2人巡检和切换流程。

1.7.2 对作业区域进行巡检时，每次巡检人数不应少于2人，且应携带无线防爆通信工具，巡检应有记录。

1.7.3 所使用的仪器仪表、安全阀、计量器具应在校验有效期内，使用前应保证其处于正常工作状态。

1.7.4 凡在走台上和其他高处作业的人员均应系安全带。

1.7.5 作业前后应清点作业人员和作业工器具。作业人员出罐时应带出作业工器具。

1.7.6 从油罐的排污阀排放油罐内积水时，应有专人在排污口监护并收集水样。

1.7.7 作业中不得抛掷材料、工器具等物品。

1.7.8 不应在0区和1区穿脱、拍打衣物，并应避免剧烈的身体运动。

1.7.9 不应使用易燃、易爆、腐蚀性溶剂及化纤抹布等易产生静电物品擦拭设备、服装和地面。

1.7.10 罐内作业照明应符合GB 50194标准中的规定。

2 工艺要求

2.1 准备作业

2.1.1 作业前施工方应编制施工组织设计、HSE作业计划书、应急预案文件，且应经业主、监理方及施工方三方安全、生产、技术部门审批。

2.1.2 清洗过程中如使用清洗剂，应出具其对环境、人员等影响的安全评估报告，评估其风险性。

2.1.3 应按照操作规程对设备机具、配套管件等进行检查。

2.2 清洗系统的吊装及现场布置作业

2.2.1 清洗系统安装前，应停止清洗罐的运行，宜隔离清洗罐。

2.2.2 起重人员应经专业培训，持证上岗。

2.2.3 起重机司机和指挥人员的操作应符合GB 5082的规定。

2.2.4 竖管作业过程应保证起重机司机，地面、罐顶走台和罐内浮顶上四点作业人员的通信畅通。

2.2.5 吊装过程中，设备和材料应避免与罐体磕碰。

2.2.6 清洗系统现场应满足下述要求：

a）放置设备的地面应平整；

b）避开罐区的消防通道，同时应选择有利于安全撤离的区域；

c）避开低洼、沼泽和下雨后可能存在塌陷风险的区域；

d）安装设备周围的管线时，应考虑避免巡检和操作时造成绊倒、烫伤和污染；

e）非防爆设备均应设置在防火堤以外。

2.2.7 装卸时，车辆及设备等不应长时间占用消防通道。

2.2.8 罐顶的设备、器材应分散放置。

2.2.9 清洗系统的现场布置参照 AQ/T 3042—2013 附录 A。

2.3 清洗系统的安装作业

2.3.1 与道路交叉的临时管线的设置应不妨碍消防车或其他车辆通行。

2.3.2 准备安装的管路内应无异物，软管应无损伤。

2.3.3 对输送清洗介质的管线应进行严密性试验，试验压力不低于清洗系统工作压力，稳压不少于 30min。

2.3.4 与清洗设备相连的管线应采用挠性软管。

2.3.5 清洗机的安装位置及插入深度应考虑清洗机运行时避开罐内附件。

2.3.6 对于插入临时连接套管的清洗机，应采取措施将清洗机固定。

2.3.7 惰性气体、气体取样和废气管线的安装设置应符合以下要求：

a）应将惰性气体、气体取样和废气管线通过浮顶上的支柱套管、人孔、量油口等处插入清洗罐内，插入罐内的部分应与清洗罐内油品液面保持 200mm 以上的距离；

b）安装的气体取样管应在浮顶上均布；

c）安装的每根气体取样管，应保证畅通，抽出的样气应在浮顶上经过脱水装置脱水；

d）应将收集的废气通过废气管线导回罐内；

e）废气管线内若有液体出现，应及时放空；

f）废气管线应连接牢靠，不应有泄漏和堵塞现象；

g）临时用水管线宜采用无缝钢管或金属软管。采用消防水带加水时，应对出水口进行固定。

2.4 开孔作业

2.4.1 作业前应进行健康安全环境（HSE）条件确认，HSE 条件参照 AQ/T 3042—2013 附录 B。

2.4.2 在浮顶上开孔应在清洗罐浮顶完全与油品接触的条件下进行。

2.4.3 在浮顶上开孔，开孔接合器应采取不动火方式与浮顶黏接。

2.4.4 在壁板上开孔时，开孔位置应选择在清扫口上，且开孔接合器应采用焊接方式与清扫口联接。

2.5 竖管安装作业

2.5.1 沿清洗罐罐壁架设的内外竖管应相互平行。

2.5.2 清洗罐内侧竖管下端部，应安装不小于 6m 长的挠性软管。

2.5.3 竖管严禁直接搭在罐体上。

2.5.4 清洗罐内侧竖管的连接和安装应避免磕碰、坠落和划伤罐体。

2.5.5 外部竖管的底部应固定牢靠。

2.6 提拔支柱作业

2.6.1 提拔支柱作业应使用防爆工具。如需敲击，应加垫木。

2.6.2 提拔支柱之前应将浮顶上有可能泄漏油蒸气的地方用密封材料密封。

2.6.3 往上提拔支柱过程中，支柱与支柱套管之间不宜发生摩擦和碰撞，并应同时用纯棉抹布清理支柱上的油污。

2.6.4 支柱拔出后，应及时用密封材料封住支柱下端管口和支柱套管管口。

2.6.5 拔出支柱数量应控制在支柱总数量的20%以下。

2.7 设置电缆作业

2.7.1 清洗设备设置区域的电缆应敷设或架设。

2.7.2 电缆与接线端子连接好后，余下的电缆应呈S形放置。

2.7.3 电缆布置应避开可能存在碰砸、车辆碾压等危险区域。

2.8 检尺作业

2.8.1 检尺作业宜使用绝缘检尺杆，其任何部位不宜存在金属。若使用金属检尺杆，则检尺杆应与罐体做电气连接。

2.8.2 以支柱套管、量油口、人孔作为检尺口，检尺前、后检尺口都应处在密封状态。

2.8.3 检尺前，检尺人员应释放自身及所有携带物的静电。

2.8.4 作业时，作业人员的身上不应有金属存在。

2.8.5 作业应至少2人进行，且作业人员应站在上风向进行检尺。

2.9 油品移送作业

2.9.1 移送作业期间应在罐顶设专人监视浮顶的升降过程，若有不均匀升降或卡死现象发生，则应立即通知地面操作人员停止作业。

2.9.2 降罐位之前应确定清洗罐内沉积物最高点距浮顶内顶板的距离，降罐位期间应将该距离控制在500mm以上。

2.9.3 降罐位期间，当罐内油品表面与浮顶内顶板之间出现200mm的气相空间距离之前，应开始向清洗罐内注入惰性气体。

2.9.4 清洗罐内的氧气体积浓度应控制在8%以内。

2.10 油中搅拌作业

2.10.1 更换清洗机的安装位置时，应先最大限度地将与清洗机相连接的挠性软管内的油污倒入清洗罐内，将挠性软管拆下后再进行下一步作业。

2.10.2 从清洗机上拆下的挠性软管自由端的敞口处应用盲板封住。

2.10.3 清洗机在清洗罐内喷射搅拌时，清洗罐内的氧气体积浓度应控制在8%以下。

2.10.4 如需给清洗罐内的油加热，加热前应对该油品进行分析，并结合对该油品的分析结果制定油品升温方案。

2.11 残油移送作业

2.11.1 残油移送过程中，安排人员定时对移送管线进行巡检，确保移送管线无泄漏。

2.11.2 残油移送结束后，清洗罐侧壁人孔附近的残油深度不应高于人孔的下缘。

2.11.3 残油移送过程，在残油油位不低于罐内加热盘管高度时，可不关闭清洗罐内加热盘管，应确保清洗罐内的环境温度高于该油品凝固点10℃以上。

2.11.4 清洗罐内的氧气体积浓度应控制在8%以下。

2.12 热水清洗作业

2.12.1 安装清底管嘴时，应按以下要求进行：

a）拆卸人孔螺栓前，事先在人孔附近准备好下列工具、用具；

表1 拆卸人孔所需工具、用具

名称	数量	名称	数量	名称	数量
呼吸器	3副	防爆扳手	3套	油盘	1个
气体检测仪	2台	防爆锤子	2把	干粉灭火器	2支
防爆凿子	2把	纯棉抹布	5kg	毛毡	2张

b）拆卸人孔螺栓时，留下均布的6个螺栓，卸掉其余螺栓；

c）拆卸人孔螺栓作业在安全员监护下，作业人员应佩戴呼吸器进行；

d）卸松预留的6个螺栓，确认无漏油后，再将螺栓卸掉；

e）打开人孔后，在进行下一步作业之前，先用湿毛毡密封人孔；

f）向清洗罐内运送清底管嘴之前，先用毛毡将人孔下部边缘盖上；

g）安装清底管嘴的作业人员应使用防爆工具缓慢操作，身上不应有任何金属或导体，打开人孔之后，严禁穿脱所穿服装；

h）安装清底管嘴时避免金属与油罐剧烈碰撞；

i）清底管嘴上的金属部分以及与清底管嘴相连的挠性软管均与清洗罐做电气连接。

2.12.2 热水清洗期间，作业人员不应进入清洗罐内。

2.12.3 油水分离工作平台距水槽上沿的垂直距离不应小于1500mm，平台上不应有影响作业人员走动的障碍物。

2.12.4 清洗产生的含油污水应经处理后使用管道排放，排放水标准应符合GB 8978中的有关规定。

2.12.5 清洗罐内的氧气浓度应控制在8%以下。

2.13 进罐作业

2.13.1 排水结束后，应关闭清洗罐内的所有热源，再打开人孔。

2.13.2 应隔断（拆断或加盲板）与清洗罐相连的所有管路和阴极保护系统。

2.13.3 应在清洗罐壁人孔处安装气动或防爆轴流风机，进行机械通风。

2.13.4 轴流风机风量宜按每小时最少换5次气计算选配。

2.13.5 每次通风（包括间隙通风后的再通风）前都应认真进行油气浓度和有毒气体浓度的测试，并应做好详细记录。

2.13.6　检测人员应在进罐作业前进行油气和有毒气体浓度检测，浓度符合规定的允许值方可进入，并做好记录。

2.13.7　作业期间，应定时进行清洗罐内油气和有毒气体浓度的测试，并做好记录。

2.13.8　凡有作业人员进罐检查或作业时，清洗罐人孔外均应设专职监护人员，且一名监护人员不应同时监护两个作业点。

2.13.9　如需作业人员进罐作业时，应佩戴呼吸器，应 30min 轮换一次人员。

2.13.10　应使用防爆工具清理和盛装罐底和罐壁的残留物。

2.13.11　所有包装封闭后运至罐外的残留物宜分类放置，并按预先制定好的方案进行处理。

2.13.12　人孔附近至少应配置 2 支干粉灭火器，现场监护人员应时刻做好灭火的准备。

2.13.13　伸入清洗罐内的空气、水及蒸汽管线的喷嘴或金属部分，均应与油罐做电气连接。

2.14　清洗油罐后的作业

2.14.1　浮顶油罐机械清洗结束后，若需在罐内进行动火作业，应按照 SY/T 5858 的要求落实安全措施。

2.14.2　清洗器材的解体和装运要求：

a）支柱复位应使用专用工具在浮顶上进行；

b）临时工艺管道拆除前，应将管道内的残留污物吹扫干净；

c）应将设备中可能留存的残液或气体放空。

参考文献

[1] 中国工业清洗协会，焦阳．高压水射流清洗工职业技能培训教程［M］．北京：化学工业出版社，2021.
[2] SY/T 6696—2014 储罐机械清洗作业规范．
[3] AQ/T 3042—2013 外浮顶原油储罐机械清洗安全作业要求．
[4] 徐洪文，王松，汪锋，等．液压机器人与高压水射流相结合的油罐清洗方法［J］．油气储运，2015，34（2）：223，224.
[5] 竺柏康．油品储运［M］．北京：中国石化出版社，2006.
[6] 董希琳，康青春．大型油罐灭火技术［M］．北京：化学工业出版社，2021.
[7] 徐洪文，周金喜，王邻睦，等．高粘度稠油泵在重污油储罐机械清洗系统中的应用［J］．清洗世界，2022，38（10）：3.